亚太水资源安全治理与合作
——基于影响性因素的分析

Analysis Based on Influential Factors

李志斐 著

Asia - Pacific

Water Resources

Security

Governance and Cooperation

社会科学文献出版社
SOCIAL SCIENCES ACADEMIC PRESS (CHINA)

目 录

前　言

　　地区秩序是建构在权力政治格局基础上的地区行为规则和相应的保障机制，在水资源危机日渐显现的时代背景下，水作为一种不可再生的自然资源，与权力政治相结合，会演变成一种可以影响国家行为和地区内权力与利益分配格局的资源，水政治的地区化效应和对地区秩序的影响力日渐显现。中国地处亚洲地区的"水塔"位置，面对气候变化影响下不断加剧的全球和地区水资源危机，中国如果想提升对地区秩序建构的影响力，必须思考水与地区秩序之间的内在逻辑关系，思考如何利用天然的水资源优势，使之成为中国影响地区秩序变化的战略性资源。

　　围绕着水与地区秩序这一中心思想，本书将研究范围集中于亚太地区①，将中国周边地区和国家②作为重点分析对象。气候变化、大国（域外势力）介入和新时代背景下的中国国家战略，是水影响中国周边地区秩序的自然因素、大国因素和战略因素。在水资源分配天然不均的基础上，水资源利用的增多，气候变化影响下水资源分配格局的改变，推动水资源问题的安全化，国家之间围绕着水资

---

① 亚太（Asia Pacific）地区，属于地域术语，是亚洲地区和太平洋沿岸地区的简称，主要包括东亚、东南亚、南亚、西亚、中亚、北亚等区域的国家和地区。

② 中国周边国家从范围上看共涉及 20 个国家，其中陆上邻国 14 个、海上邻国 6 个，包括中国北部的俄罗斯和蒙古国，东北亚地区的朝鲜、日本和韩国，东南亚地区的老挝、越南、菲律宾、马来西亚、印度尼西亚、文莱、缅甸，南亚地区的巴基斯坦、印度、不丹、尼泊尔，中亚地区的哈萨克斯坦、吉尔吉斯斯坦、塔吉克斯坦、阿富汗。

源分配发生纷争或冲突，域外势力会"趁机"抓住"水"安全议题介入亚洲地区事务，另外也推动国家管理者逐渐意识到水资源管理的重要性与必要性，通过开展全球和地区性合作，推动水资源合作治理。在这些因水资源利用变化而产生的资源效应激发下，社会政治效应相继产生，对内影响一国的可持续发展、社会稳定与国家安全，对外影响一国的对外政策（外交）、海外利益（发展）和国家安全维护（国防）。主权国家对内对外政策的调整会影响全球或地区层面的权力分配、利益分配和观念分配，从而对地区秩序的变化产生潜在和深远的影响（见图0-1）。

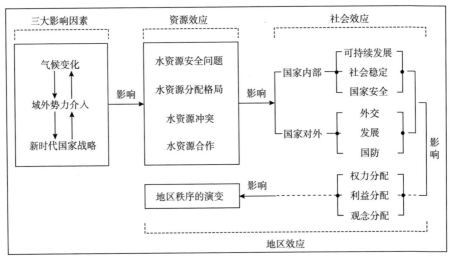

图0-1 水与亚太地区秩序逻辑关系结构

资料来源：作者自制。

本书将在此逻辑框架之内从四大方面，系统和深入地阐释水政治如何影响亚洲地区的地缘政治环境和地区秩序。

第一，总结和分析水对亚太地区秩序的影响。水作为人类生存和国家发展的基础性资源，不仅可以影响一国的可持续发展、社会稳定和国家安全，还可以通过作用于国家内部的发展要素和秩序，外在化地影响国家的外交、发展和国防三个维度，影响地区行为体之间的互动和关系结构的形成与演变，从而推动周边地区内部的权力政治格局发生变化，进而影响周边地区的国际政治秩序。

第二，阐释气候变化是推动水影响地区秩序演变的重要自然性因素。气候变暖使降雨量的区域差异性增大，极端天气频发导致的洪涝灾害等自然灾难增多，中国和周边国家的供水安全面临更严峻的挑战。尤其是气候变化加速了青藏高原冰川的消融，改变了雅鲁藏布江—布拉马普特拉河、澜沧江—湄公河等诸多跨国界河流的年度和季节径流量，增加了水资源分配模式的不稳定性，从而加剧了地区性水资源稀缺性危机，对十几亿人口的生存和国家可持续发展造成威胁。这些自然性影响会产生连锁性的政治、经济与安全效应，不仅影响高原地区国家的水力开发计划与基础设施安全，加剧地缘政治博弈的复杂性，还会影响到中国的海外水电投资，使中国的"一带一路"倡议和水利发展规划的实施面临更多国际压力与挑战。

第三，阐释域外势力的介入是推动水影响地区秩序的政治性因素。水外交是美国和欧盟等域外势力实现亚太战略目的，维护其亚太地区利益和影响力的重要工具性手段。美国在国内外广泛寻求合作伙伴，通过"三个支柱"，影响对象国适应性国家战略的制定，根据战略需要圈定优先水援助国家，在水援助内容上努力对接亚太国家的国内发展与社会治理，持续性投入大量资金、技术和人力资源。湄公河区域是美国水外交开展的重点区域，通过将澜湄水资源问题安全化，抓住水数据共享和水利基础设施投资两大核心议题，在区域规则建立、观念引导和功能遏制等方面制衡中国，遏制中国的影响力。欧盟在亚洲开展水外交的重点区域是中亚。欧盟以合作方式建立起复合型的水治理框架，通过在政治和技术层面"双管齐下"、投资水基础设施建设、推行一体化水治理政策来积极介入中亚国家的水治理事务。欧盟对中亚地区水治理事务的介入服务于欧盟整体中亚战略，注重在中亚内部内化欧盟水治理模式，建立与欧洲水框架指令和欧盟相关法律一致的机制和规则体系，提升在中亚地区的存在感与影响力。

第四，分析中国在对外战略实施中日渐重视"水"因素对地区秩序的建构作用。中国通过对国家政策和周边战略的适应性调整与完善，强调水对国家发展与安全利益的重要作用，推动地缘政治环境向有利于自身的方向发展。中国一方面重视水资源安全问题的解决和治理，另一方面重视与水资源安全相关的经济、社会、文化、环境等领域，从立体和复合化的视角推动更大范围和更深层次的合作，在合作机制的构建过程中，推动水资源安全从"碎片化"治理模式向"平台化"治理模式演进和发展。无论是"一带一路"倡议，还是次区域层面的澜沧江—湄公河合作机制，都是中国推动"水善利万物而不争"局面在亚太地区出现的努力。中国日益重视水在周边地区秩序建构中的重要作用，一是努力使水成为塑造中国负责任大国的国际形象、推动中国和周边国家合作、增进民众福祉的积极因素；二是使水成为推动地区合作与可持续发展的重要媒介；三是使水成为南南合作与联合国《2030 年可持续发展议程》实施的重要组成部分，推动其目标的实现，为全球治理提供国际公共产品。

通过本书，笔者试图构建起资源政治与地区秩序之间的逻辑框架，创新水资源安全地缘政治效应的相关研究，从水的视角剖析和认知美国与欧盟等域外势力的亚太战略与外交策略，从复合型安全的视角推动对中国周边战略与地区治理的研究。

世界新秩序正在形成，要为所有
人创造一个民主、和平和繁荣的世界。

——纳尔逊·曼德拉

第一章
理论分析框架：水与地区秩序

全球 195 个主权国家（193 个联合国会员国，2 个联合国观察员国）分布于六大洲四大洋，国家之间的互动最直接的影响是地区层面的国际秩序的演变。"秩序"，在《现代汉语词典》中被解释为，有条理、不混乱的情况[①]，它是一种相对稳定的结构关系。秩序的形成是行为体互动的结果，秩序的存在是一个社会有序运转的基础和标志。在国际社会中，国际体系中的国家依据国际规范采取非暴力方式处理国际冲突的状态，被称为国际秩序，通常包括三个构成要素，即国际主导价值观、国际规范和国际制度，国际格局并不是国际秩序的构成要素，而是国际制度安排的现实基础。[②] 地区作为一个区域概念，是"因地缘关系和一定程度上的相互依赖而结合在一起的数量有限的国家"。[③] 地区秩序，在地理范畴上与国际秩序相对应，是介于国际秩序和国内秩序之间的一种中间性秩序模式，是某一特定区域范围内的秩序，它是地区间国家互动的产物，可以被定义为

[①]《现代汉语词典》第 6 版，商务印书馆，2012，第 1681 页。

[②] 阎学通：《无序体系中的国际秩序》，《国际政治科学》2016 年第 1 期。

[③] Joseph S. Nye, ed., *International Regionalism: Readings*, Boston: Little, Brown & Co., 1968, p. 5.

存在互动关系的相邻国家之间的权力分配、利益分配、观念分配的结果，是地区内各行为体，对地区政治与安全事务进行制度管理和安排的模式。[①]

水是生命之源，是人类生存和一国发展的基础性资源，拥有"蓝金"之称。从本质上说，水资源作为一种天然的自然资源，本身不会对国家安全和地区秩序产生直接性影响。但当水的天然属性与国内、地区范围内的权力政治相结合时，就有可能演变成一种可以推动地区秩序发生内在变化和影响国家关系结构重建的政治资源。本章试图从地缘政治的视角厘清水资源与地区秩序之间的逻辑关系结构，建构出本书的分析框架。本章重点回答的一个问题是：水是如何与地缘政治结合，演变成一种重要的权力政治资源，进而影响地区秩序变化的？对这一问题的回答，需要分解成三个子问题进行深度探讨。第一，水为何能够影响地区秩序的变化？其内在的基础性条件是什么？水对不同地区秩序变化的影响力存在差异，其影响因素又是什么？换言之，水在什么样的地区环境下能够成为该地区秩序变化的重要影响因素？第二，水如何导致旧地区秩序的崩塌？第三，水如何影响新地区秩序的建构？

第一节　水推动地区秩序变化的基础与影响性因素

水资源，是一种创造生命、维持生命和提高生命质量的资源，由于其的不可替代性以及不能像石油、天然气和稀有矿石那样进行国际贸易，所以水资源会对其他自然资源形成挑战。[②] 相较于其他自然资源，水具有三个特殊的属性，即分配的天然不均衡性、数量的稀缺性和使用的不可替代性，由此决定了水是一种稀缺性的战略资

---

① 门洪华：《地区秩序建构的逻辑》，《世界政治与经济》2014 年第 7 期，第 8 页。

② Brahma Chellaney, *Water*, *Peace*, *and War*, Rowman & Littlefield, 2014, p. xi.

源，在某种特殊的政治环境下可以和权力政治结合在一起，成为影响国家和区域政治发展的权力资源。

水资源是一种稀缺性资源。虽然地球表面71%的面积都由水覆盖，但可供人类利用的淡水资源仅占地球总水量的2.5%，总量大约为14亿立方千米。从地球的整个空间分布来看，水资源的分配是天然不均衡的。大约70%的淡水资源被锁在南极和格陵兰岛的冰山中。从洲际的角度来看，亚洲的人口总量占到了世界总人口数量的一半以上，但淡水资源量仅占全球的36%。①

水具有不可替代性。美国国际开发署（USAID）在2004年发布的报告《水与冲突：关键问题与教训》中明确指出，水不同于原油，是一种不可替代性资源，作为一种基础性资源，它关乎地球上的所有生命，可靠的淡水资源是人类、环境健康和经济发展的关键，尽管在某种程度上可以再生，但并不是取之不尽的，可利用的水资源正在缩减。水已经成为影响国家内部、地区和国际政治稳定与发展的因素。②

随着气候变化以及人口数量的持续增多，水的稀缺性危机日益加剧，在2012~2020年世界经济论坛的全球风险评估报告中，水危机已经连续八年被列为对全球影响巨大的五大风险之一。根据世界气象组织发布的报告，2020年全球有36亿人缺乏有效的环境卫生服务，23亿人缺乏基本的卫生服务，超过20亿人生活在水资源紧张的国家，无法获得安全的饮用水。③ 获取水源已经成为一个事关"生或者死"的问题。

---

① USAID, "Water and Conflict: Key Issues and Lessons Learned", https://rmportal.net/library/content/tools/water – and – fresh – water – resource – management – tools/toolkit – water – and – conflict – 04 – 04 – 02. pdf/view? searchterm = fuels.

② USAID, "Water and Conflict: Key Issues and Lessons Learned", https://rmportal.net/library/content/tools/water – and – fresh – water – resource – management – tools/toolkit – water – and – conflict – 04 – 04 – 02. pdf/view? searchterm = fuels.

③ World Economic Forum, "The Global Risks Report 2020", http://www3.weforum.org/docs/WEF_Global_Risk_Report_2020.pdf.

水所具有的三个特殊属性决定了水是国家和民众生存和可持续发展的基础。随着人类社会对水需求量的日渐上升，越来越多的国家将水纳入国家安全的范畴之内，获取可以满足国家发展和人民生活的足够水资源是各国的国家目标之一。如何保证未来人类生存和国家可持续发展的水源，是许多国家和地区面临的巨大挑战。为了获取足够的水源并避免发生水战争，国家治理和地区治理能力就成为影响国家间结构关系状态和地区安全局势的关键。

从历史上发生的水资源冲突案例中可以看到，水问题与国家安全的结合通常是在一定的地理范围之内发生的。不同的地区环境，国家之间的社会、历史、文化等差异，均直接影响水关系的建构，反过来，水对地区秩序的影响路径和大小也不同。因此，水能够影响地区秩序发生演变受到三个基本因素的影响，即地区内部水资源分配的事实基础、地区内国家之间的实力差异和水控制能力、现有地区秩序的构建模式和地区治理模式。

一　地区内部水资源分配的事实基础

世界上不存在完全相同的地区秩序。在地区内部，一方面影响地区秩序形成和变动的因素存在巨大差别，另一方面，即便是同种类型的影响要素，对于地区行为体之间的政治、经济和社会等方面的影响，差异也巨大，基于此，水对于地区行为体之间的互动和关系结构表现出不同的影响效果。通常来说，在高度依赖跨国界水资源的地区，水对于地区秩序构建和演变的影响力就比较大。处于跨国界河流上游地区的国家，通常比中下游国家拥有更大的"水优势"，这种水优势很容易成为国家间开展博弈的工具，成为影响地缘政治发展的一个重要因素。

在跨国界水资源丰富且区域内国家高度依赖共享水源的地区，地区内部的国家因为水资源的共享而形成天然的命运共同体的同时，也面临着水源利用分配和治理的挑战。一般情况下，国际流域内分布国家的数量越多，利益冲突就越不好协调，发生冲突的概率就越大。同时，在其他条件一定的情况下，流域内国家对共享性水源的依赖程度与争夺水资源而发生冲突的概率与强度成正比，也就是说，对同一共享性水资源的依赖程度越大，共享水源对本国的社会生活和经济发展的影响程度就越大，那么围绕着共享水源而开展的竞争也就越激烈，一旦某个国家认为自身利益受到威胁时，就很容易和其他国家发生冲突。因此，在这些地区，水对于地区内部国家间的关系构建具有非常大的影响。

例如，中东地区水资源主要来自尼罗河、幼发拉底河—底格里斯河、约旦河三大水系，其中以约旦河水系国家间的冲突最为激烈。约旦河是中东地区的以色列、约旦、黎巴嫩和叙利亚等国水资源的主要来源。在 20 世纪 50 年代后期，以色列单方面实施河水改道和输送计划——"全国输水工程"，将约旦河水引入南方，这一计划激起了流域其他国家的强烈反对，但以色列仍旧在 1964 年完工并投入使用。① 作为反制措施，约旦河其他国家纷纷实施自己规划的约旦河水改道工程。以色列在 1965 年派出了突击队对阿拉伯国家的约旦河改道工程进行了破坏，成为引发第三次中东战争的导火索之一。以色列和阿拉伯国家发生的五次中东战争都和水资源问题密切相关，利用五次中东战争，以色列陆续占领了约旦河西岸、加沙地带、埃及的西奈半岛、叙利亚的戈兰高地和黎巴嫩南部领土，控制了约旦河流域的地表和地下水的来源。② 直到现在，约以、巴以、叙以和黎以的水问题一直没有得到彻底解决，关于跨国界水的分配一直是地区秩序重建的一个很难解决的"梗"。在南亚地区，雅鲁藏布江—布拉马普特拉河、恒河和梅格纳河等几条跨国界河流是南亚八国生存和发展的"母亲河"，印度、巴基斯坦、孟加拉国、尼泊尔等国围绕着河流水资源分配与开发纷争不断。关于水的利用和分配一直是影响

---

① 王联：《论中东的水争夺与地区政治》，《国际政治研究》2008 年第 1 期，第 98 页。

② 何艳梅：《国际河流水资源分配的冲突及其协调》，《资源与产业》2010 年第 4 期，第 54 页。

该地区走向冲突还是和平的关键性议题。

二　地区内国家之间的实力差异和水控制能力

地区秩序建构，体现的是某一时段内地区主权国家之间基于实力而造就的权力分配格局。地区秩序变化的根本动力是地区内不同力量之间的实力对比发生了变化，由此引发了地区内权力格局的变化。在地区内部，某些国家通过对水这种关键性的战略资源进行占有和开发来制造和强化实力的不平等，以及权力政治力量的不平衡。随着对这些关键性战略资源控制力的变化，地区内部权力政治力量的对比也会发生变化，由此影响地区秩序的变化。

典型案例如非洲的尼罗河流域。尼罗河是 11 个非洲国家的用水来源，埃塞俄比亚地处上游，有"非洲水塔"之称，但是在尼罗河的用水问题上却一直缺乏与其地理位置相匹配的"话语权"。而下游国家埃及，虽然地处河流末端，但却是名副其实的"水霸权"国家。埃及严重依赖尼罗河水源（据统计，该国 97% 的用水取自尼罗河），控制尼罗河的水源就成为其维持"霸主"地位不可缺少的基础性因素，为此它一直寻求对整个流域水资源控制的最大化。埃及利用从西方国家和国际组织那里获得的雄厚资金支持，大量修建发电、蓄水及灌溉设施，尤其是 1959 年尼罗河水协定签署后阿斯旺大坝的建设，为埃及争取了充足的水源，使埃及具有了本流域最强的蓄水能力，并且有能力左右其他流域国家的水资源使用情况。埃及的结构性"水霸权"地位进一步得到巩固。① 同时，如果埃塞俄比亚、乌干达和苏丹等上游国家想要获得国际金融机构的资助来修建大型水利基础设施项目，都必须经过埃及的明确同意。

---

① Nora Hanke, "East Africa's Growing Power: Challenging Egypt's Hydro – political Position on the Nile?" http: //scholar. sun. ac. za/handle/10019. 1/80202.

　　埃及的"水霸权"地位维持了几个世纪，其他流域国家一直心存不满，尤其是埃塞俄比亚，其贡献了尼罗河 86% 的水量，深知水资源对国家发展和国际地位的重要作用，从 20 世纪 50 年代就开始极力抗争埃及的不公平水协议，争取水资源发展的自主权利。[①] 到了 20 世纪 90 年代末期，门格斯图·海尔·马里亚姆（Mengistu Haile Mariam）成为埃塞俄比亚的新总统，开始全面调整本国的内外政策，制定了复合性的国家水政策来对抗埃及的强势地位，并确立了通过修建大坝来作为主要的抵制手段，计划将大坝当作建国工程来设计，以此将本国外围地区与政治中心连接起来，并将其变成埃塞俄比亚外交政策的中心轴，以便在外部世界中获得更大的自主权，通过能源流将埃塞俄比亚与邻国连接在一起。[②] 埃塞俄比亚将修建大坝作为国家发展的核心而努力，注重增加能源生产和发展灌溉型农业。通过出口多余的电力，成为非洲的电力枢纽，电力的流动连接起东非国家与埃塞俄比亚，提高了国家的地区优势地位并推动了地区经济一体化。对埃塞俄比亚来说，水利项目是确立地区地位的关键，是一种提升埃塞俄比亚国际地位的方法，这可以提醒埃及，本国的政治是稳定的，埃及让埃塞俄比亚贫穷的做法是不会得逞的。[③] 现在，中国和意大利的投资有力地推动了埃塞俄比亚战略规划的实现。[④] 2020 年，埃塞俄比亚的发电能力提高了 15 倍，成为该地区的电力输

① Rawia Tawfik, "Revisiting Hydro - hegemony from a Benefit - Sharing Perspective: The Case of the Grand Ethiopian Renaissance Dam", https: //www. die - gdi. de/uploads/media/DP_5. 2015. pdf.

② 哈里·费尔赫芬：《中国改变尼罗河流域力量格局》，中外对话网，2013 年 7 月 4 日，https: //www. chinadialogue. net/article/show/single/ch/6178 - China - shifts - power - balance - in - the - Nile - river - basin。

③ Rawia Tawfik, "Revisiting Hydro - hegemony from a Benefit - Sharing Perspective: The Case of the Grand Ethiopian Renaissance Dam", https: //www. die - gdi. de/uploads/media/DP_5. 2015. pdf.

④ Nora Hanke, "East Africa's Growing Power: Challenging Egypt's Hydro - political Position on the Nile?" http: //scholar. sun. ac. za/handle/10019. 1/80202.

出大国。① 尤其是青尼罗河项目、"吉布3"水电站项目等几个大型水利项目的修建，将极大地改变尼罗河流域水资源分配格局，实现国家的水资源安全与发展，为其改变地缘政治格局积蓄力量。

三　现有地区秩序的构建模式和地区治理模式

每个地区内部的地理自然环境、政治传统、经济力量和社会文化等各方面不尽相同，每个地区的地区秩序和地区治理模式也就必然存在很大的差异。地区秩序从构建模式上来说可以分为外源强制型、外源合作型、内源强制型和内源合作型四种。强制型构建模式体现的是对霸权利益的追求，是建立在国家之间的政治经济力量不平衡的基础之上的，国家之间缺乏认同和信任的条件。而合作型构建模式则以共同价值观念和共同利益为基础，地区成员之间的政治、经济或文化上联系紧密，相互充满信任。②

地区秩序的构建模式决定了地区治理模式的选择。地区治理模式是地区内行为体对该地区存在的冲突、生态、移民、资源、传染病等公共问题的解决模式。在强制型地区秩序构建模式中，地区治理模式包括霸权性治理模式和多元松散性治理模式，前者依靠霸权国家的绝对性权力优势来推行其治理主张，地区内的其他成员被动接受，治理议题的选择和排序也由占主导地位的大国设定。这两种治理模式一方面在地区性问题的治理上存在着滞后和低效，国家之间更多地依靠自助来维护自身安全。另一方面很难对某些国家内部问题外溢而成的地区性问题采取及时应对措施，造成整个地区失序，现有的稳定的地区秩序发生改变。

而在以合作为主导构建的地区秩序中，国家之间的互动合作关

---

① 赖斯·克桑：《埃塞俄比亚积极推动大坝工程》，中外对话网，2010年5月6日，https：//www. chinadialogue. net/article/show/single/ch/3602 – Ethiopia – s – push – for – mega – dams。

② 徐秀军：《地区主义与地区秩序构建：一种分析框架》，《当代亚太》2010年第2期，第18~19页。

系会使地区成员之间的政治、经济和社会各层面的关系和结构状态较为稳定，随着地区主义和地区一体化的发展，区域内的国家会就某些问题领域的决策向共同机构转移决策权，至少是部分决策权。①在这样的地区环境中，地区内国家利益共享，责任共担，在共同解决地区问题的互动过程中形成的原则为地区秩序提供了可遵循的价值理念。在一体化进程中，合作、协调和相互妥协成为处理国家间关系的主流，某些规则、规范、原则和决策程序逐渐被所有参与者接受，并通过制度化成为地区的软性法则（Soft Laws），推动地区内国家建构起政治、经济、社会、安全等层面较为稳定的关系与结构状态。②

因此，在强制型地区秩序的构建环境中，水所造成的社会安全效应很容易外溢和发酵成诱发地区冲突的安全性问题，改变现有的国家关系结构状态，造成地区秩序崩塌，使之进入重新建构阶段。而在合作型的地区秩序的构建环境中，水会成为促进地区内国家规范和规则达成的积极因素，推动国家之间建构起更为稳定的关系，推动地区一体化的发展。关于水对地区秩序影响的这两大层面，下文将结合中东和欧洲两个地区的案例进行深度剖析。

第二节 水与旧地区秩序崩塌

水对地区秩序变化影响的表现是水可以成为一种改变地缘政治环境的权力资源，推动旧地区秩序的崩塌。2001年的"9·11"事件之后，恐怖主义成为影响国际秩序变化的重要安全问题。在政治关系不稳定，安全形势动荡的地区环境里，资源匮乏和国家治理能力

---

① 陈玉刚、陈晓翌：《欧洲的经验与东亚的合作》，《世界经济与政治》2006年第5期，第21页。

② 门洪华：《地区秩序建构的逻辑》，《世界政治与经济》2014年第7期，第8～23页。

的欠缺使该地区成为恐怖主义产生和发展的温床。同时，为了实现自身的政治目的，恐怖主义会把对有限资源使用权的控制变成一种实现自身政治目的的工具，使其成为改变社会秩序和地区秩序的权力资源。例如在非洲的索马里，国内的极端组织利用水危机制造的"水恐怖主义"严重影响着"非洲之角"的安全秩序。自 2015 年之后，ISIS（"伊拉克和大叙利亚伊斯兰国"）作为恐怖主义的"新生力量"开始以各种残暴的方式在世界各地频频制造骇人听闻的恐怖事件，意图搅乱整个世界，建立起所谓的"哈里发帝国"，重新规划世界版图，重构世界秩序。而水在 ISIS 的发展过程中扮演着重要的角色。

一　水资源安全与社会失序

加拿大多伦多大学狄克逊（Thomas F. Homer – Dixon）所主持的一个"环境变化与冲突"的研究项目，对环境资源变化与国家冲突之间的关系进行了大量的实证性研究，绘制出了环境短缺和冲突之间的关系图。① 从图 1 – 1 所展示的内在逻辑关系来看，水资源问题的安全效应最先体现在自然物理性方面，例如水质污染、水域环境破坏、生物多样性减少、干旱缺水、沙漠化、洪涝灾害等导致可再生资源的质量和数量下降，加上人口增长，以及发展中国家社会内部获取资源的不平等性，会加剧资源短缺性危机，使这些物理性变化产生潜在的社会政治影响，引发社会动荡。例如，水质污染会导致民众饮用水不安全、疾病多发和居民健康水平下降，引发民众对政府公共管理的不满；水资源供应量减少直接造成粮食减产，粮食价格上升，不仅使农业安全受到威胁，失业和贫困人口的生活更加艰难，引发被迫性的社会移民或迁徙，而且会减少粮食出口，国家的外汇收入降低。这种社会化连锁性反应将引发民众对有限资源的

① Thomas F. Homer – Dixon, "Environmental Scarcities and Violent Conflict: Evidence from Case", *International Security*, Vol. 19, No. 1, 1994, p. 31.

争夺，进而引发社会暴乱或动乱。同时，随着环境难民和移民压力的上升，在滋长极端主义和恐怖主义的同时，脆弱性国家的压力上升，跨国和国际冲突风险骤升。从目前的情况来看，水作为一种战略性资源的地位在不断凸显，它既可以是和平的保障，也很容易成为引发冲突乃至战争的导火索。水资源安全问题如果不加以及时控制和管理，会是一个严重影响国家发展和地区稳定的重要安全性问题。

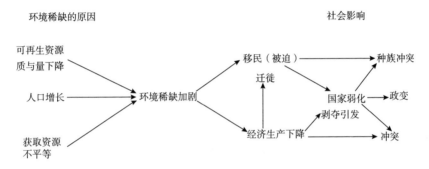

图 1-1　资源短缺与社会冲突关系

资料来源：Thomas F. Homer - Dixon, "Environmental Scarcities and Violent Conflict: Evidence from Case", *International Security*, Vol. 19, No. 1, 1994, p. 31。

　　迪克斯项目组通过大量的案例分析研究其实回答了水与秩序内在关系的核心问题，即严重的资源短缺会破坏经济和关键性的社会制度，一旦政府无力进行有效的社会治理，整个社会的秩序就会崩溃。如果把资源短缺困境的范围扩大到整个地区，也就是说资源短缺如果成为一种地区常态现实的话，地区秩序也会受到冲击。在高度依赖跨国界水资源而水资源又稀缺的中东地区，国家内部的水资源短缺问题就是以 ISIS 为代表的现代恐怖主义发展的重要社会根源。

　　"阿拉伯之春"（the Arab Spring）之后，叙利亚进入了"如火如荼"的内战阶段。叙利亚的内部战乱起源于农民起义，而农民起义的最直接原因是极端天气造成持续干旱，水资源极度短缺，农业歉收，上千万农民的基本生活无法保障，为了获得基本的生存权益，农民开始抗议政府的腐败与社会治理的无能，但很快被政府镇压下去。之后从局部地区的农民自发性群体起义逐渐演变成席卷全国并具有军事武装的反抗组织。① 可以说，水资源短缺及其所产生的社会效应是内战爆发并持续的关键性原因之一。

根据世界银行的数据统计，叙利亚的人均可用淡水资源总量在1967 年为 1242 米³/年，按照 M. 富肯马克（Malin Falkenmark）的"水稀缺指标"来说属于用水紧张型国家，但进入 21 世纪之后，叙利亚的人均可用淡水资源总量就一路下降到 363.27 米³/年（2007年），成为"极度缺水"型国家。② 水资源的极度稀缺引发了一系列农业安全和用水安全问题，使正常的经济生活受到严重影响，越来越多的人为了生计涌入城市，导致城市基础设施和社会管理的压力激增，新旧居民矛盾激化，加深了早已经存在的宗教和社会政治矛盾，但政府无力解决这些日益严重的社会和人道主义危机。叙利亚内战持续到 2011 年时，全国已有 6% 的人口或被杀或受伤，500 多万人口被迫迁移。到 2015 年，全国 80% 以上的人口已处于贫困状态。③

与此同时，伊拉克境内的 ISIS 影响到了叙利亚。一方面，民众为了求得基本生存和反抗无能的政府，只能另寻他路，而在一个满目疮痍的国度和不稳定的地区环境里，可以选择的生存之路非常有限；另一方面，ISIS 为了"招兵买马"扩大势力，承诺给予新加入的分子以足以保证生活的"高额报酬"。因此，加入 ISIS 极端主义组织成为一些叙利亚平民的选择。

瑞典国际发展合作署的统计数据显示，除了意识形态的因素，60% ~70% 的人加入 ISIS 的原因是国家政策失败和水资源短缺导致

---

① Swedish International Development Cooperation Agency, "Water and Violence: Crisis of Survival in the Middle East", http://www. strategicforesight. com/publication_ pdf/63948150123 – web. pdf.

② "Renewable Internal Freshwater Resources Per Capita (Cubic Meters)", https:// data. worldbank. org/indicator/ER. H2O. INTR. PC? locations = SY.

③ Swedish International Development Cooperation Agency, "Water and Violence: Crisis of Survival in the Middle East", http://www. strategicforesight. com/publication_ pdf/63948150123 – web. pdf.

的无法生存。2014～2016 年，ISIS 控制的叙利亚东北部在 2007～2012 年遭遇持续严重干旱。叙利亚政府无力救援遭遇干旱的人群，使其获得基本生活保障，导致对政府的怨恨激增和公众支持下降。而 ISIS 则通过建立社会服务系统、实施灌溉项目和提供干净的饮用水，轻易地"吸纳"到大量对政府不满的当地民众。[①] 促使 ISIS 迅速发展壮大，成为影响中东地区秩序乃至欧洲稳定的重要不稳定势力。

二　水资源安全问题与地区恐怖主义发展

水资源安全问题在国家内部引发社会失序，为恐怖主义的产生和扩大创造了条件。随着恐怖主义势力的扩大，水逐渐从一个资源性因素发展成为一个工具性因素，成为恐怖主义扩大势力的重要工具。2017 年 4 月德国独立智库阿德菲（Adelphi）发布的《全球变暖环境下的暴乱、恐怖主义和有组织犯罪》报告认为，恐怖组织会将水资源作为"战争武器"，通过控制水源，迫使人们服从其领导，在水资源越是稀缺的地方，恐怖组织的控制力就越强。[②] 这一结论在 ISIS 的发展壮大和恐怖主义活动的实施中体现得十分明显。

ISIS 主要通过三种路径实现对水这种基础的生存与发展资源的控制和管理，使之变成重要的权力资源，成为其扩大和控制地盘，改变地区内部权力格局和"搅乱"区域秩序的有效工具。

第一，水利基础设施影响社会正常的经济生活运转，ISIS 通过控制重要的大坝来控制水源，进而控制在饮用水、灌溉和电力供应上依赖水源的沿线区域。例如在 2014 年，ISIS 控制了幼发拉底河上的

---

① Swedish International Development Cooperation Agency, "Water and Violence: Crisis of Survival in the Middle East", http: //www. strategicforesight. com/publication_ pdf/63948150123 – web. pdf.

② "Insurgency, Terrorism and Organised Crime in a Warming Climate", https: //www. climate – diplomacy. org/publications/insurgency – terrorism – and – organised – crime – warming – climate.

塔布卡（Tabqa）大坝，该大坝是叙利亚 20% 的电力和 500 万民众饮用水与农业灌溉用水的来源。通过控制摩苏尔（Mosul）大坝来控制 40% 的伊拉克小麦产区，影响当地的粮食安全，从而很容易实现了控制该地区的目标。

第二，ISIS 通过制造水安全问题向对手施加政治压力。例如，2014 年在阿勒波市，ISIS 通过切断水和电力供应来影响对手的正常作业。为了抢占地盘，ISIS 用原油污染伊拉克和叙利亚国内的饮用水，放水淹没了迪亚拉省、巴比尔和巴格达西南部的 22 个城市，逼迫原有居民离开家乡。2015 年，ISIS 关闭了拉马迪（Ramadi）大坝，迫使下游地区的民众接受 ISIS 的控制。

第三，石油生产离不开可持续的水源供应，ISIS 借助对水资源调配的控制权来持续性地增加石油生产所需要的水的供应，以提高石油产量，获取重组的活动资金，继而加强控制农业和电力这两个关乎国家经济命脉的重要领域。①

叙利亚原来并不是一个缺水的国家，但人口的增加、社会治理的不善和持续的自然干旱，加之土耳其在上游地区修建大坝，导致叙利亚境内的水消耗严重超过自然补给。作为农业国家，叙利亚的农业产品以耗水严重的小麦和玉米为主，为弥补地表供水的不足，地下水被过度消耗。水资源安全已经成为影响叙利亚社会可持续发展的瓶颈问题。ISIS 在发展壮大、主动向外扩张实现其构想的新阿拉伯帝国主义②的过程中，充分抓住了水这个"牵一发而动全局"的关键性社会基础性资源，利用叙利亚水资源安全困境，通过控制和管理水资源，实现其对叙利亚的逐渐控制。

---

① Swedish International Development Cooperation Agency, "Water and Violence: Crisis of Survival in the Middle East", http://www.strategicforesight.com/publication_pdf/63948150123 - web. pdf.

② 殷之光：《伊斯兰的瓦哈比化：ISIS 的不平等根源与世界秩序危机》，《文化纵横》2015 年第 1 期，第 78 页。

虽然在 2017 年 11 月 21 日，伊朗总统鲁哈尼宣布 ISIS 已经被剿灭①，但不可否认的是 ISIS 的崛起和发展冲击了中东地区已经"非常脆弱的平衡"，对地区秩序造成了严重的冲击，成为当今世界安全最直接和严峻的挑战之一。② 另外，还需要看到的是，ISIS 在全球发动的恐怖主义袭击，力图使自己从一个地区秩序的"变革者"向一个国际秩序的"搅局者"转变。叙利亚和伊拉克持续的内部战乱造成几百万的难民涌入欧洲，极大地冲击了欧洲稳定的社会结构，而且使得本已高度一体化的欧洲内部，国家概念被再度强化，在 ISIS 发动的接二连三的针对欧洲平民的恐怖袭击的催化下，欧洲各国民族主义情绪迅速爆发，法国、奥地利、荷兰等欧洲国家内部极右翼势力抬头，促发了欧洲政治生态的改变③，对于欧洲地区秩序产生较大的影响。

中东的案例证明，某些地区传统安全机制的功效在下降，很多非传统安全领域缺乏相应的安全机制进行治理和管控，水资源一旦和某种新的权力政治资源相结合，很容易成为摧毁旧有社会秩序，推动新秩序产生的工具，从而使水的安全特性从基本的自然需求层面上升到政治安全层面，成为一个影响地区秩序内部变化的重要因子。

第三节　水与新地区秩序建构

地区不仅是世界上存在的物质实体和在地图上能直接和准确描

---

① 《伊朗总统宣布"伊斯兰国"已被剿灭》，央视网，2017 年 11 月 22 日，http：//news. cctv. com/2017/11/22/ARTI8LNwnTjoeHESGBHbeU33171122. shtml。

② 《伊斯兰国是世界面临最直接挑战之一》，新浪网，2015 年 11 月 17 日，http：//news. sina. com. cn/zl/world/2015 – 11 –17/09314940. shtml。

③ 曹兴、徐希才：《叙利亚难民对欧洲产生了哪些影响》，中国中东研究网，2017 年 1 月 13 日，http：//www. mzb. com. cn/zgmzb/html/2017 – 01/13/content_118006. htm。

绘出的有形空间，也是由各种观念构成的社会和认知结构，这些观念是由地区国家在多领域互动造就的，并且它一旦形成，就会影响行为体的政策选择。观念的认同可以促进地区行为体的互动和交流，也决定了地区秩序的"自我"特性。① 而在观念认同基础上形成的规范则是"一种规则"②，是"界定权利和义务的行为标准"③，是"对某个认同所应该采取的适当行为的集体期望"。④ 规范有助于促进地区和国际秩序的形成。在地区范围内，规范一旦建立，就说明地区各行为体对某种价值、目标或愿望的接受和认同，各行为体具有基本一致的价值取向，并且其行为受共同的价值与目标的约束。⑤ 地区性规范的形成是地区主义发展的制度推手和直接动力。

作为地区发展最基础的自然资源，水规范的建立和内化必然会深刻影响地区内国家的行为互动。水的跨国界流动性使同一流域的国家具备了构建命运体的天然纽带，国家之间为了和平用水而实现法律上的统一与政策上的协调，在流域管理上实行一体化管理，对地区内国家的水资源利用原则和目标达成统一标准，会极大地推动地区内民众的共同价值认同，推动地区性文化和思想观念的统一，为经济和政治上的逐步整合与统一奠定规范性的基础，极大地促进一体化地区秩序的发展。

关于水在地区规范塑造和内化方面的案例，最具代表性的莫过于欧盟。欧盟通过建立和内化水规范，确保不同国家在资源管理和

---

① 娄伟：《观念认同与地区秩序建构——兼谈中国新安全观在建构东亚秩序中的作用》，《东南亚研究》2012 年第 1 期，第 54~55 页。

② Ann Florini, "The Evolution of International Norms", *International Studies Quarterly*, Vol. 40, No. 3, 1996, p. 364.

③ 〔加〕阿米塔·阿查亚：《建构安全共同体：东盟与地区秩序》，王正毅、冯怀信译，上海人民出版社，2004，第 33 页。

④ 〔美〕彼得·卡赞斯坦主编《国家安全的文化：世界政治中的规范与认同》，宋伟、刘铁娃译，北京大学出版社，2009，第 11 页。

⑤ 徐秀军：《地区主义与地区秩序构建：一种分析框架》，《当代亚太》2010 年第 2 期，第 25 页。

利用上实现一体化，推动环境一体化成为欧盟一体化的重要内容和积极推动力。同时，通过设立共同目标和引导公众参与，促进一体化意识"扎根于"民间，建立起地区一体化发展的坚实群众基础。

欧盟是全球跨国界河流丰富的地区，最著名的两条跨国界河流是莱茵河与多瑙河。这两条河流横穿欧洲，在欧洲社会经济发展中的地位和作用举足轻重，它们不但是欧洲重要的经济、环境、运输通道，还担负着流域内各国生产生活用水、航运、发电、渔业、农业灌溉、污水处理等多项"重担"。由于欧洲国家众多，各国经济状况存有差异，政治历史与文化传统又各不相同，国家之间时常发生水污染、水利开发、水量分配等矛盾和冲突。

对欧盟来说，如何公平地利用国际水道与水资源，如何控制水污染和保护环境，是事关地区稳定和发展，以及能否实现一体化的重要问题。2000 年后，欧盟在整合以往一系列分散的水管理法规的基础上，制定了一个统一的行动框架——《欧盟水框架指令》（EU Water Framework Directive，WFD），它于 2000 年 10 月 23 日由欧洲议会和欧盟理事会颁布，并于 2000 年 12 月 22 日正式实施。欧盟逐渐建立起了水利用与管理方面的地区规范。

一　水规范与地区行为规则形成

在《欧盟水框架指令》制定以前，地区内的国家在航运、工业用水、生活用水、水利开发等方面缺乏统一协调机制，在 21 世纪之前，被称为母亲河的莱茵河与多瑙河一度因各国在利用上"分而治之"和在管理上"各扫门前雪"的行为而"伤痕累累"。

在 15 世纪，莱茵河与多瑙河因过度捕捞和污染而产生渔业衰退的现象；在 19 世纪，流域国为了航运更加便捷畅通而对河流实行"纠正性整容"，河道拓直、沿岸修堤、束水归槽，增加农业种植面积，河流的生态系统遭到重创。工业革命之后，作为"发电"的来源，河流上梯级拦河水坝如"雨后春笋"般出现，河流的水文和循环系统被破坏，自我净化能力大减，泥沙淤塞，鱼类洄游受阻，动植物大量减少。加上沿岸国工业生产产生的大量有机污染物的排入，莱茵河的水质严重恶化。直至发生了著名的桑多兹污染事件。瑞士桑多兹化学公司的农药泄漏致使德国、法国、荷兰等国蒙受巨额损失，巨大的破坏效应使欧洲国家意识到了统一管理水资源的必要性与重要性。①

20 世纪 60 年代以后，欧洲国家陆续在一些流域中建立河流管理委员会，在流域管理、生态保护、污染排放、事故预防、监测与信息管理、防洪等方面建立相关规定，但这些水管理法规通常分散于某一流域层面。2000 年，欧盟根据《欧洲联盟条约》第 174 条，在整合以往一系列零散的水管理法规的基础上制定了一个统一的行动框架——《欧盟水框架指令》（以下简称"水指令"）。② 水指令的正式启动，标志着欧盟各国具有了统一的水资源管理法律文件，建立起了地区性自然资源利用的统一管理原则和共同发展目标。

欧盟要求各成员国必须强制实施这一框架指令，对申请加入欧盟的国家也以此作为批准入盟的先决条件之一。由于欧盟对水资源和水环境的保护制定了很高的标准，各成员国为达到水指令规定的标准，必须在相关领域投入大量资金，例如德国为达到欧盟水质标准，至少投入了 3000 亿美元。这就成为一些经济发展水平相对较低的国家，例如波兰、罗马尼亚等国是否有能力实现水指令目标的顾虑和障碍。同时，欧盟各国的体制不同，以德国、比利时、西班牙等为代表的一些国家，在水管理方面实行地方自治，中央政府管理薄弱，而水指令又由中央政府签署，因此如何在全国实行统一的水管理政策是实施水指令的又一大挑战。

另外，欧盟要求水指令的实施具有强制约束力，如何在社会发展不尽相同的国家实施统一的时间表，是欧盟国家协商谈判的又一

---

① 董哲仁主编《莱茵河——治理保护与国际合作》，黄河水利出版社，2005；薄义群、卢锋等：《莱茵河：人与自然的对决》，中国轻工业出版社，2009。
② 刘宁主编《多瑙河：利用保护与国际合作》，中国水利水电出版社，2010，第123 页。

大重点。欧盟成员国在较长时间的讨论、协商和谈判的过程中，逐渐意识到欧盟法律政策结构的复杂性和各类规则内容的诸多重叠性对于欧盟整体发展的不利影响，最终一致通过水指令并实施。在具体落实中，欧盟国家经过协调实施务实性策略，允许罗马尼亚、保加利亚等经济发展水平较低的国家具有一定的宽限期，在实施某些条款时如果技术不可行或费用过于昂贵，可以采取变通措施。水指令是欧盟国家将国家政策从单一化发展到一体化的典型代表，在实现这一体化的过程中，欧盟国家调整观念，协调立场，逐渐建构起统一的行为规范。[1]

水指令从一体化的角度对水这种基础性的自然资源和社会资源进行管理，对欧盟国家的水质管理、保护区管理、法规体系建设、管理机构建设、水价制度等方面的行为与方法进行了统一规定。欧盟要求全体欧盟成员国和申请加入欧盟的国家都必须执行水指令，各成员国必须以水指令为指导，制定相应的国家法规，欧盟定期对各成员国实施水指令的情况出台评价报告。各国除了要制定本国的河流流域区管理规划，还要求成员国之间进行协调合作（甚至和非欧盟国家开展合作），制定整个国际河流流域区统一的管理规划。[2]从根本上说，水指令的制定与启动是欧洲国家在长期发展中对于水资源可持续利用和合作管理的观念认同的体现，是一种共同的管理规范和行为准则的达成。

二　水规范与地区统一性目标设置

在欧洲一体化的过程中，水指令设置了水治理方面的统一目标，

---

[1] 刘宁主编《多瑙河：利用保护与国际合作》，中国水利水电出版社，2010，第124页；杜群、李丹：《〈欧盟水框架指令〉十年回顾及其实施成效述评》，《江西社会科学》2011年第8期，第19~27页；"The EU Water Framework Directive"，https://publications. europa. eu/en/publication – detail/ – /publication/ff6b28fe – b407 – 4164 – 8106 – 366d2bc02343。

[2] 胡文俊等：《多瑙河流域国际合作实践与启示》，《长江流域资源与环境》2010年第7期，第741页。

欧盟国家的长远目标是消除主要危险物质对水资源和水环境的污染，保护和改善水生态系统和湿地，降低洪水和干旱的危害，促进水资源的可持续利用；而近期目标是在 2015 年前使欧盟范围内的所有水资源都处于"良好的状态"。① 在共同目标和基本原则的大框架下，水指令要求欧盟成员国与同一流域内的其他所有国家建立合作关系，建立起不同层面的协调合作机制，推动"利益协调"框架的设置，在法理和程序上使争端解决和行动协调更容易开展。水指令的核心思想是：河流从源头到入海口是一个完整的一体化系统，所有国家都要定期向欧盟汇报工作进展；制定严格的惩罚条例，对无法完成指令的国家进行处罚。② 统一水目标的设置进一步保证了欧盟国家在发展过程中的行动一致性，确保环境一体化的阶段性推动。

三 水规范与地区共同意识发展

"指令"从本质上属于"软法"，即对所达到的具体目标做出明确规定，要求成员国通过该国相应的立法以履行具体的规定，即指令需要转化为每个成员国的国家立法，并且相应地成为该国立法的一部分。水指令第 24 条要求在 2003 年 12 月 22 日前各成员国将框架指令的要求转化为国内的相关法律并将情况通报给欧盟委员会。对于不能按时将框架指令的内容写进本国法律的国家，欧盟委员会将按照条约和程序，对这些国家发出正式通知。如果没有正当理由解释其原因，欧盟委员会有权提起诉讼，将其告到欧洲法院。另外，欧盟委员会对所有按照框架指令应该执行而没有执行的，或者没有执行好的行为，也都可以启动其监督和诉讼程序。③ 欧盟通过定期对

---

① 〔英〕马丁·格里菲斯编著《欧盟水框架指令手册》，水利部国际经济技术合作交流中心组织翻译，中国水利水电出版社，2008，第 4～5 页。

② 谭伟：《〈欧盟水框架指令〉及其启示》，《法学杂志》2010 年第 6 期，第 118～119 页。

③ 谭伟：《〈欧盟水框架指令〉及其启示》，《法学杂志》2010 年第 6 期，第 118～119 页。

各成员国实施水指令的情况做出评价报告，来掌握地区的水管理情况，以此来保证水指令的顺利执行，将统一的水管理规范内化到每一个国家的具体行动中。

在社会参与层面。水指令建立的思想基础是天然的水命运共同体，公众的支持和参与是保护水资源的先决条件。在水指令的框架下，欧盟国家和公众等利益群体针对水问题和解决办法展开广泛协商，在实施过程中充分确保公众的参与度，使公众在水指令的落实环节中扮演关键角色。① 水指令规定：所有河流改善计划的细节都要公布，并让公众参与并提出意见。② 公众是水资源使用的主要群体，水指令强调公众参与的重要性，其附录 7 第 A9 条规定，要收集整理公众意见并认真对待，第 14 条规定，要给公众提供相关的背景信息。鼓励公众参与，赋予公众基本的知情权、参与决策权和质疑权，不仅可以有效地收集社会需求信息，了解水资源管理的真实进程和效果，更可以使公众深度了解水指令的基本内容，将共同的用水意识和规范内化到社会民众层面，推动地区共同体意识的发展。

结　语

美国经济与和平研究所（IEP）2020 年 9 月发布了《生态威胁报告》。该报告依据国际流离失所者监测中心、联合国粮食及农业组织等多个机构，以及经济与和平研究所之前对各国复原能力水平的预估等数据，计算出了人口增长、水资源紧张、粮食不安全、干旱、洪水、飓风以及气温和海平面上升的未来发生概率及影响。报告认

---

① "The EU Water Framework Directive", https：//publications. europa. eu/en/publication - detail/ - /publication/ff6b28fe - b407 - 4164 - 8106 - 366d2bc02343.

② 谭伟：《〈欧盟水框架指令〉及其启示》，《法学杂志》2010 年第 6 期，第120 页。

为世界上最贫穷、脆弱的国家将遭到最严重的打击,预测到2050年,全球将有12亿人被迫流离失所,进而引发政治不稳定、全球不安全等后果。2050年全球的人口数量将从目前的78亿上升到100亿,全球粮食需求将增长50%,35亿人口将面临粮食短缺的问题。人口数量的绝对性增长和难民的流动性增强,使水资源安全压力进一步上升。仅在2010~2020年的十年间,全球与水有关的暴力事件就增加了270%。资源安全在全球治理中的作用不断地凸显,水资源安全治理在各国国际战略布局中的地位显著上升,水资源对地区秩序的影响作用也会更加明显。①

习近平主席强调,新形势下必须牢固树立总体国家安全观,树立共同、综合、合作、可持续的全球安全观,加强安全领域合作,维护全球战略稳定,携手应对全球性挑战,推动构建人类命运共同体。② 新冠肺炎疫情突袭而至,中国已向全世界展示和证明了自己的治理能力,中国的理念影响力、危机应对能力、公共产品提供能力等极大地提升了中国在全球治理中的参与度与领导力。中国应该抓住这样一个全球治理的改革时期,从观念、利益和能力三个维度,重视"水"的战略抓手作用,发挥水资源在国家利益实现和地区治理影响方面的重要作用,增强建构地区秩序的能力和主动性。

首先,在观念上,将"水善利万物而不争"的地区规范建构内涵与中国的义利观践行结合起来。随着综合国力和国际影响力的提升,中国日益重视对国际规范的影响和建构,中国在思考新时代国家身份定位时提出了"正确义利观"的概念,对于如何处理与外部

---

① Institute for Economics and Peace, "Ecological Threat Register", http://www.economicsandpeace.org/wp-content/uploads/2020/09/ETR_2020_web-1.pdf.

② 《中共中央政治局会议审议〈国家安全战略(2021—2025)〉〈军队功勋荣誉表彰条例〉和〈国家科技咨询委员会2021年咨询报告〉习近平主持》,中国政府网,2021年11月18日,http://www.gov.cn/xinwen/2021-11/18/content_5651753.htm。

世界关系做出了清晰回答。① 中国相当一部分的对外投资集中于资源开发利用领域，尤其是在亚洲和非洲等发展中国家的水资源开发领域，大量的资金用于水利相关的基础设施建设。中国对外水利投资的过程从一定程度上说也是传播"中国声音"，用"中国方案"解决区域治理问题的过程。水利基础设施事关国计民生与可持续发展，中国在合作过程中坚持道义为先，追求共同发展，在协助解决当地水资源安全问题，提升其水资源治理能力的同时，还会传播"责任先于自由、义务先于权利、群体高于个人、和谐高于冲突"② 的中国对外价值理念，影响对象国治理理念的建构，潜移默化地提升中国影响区域规范建构的能力。

其次，在利益上，将地区机制构建与中国命运共同体理念落实结合起来。制度设计和规则话语权是建构新国际秩序最根本的战略性资源。水是命运共同体建设的天然纽带，在目前水资源合作机制普遍缺乏的情况下，中国应该在水资源类国际制度的建设方面发挥引领作用，增强中国建构区域新秩序和新规则的力量，同时推动地区命运共同体的构建。一方面，中国应积极参与国际水资源法律与制度建设，加强在国际水事活动中的协调与合作；另一方面，中国应加强地区层面的水相关机制的建设，在最大限度地降低水资源冲突和争端发生的可能性的同时，加大水资源合作开发的力度，使下游国家充分享受到参与中国主导的水资源机制建设的"红利"，利用河流水力开发促进国内经济发展，改善民众的生活条件等。由于水涉及一个国家可持续发展的诸多层面，水资源类地区机制的发展可以带动系列性国家之间和地区合作机制的发展，从而提升中国对整个地区政治与发展的话语权和影响力。例如澜沧江—湄公河合作机制（Lancang‐Mekong Cooperation Mechanism，以下简称"澜湄合作

① 《习近平的外交义利观》，中国日报网，2016 年 6 月 19 日，http：//cn. chinadaily. com. cn/2016xivisiteeu/2016‐06/19/content_25762023. htm。

② 陈来：《充分认识中华独特价值观——从中西比较看》，《人民日报》2015 年 3 月 4 日，第 7 版。

机制")的建设，就是将水资源合作作为推动整个区域合作发展的重要内容和动力。

最后，在能力上，提升对象国水资源安全保障能力。基础性的社会治理不仅事关一个国家民众的生存质量和国家的社会治理能力，而且会影响一个国家、流域乃至地区的能源安全、农业安全等。"一带一路"倡议共建国中很多面临水资源污染和水资源稀缺的问题，如何应对这些挑战，关系到地区的稳定与和平。面对水资源问题的安全化挑战，中国作为负责任的大国，应重视推动开展水资源治理的国际合作，注重加大水资源能力建设方面的投入，充分发挥"一带一路"倡议的引导作用，对接共建国家的战略规划和发展需求，与其建立清晰的合作框架与平台，在框架之内借助具体项目的开展，将项目发展模式根植于目标国，促进多层次水资源合作机制的建立。

生存下来的不是最强壮的物种，也不是最聪明的物种，而是最能适应变化的物种。

——查尔斯·达尔文

第二章
气候变化与亚太地区水资源分配格局

据联合国政府间气候变化专门委员会（IPCC）发布的第六次气候变化评估报告，1850～1900 年，全球地表平均温度上升约 1℃。2010～2019 年全球平均表面温度升高约 1.7℃。除非未来几十年内全球深度削减二氧化碳和其他温室气体的排放量，否则 21 世纪全球表面温度升高幅度将超过 1.5℃。[①] 以气候变暖为主要特征的气候变化已经成为一个全球事实，它将深刻影响全球的资源与环境，并继而影响国家安全与国际关系。由于地理位置特殊，亚太地区对气候变化的影响异常敏感。2020 年亚洲地区的气温较 1981～2010 年平均气温升高 1.39℃。在较长一段时间内，从 20 世纪后半叶开始，气候变暖的趋势日渐明显，1961～1990 年和 1991～2020 年两个时期的气温上升幅度都超过全球平均水平。[②] 气候变暖加剧人口和经济增长所带来的水资源挑战，推动亚太地区水资源安全问题的发

[①] Intergovernmental Panel on Climate Change（IPCC），"Climate Change 2021：The Physical Science Basis"，https：//www.ipcc.ch/report/ar6/wg1/downloads/report/IPCC_AR6_WGI_Full_Report.pdf.

[②] World Meteorological Organization，"State of the Climate in Asia 2020"，https：//library.wmo.int/doc_num.php？explnum_id＝10867.

展，影响现有的水资源分配格局，尤其对中国周边地区的地缘政治产生明显的经济、政治和安全效应。

第一节　气候变化与亚太地区水资源分配

2021 年 8 月，联合国政府间气候变化专门委员会发布的第六次气候变化评估报告指出，气候变化加剧已经具有紧迫性，人类活动导致的温室气体排放是气候变暖的主要原因，人类活动与气候变化、极端天气联系密切。[①] 水资源安全通常被理解为人类有能力保障获得足够数量和质量的水资源，以维持生计和社会经济发展。[②] 粮食安全、人类健康、城乡住区、能源生产、工业发展、经济增长和生态系统都依赖水，因此会连锁性地受到气候变化的影响。[③] 所以，气候变化对水资源安全的影响及其带来的社会、政治与安全效应是系统性和持续性的。

由于缺乏健全完善的国际河流法、水资源协议及相应的水资源管理机构，气候变化加剧了世界性水危机。作为人类社会发展不可取代的资源，"水是气候的产物"，水资源是气候系统五大圈层长期相互作用的结果，同时又会受到人类活动的影响。[④] 气候异常与变化

[①] Intergovernmental Panel on Climate Change（IPCC），"Climate Change 2021：The Physical Science Basis"，https：//www. ipcc. ch/report/ar6/wg1/downloads/report/IPCC_AR6_WGI_Full_ Report. pdf.

[②] The UN Educational, Scientific and Cultural Organisation（UNESCO），"International Hydrological Programme，Strategic Plan of the Eighth Phase"，https：//unesdoc. unesco. org/ark：/48223/pf0000218061.

[③] United Nation，"The United Nations World Water Development Report 2020：'Water and Climate Change'"，https：//en. unesco. org/sites/default/files/wwdr_2020_main_messages. pdf.

[④] Intergovernmental Panel on Climate Change（IPCC），"AR5 Climate Change 2014：Impacts, Adaptation, and Vulnerability"，http：//www. ipcc. ch/report/ar5/wg2/.

会对水循环的更替期长短、水量、水质、水资源的时空分布和水旱灾害的频率与强度产生重大影响。关于气候变化对水资源安全的影响，以及其引发的连锁性安全效应，美国的一份提交给参议院的报告进行了总结和梳理（见图2-1）。

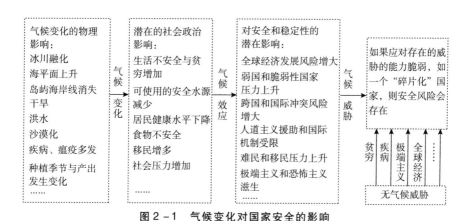

图2-1 气候变化对国家安全的影响

资料来源："Avoiding Water Wars: Water Scarcity and Central Asia's Growing Importance for Stability in Afghanistan and Pakistan", https://www. foreign. senate. gov/imo/media/doc/Senate% 20Print% 20112 – 10% 20Avoiding% 20Water% 20Wars% 20Water% 20Scarcity% 20and% 20Central% 20Asia% 20Afgahnistan% 20and% 20Pakistan. pdf。

气候变化首先引发全球自然状态的改变，继而对世界地缘政治格局产生影响。气候变化会带来直接的物理性影响，引发自然生态的物质性变化，如冰川融化、海平面上升、干旱、沙漠化等，继而间接性催生安全问题，对社会政治产生影响，如可使用的安全水源减少、食品不安全、居民健康水平下降等，最终影响国家的安全和稳定，如致使弱国和脆弱性国家压力上升、跨国和国际冲突风险增大、难民和移民压力上升、极端主义和恐怖主义滋生等。①

气候变化对地区冲突的影响正在凸显，尤其是气候变化对资源

①　"Avoiding Water Wars: Water Scarcity and Central Asia's Growing Importance for Stability in Afghanistan and Pakistan", https://www. foreign. senate. gov/imo/media/doc/Senate% 20Print% 20112 – 10% 20Avoiding% 20Water% 20Wars% 20Water% 20Scarcity% 20and% 20Central% 20Asia% 20Afgahnistan% 20and% 20Pakistan. pdf.

供应的影响极易引发资源类冲突。正如图 2-2 所示，气候变化带来的物理性变化会导致自然灾难增多、海平面上升、资源稀缺性加剧。为了获取必要的资源，许多民众被迫合法或非法移民，致使粮食和水资源供应紧张的局势蔓延到邻国——给这些国家的资源带来更大的压力，引发更大范围的经济活动减少、粮食安全危机、生存水平下降。气候变化对自然资源的压力，加上人口、经济和政治对这些资源的压力，可能会降低一个国家管理自己的能力。这包括其满足公民对基本资源（如食物、水、能源和就业）需求的能力，也被称为产出合法性。产出合法性的威胁可能导致或加剧国家脆弱、社会不公、内部冲突、与周边关系差，甚至国家崩溃。[1] 政治动荡、社会碎片化、经济不稳，为暴力组织创造发动暴力的机会，尤其是政府如果应对失误或更多人不得不移民，民众被煽动参与暴力的动力因素和机会也会增多，由此导致国家内部、国家之间，甚至地区范围

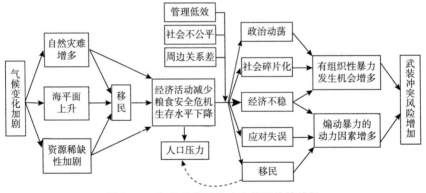

图 2-2　气候变化引发冲突的可能性路径

资料来源：Halvard Buhaug, Nils Petter Gleditsch and Ole Magnus Theisen, "Implications of Climate Change for Armed Conflict", Feb. 2, p. 21, http://www.researchgate.net/publication/255586217 Implications of Climate Change for Armed Conflict/link/0deec52d00504906fb000000/download。

---

[1]　Caitlin E. Werrell, Francesco Femia, "Climate Change Raises Conflict Concerns", https://en.unesco.org/courier/2018-2/climate-change-raises-conflict-concerns.

内的武装冲突发生风险增加。①

所以可以说，气候变化所引发的系列性水资源安全问题，从本质上属于气候变化引发的资源安全问题，不仅将严重地危及社会和经济的发展，并且还会成为国家之间或国家内部冲突的诱因，成为影响未来国际社会和平与发展的安全性问题。

一　气候变化与冰川消融

冰川是储备水资源重要的"仓库"，是亚太地区跨国界河流径流量的重要来源。气候变化会大大加速冰川的消融，这已经被科学研究与现实所证实。② 由气候变化驱动的冰川径流变化会对淡水供应、灌溉和水电潜力产生直接影响，当前和未来的冰川变化对水资源分配至关重要。③ 在亚洲地区，气候变化所引发的渐变缓慢性气候风险的表现之一，就是帕米尔冰川和青藏高原地区（The QinHai – Tibet Plateau）冰川的加速融化，尤其是青藏高原地区冰川消融速度的加快，会显著提高水资源供应的不稳定性。现有的研究报告表明，因冰川加速消融，到 2050 年，中亚、东亚和东南亚，特别是主要河流流域的淡水供应将会减少。南亚、东亚和东南亚人口密集的巨型三角洲将处于危险之中。④

---

① Halvard Buhaug, Nils Petter Gleditsch and Ole Magnus Theisen, "Implications of Climate Change for Armed Conflict", Feb. 2, p. 21, http：//www. researchgate. net/ publication/255586217 Implications of Climate Change for Armed Conflict/link/ 0deec52d00504906fb000000/download.

② Intergovernmental Panel on Climate Change（IPCC）, "Climate Change 2021：The Physical Science Basis", https：//www. ipcc. ch/report/ar6/wg1/downloads/report/ IPCC_ AR6_ WGI_ Full_ Report. pdf.

③ Annina Sorg et al., "Climate Change Impacts on Glaciers and Runoff in TienShan （Central Asia）", *Nature Climate Change* 2, 2012, p. 725.

④ P. R. Khanal, "Water, Food Security and Asian Transition：A New Perspective within the Face of Climate Change", edited by Mukand Babel Andreas Haarstrick, *Water Security in Asia：Opportunities and Challenges in the Context of Climate Change*, Springer, 2021, pp. 3 – 16.

(一) 青藏高原冰川分布与亚洲水资源分配

青藏高原是世界屋脊、亚洲水塔，是地球"第三极"，是我国重要的生态安全屏障、战略资源储备基地，也是中华民族特色文化的重要保护地。[①] 青藏高原是中国最大、世界海拔最高的高原，储存的冰雪比世界上其他任何地方都多，其范围西起帕米尔，东达横断山脉，北邻昆仑山、祁连山，南抵喜马拉雅山。由于南邻副热带，北至中纬度，东西跨越 31 个经度，海陆作用强烈，大气环流复杂。[②] 青藏高原特有的自然地理格局，使其成为全球气候变化的敏感指示器。青藏高原是地球上海拔最高的地理单元，是全球大气环流的一大屏障，印度夏季风和东亚季风在这个环境中相互作用，为亚洲提供了丰富的水资源。[③]

青藏高原平均海拔达 4000~5000 米，地理范围涉及 8 个国家，亚洲主要的跨国界河流均发源于此，其冰川融水是中国和东南亚、南亚、中亚等 17 个国家和地区的河流径流量的源泉，养育了 30 多亿人口。[④] 在气候变化的影响下，青藏高原的水资源分配关乎亚洲地区的可持续发展与和平稳定。

同时青藏高原地区地缘政治环境非常复杂，在这种地区环境里，水资源的战略属性决定了国家之间围绕着水资源的博弈不可避免，水安全问题一旦处理不当很容易成为诱发地区冲突和激化国家间矛盾的因素。

青藏高原地域辽阔，面积近 240 万平方公里，占中国国土总面积

---

① 《习近平致信祝贺第二次青藏高原综合科学考察研究启动》，新华网，2017 年 8 月 19 日，www. xinhuanet. com/politics/2017 – 08/19/c_1121509916. htm。

② 李巧媛：《不同气候变化情景下青藏高原冰川的变化》，湖南师范大学博士学位论文，2011，第 16~17 页。

③ Kennth Pomeranz et al., "Himalayan Water Security: The Challenges for South and Southeast Asia", *Filozofska Istrazivanja*, Vol. 31, 2011, http://www. files. ethz. ch/isn/167852/Asia_ Policy_ 16_ WaterRoundtable_ July2013. pdf.

④ 《中华人民共和国行政区划图》，中国地图出版社，2002。

的 1/4 左右。① 在中国境内,青藏高原分布于西藏、四川、云南、青海、新疆、甘肃 6 个省区,涉及范围多达 201 个县(市)。除了在中国境内,青藏高原还包括不丹、尼泊尔、印度、巴基斯坦、阿富汗、塔吉克斯坦、吉尔吉斯斯坦的部分地区,面积 50 多万平方公里。② 青藏高原是北极和南极之外最大的淡水储存库,作为淡水的"仓库"和地球十大河流系统的源头,其战略位置极其重要。③ 青藏高原是亚洲民众和国家生存与发展用水的重要提供者,亚洲地区的很多河流都发源于青藏高原(见表 2-1),在全球大气环流、生物多样性、雨水灌溉和灌溉农业、潜在水电以及出口到全球市场的商品生产中发挥着重要作用。④

发源于青藏高原的河流,径流量的补给方式包括雨水补给、冰川融水补给、地下水补给,其中冰川融水是主要提供者。从整体上来看,青藏高原河流对于冰川融水的依赖程度比较高⑤,6% ~ 45% 的流量依赖冰川融解,在夏季,这一比例会上升至 70%。⑥ 尤其是印度河与塔里木河年平均径流量的 40% ~ 50% 的水源来自冰川融水。

---

① 《青藏高原简介》,中国政府网,2006 年 6 月 22 日,http://www.gov.cn/test/2006 – 06/22/content_317095.htm。

② 《中华人民共和国行政区划图》,中国地图出版社,2002。

③ Kennth Pomeranz et al., "Himalayan Water Security: The Challenges for South and Southeast Asia", *Filozofska Istrazivanja*, Vol. 31, 2011, http://www.files.ethz.ch/isn/167852/Asia_Policy_16_WaterRoundtable_July2013.pdf.

④ "Perspectives on Water and Climate Change Adaptation: Introduction, Summaries and Key Messages", http://www.gwopa.org/en/resources – library/perspectives – on – water – and – climate – change – adaptation – introduction – summaries – and – key – messages.

⑤ Richard L. Armstrong, "The Glaciers of the Hindu Kush – Himalayan Region: A Summary of the Science Regarding Glacier Melt/Retreat in the Himalayan", https://www.mendeley.com/research – papers/glaciers – hindu – kushhimalayan – region/.

⑥ Cécile Levacher, "Climate Change in the Tibetan Plateau Region: Glacial Melt and Future Water Security", http://www.futuredirections.org.au/publication/climate – change – in – the – tibetan – plateau – region – glacial – melt – and – future – water – security/.

表 2－1　发源于青藏高原的主要河流

单位：km，%

河流名称	干流长度	流经国家	对冰川融水的依赖程度
澜沧江（湄公河）	4880	中国、缅甸、越南、老挝、柬埔寨、泰国	6.6
怒江（萨尔温江）	3240	中国、缅甸、泰国	8.8
雅鲁藏布江（布拉马普特拉河）	3100	中国、印度、孟加拉国	12.3
象泉河（萨特莱杰河）	309	中国、印度、巴基斯坦	—
狮泉河（印度河）	2900	中国、印度、巴基斯坦	44.8
长江	6300	中国	18.5
黄河	5464	中国	1.3
阿姆河	2540	阿富汗、塔吉克斯坦、土库曼斯坦、乌兹别克斯坦	—
孔雀河（恒河）	2527	中国、印度、尼泊尔、孟加拉国	9.1
锡尔河	2212	中国、吉尔吉斯斯坦、塔吉克斯坦、乌兹别克斯坦、哈萨克斯坦	—
伊洛瓦底江	2170	缅甸	—
塔里木河	2137	中国	40.2

　　资料来源：《世界地图集》，中国地图出版社，2022；中国水利部网（www.mwr.gov.cn）；何大明、冯彦《国际河流跨境水资源合理利用与协调管理》，科学出版社，2006，第 10 页；Robert G. Wirsing et al., *International Conflict over Water Resources in Himalayan Asia*, Palgrave Macmillan, 2012, p. 7。

作为青藏高原主体的西藏地区，其境内印度河水系、恒河水系、怒江水系的冰川融水比重分别达到 44.8%、9.1% 和 8.8%。[1] 而在印度境内，恒河每年 29% 的水流量来自冰川融水，印度河则能达到 70% 左右，布拉马普特拉河的每年水流量来自冰川融水的比例是

---

[1]　张建国等：《西藏冰冻圈消融退缩现状及其对生态环境的影响》，《干旱区地理》2010 年第 5 期，第 705 页。

12.3%。尼泊尔境内河流平均 10% 的水流量来自青藏高原的冰川融水。[1] 供应中亚地区水资源的两大河流——阿姆河和锡尔河，其径流量由冰川供应的比例分别为 40% 和 10%。[2]

青藏高原拥有地球上的第三大冰群，冰川数量总计有 36924 条，冰川总储量为 4680.5 立方千米，其中属于外流流域的冰川共有 18942 条，面积和储量分别为 23877.77 平方公里和 2029.2676 立方千米。青藏高原北部和念青唐古拉山部分山脉的融雪水被澜沧江、怒江、黄河、长江等河流带入南海、安达曼海、黄海和东海；冈底斯山东部和念青唐古拉山脉西、南地区的融雪水经雅鲁藏布江流入孟加拉湾；冈底斯山的融雪水通过象泉河和狮泉河到达安达曼海；喜马拉雅南麓地区的融雪水被孔雀河、朋曲和洛扎曲带入孟加拉湾。藏北羌塘地区和喜马拉雅北麓的部分融雪水经过众多内陆河流流入高原湖泊中，如唐古拉、念青唐古拉以及羌塘中部冰川的融雪水流入色林错、纳木错、当惹雍错等湖泊；宁金岗桑的融雪水流入羊卓雍错等。[3]

据统计，澜沧江流域的冰川数量为 380 条，占青藏高原冰川总量的 1%，怒江流域的冰川数量是 2021 条，面积达 1774.73 平方公里。印度河流域的冰川数量是 2033 条，面积为 1579.373 平方公里。恒河流域的冰川数量最多，高达 13008 条，面积为 18102.14 平方公里，储量是 1642.192 立方千米，分别占整个高原的 35.2%、35.7% 和

---

① D. John and Catherine T. MacArthur Foundation, "The Himalayan Challenge Water Security in Emerging Asia", http://www.bipss.org.bd/images/pdf/Bipss%20Focus/The%20Himalayan%20Challenge.pdf.

② Mikko Punkai et al., "Climate Change and Sustainable Water Management Water Management in Central Asia", https://www.adb.org/sites/default/files/publication/42416/cwa-wp-005.pdf.

③ 达瓦次仁：《全球气候变化对青藏高原水资源的影响》，《西藏研究》2010 年第 4 期，第 94～95 页。

35.1%。^① 在阿姆河流域，冰川覆盖面积为 15500 平方公里（占流域总面积的 2%）；在锡尔达里亚盆地，冰川覆盖面积为 1800 平方公里（占流域总面积的 0.15%）。^② 所以，对于青藏高原的河流来说，冰川就是它们径流量的天然调节器，气候变化所引起的冰川的任何变化都会对河流的水资源供应产生明显的影响。^③

（二）气候变化与青藏高原冰川消融

在全球气候变暖的大背景下，青藏高原的变暖速度也在加快。气象记录表明自 20 世纪 50 年代中期以来，青藏高原年均气温呈显著增长的趋势，1961~2007 年，年均气温以 0.37 ℃/10 a 的速度上升，且冷季气温上升速度大于暖季。^④ 有研究证实，在过去三四十年里，青藏高原地区的气温上升幅度超过了 20 世纪的平均水平，气候变暖的速度比全球平均速度快 5 倍到 6 倍。^⑤

青藏高原对气候变化的影响异常敏感，其中最主要的表现是冰川融化速度的加快。相关资料表明，青藏高原的冰川面积已经由 20 世纪 70 年代初的近 48800 平方公里，缩减至 2009 年的 44400 平方公里，冰川在经历 30 多个春秋后，面积减少了近 4400 平方公里，平均每年减少约 113 平方公里，总减少率达 9.02%。在情况较为严重的

① 李巧媛：《不同气候变化情境下青藏高原冰川的变化》，湖南师范大学博士学位论文，2011，第 32~35 页。
② Mikko Punkai et al., "Climate Change and Sustainable Water Management Water Management in Central Asia", https://www.adb.org/sites/default/files/publication/42416/cwa - wp - 005. pdf.
③ Intergovernmental Panel on Climate Change（IPCC），"AR5 Climate Change 2014：Impacts, Adaptation, and Vulnerability", http://www.ipcc.ch/report/ar5/wg2/.
④ 董斯扬等：《气候变化对青藏高原水环境影响初探》，《干旱区地理》2013 年第 5 期，第 841 页。
⑤ Cécile Levacher, "Climate Change in the Tibetan Plateau Region：Glacial Melt and Future Water Security", http://www.futuredirections.org.au/publication/climate - change - in - the - tibetan - plateau - region - glacial - melt - and - future - water - security/.

帕米尔高原、喜马拉雅山，冰川累计消减达到了原有面积的15%以上。黄河源头的黄河阿尼玛卿山地区冰川面积较1970年减少了17%，冰川末端年最大退缩率为57.4米/年。长江源冰川近13年来也正以57米/年的速度后退。[①]

联合国环境规划署（UNEP）和世界冰川监测服务处（WGMS）公布的数据显示，随着全球气温的上升，自2000年以来，世界上所有冰川的平均冰蚀率超过了0.5米/年，是20世纪80年代的三倍。在喜马拉雅山脉，多达2/3的冰川正在以惊人的速度消退。世界自然基金会发布报告称，喜马拉雅冰川正以每年10～15米的速度消退，气候变化正在推动其加速消退。[②] 2014年政府间气候变化专门委员会（IPCC）的报告预测，到2100年，喜马拉雅冰川可能会失去1/3到1/2的数量。[③] 美国国家航空航天局（NASA）通过先进的卫星技术监测发现，自20世纪60年代以来，青藏高原地区的冰川覆盖面积减少了20%以上。在中国西北地区，到2050年，冰川面积将减少27%，自19世纪30年代以来，冰川对印度河的水供给已经减少了30%～50%，2010年以来每年消退超过35米，是20年前的两倍。[④] 如果气候继续以目前每一百年升高1.5℃的速度变暖，中

① 《全球气候变暖对高原湿地的冲击》，http：//news.qq.com/a/20091127/000480.htm。

② Kishan Khoday，"Himalayan Glacial Melting and the Future of Development on the Tibetan Plateau"，May 2007，https：//www.academia.edu/22752478/Climate_Change_and_the_Right_to_Development_Himalayan_Glacial_Melting_and_the_Future_of_Development_on_the_Tibetan_Plateau.

③ Cécile Levacher，"Climate Change in the Tibetan Plateau Region：Glacial Melt and Future Water Security"，http：//www.futuredirections.org.au/publication/climate - change - in - the - tibetan - plateau - region - glacial - melt - and - future - water - security/.

④ Madhav Karki，"Climate Change in the Himalayas：Challenges and Opportunities"，https：//nepalstudycenter.unm.edu/MissPdfFiles/DrKarkiICIMODPresentation_UNM_May_2010PDF.pdf.

国境内 2/3 的冰川将在 2050 年前消失。[①] 中国科学院青藏高原研究所康世昌团队研究发现，自 20 世纪 90 年代以来，大多数冰川都迅速消退，在过去的 50 年间，超过 80% 的中国西部冰川呈现退缩特征。[②]

冰川是天然的淡水资源储存库，是河流水源的供应者。气候变暖引发的冰川消融，会引起冰川储量的透支，虽在短期内提高了对河流的补给程度，使下游的河流水量明显增加[③]，对当地和下游民众的饮水、灌溉、发电等生产和生活影响重大，对干旱地区的水资源补给和经济建设是有利的，但从长期来看，冰川将逐渐消亡，冰川融水对河流的补给将逐渐减少，河流干涸或受旱涝灾害的威胁增加。[④] 对于依河而生的流域造成水资源稀缺、洪涝和干旱等不同程度和内容的水安全压力。

在湄公河流域，有研究表明，与 20 世纪中期到末期相比，21 世纪头十年湄公河每月最大流量增加 35% ~ 41%，而在此期间，每月最小流量减少 17% ~ 24%。政府间气候变化专门委员会指出，湄公河流域雨季河流泛滥的风险将加大，而在旱季则可能增加水资源短缺的概率。[⑤] 所以，气候变暖加速冰川消融对亚洲水资源安全和

① Kishan Khoday, "Himalayan Glacial Melting and the Future of Development on the Tibetan Plateau", May 2007, https://www.academia.edu/22752478/Climate_Change_and_the_Right_to_Development_Himalayan_Glacial_Melting_and_the_Future_of_Development_on_the_Tibetan_Plateau.

② Madhav Karki, "Climate Change in the Himalayas: Challenges and Opportunities", https://nepalstudycenter.unm.edu/MissPdfFiles/DrKarkiICIMODPresentation_UNM_May_2010PDF.pdf.

③ 张建国等：《西藏冰冻圈消融退缩现状及其对生态环境的影响》，《干旱区地理》2010 年第 5 期，第 705 页。

④ 张建国等：《西藏冰冻圈消融退缩现状及其对生态环境的影响》，《干旱区地理》2010 年第 5 期，第 705 页。

⑤ Reiner Wassmann et al., "Sea Level Rise Affecting the Vietnamese Mekong Delta: Water Elevation in the Flood Season and Implications for Rice Production", *Climactic Change*, 2004, p. 89.

分配的影响最为显著,会显著影响到亚太地区的可持续发展与稳定。

二 气候变化与降雨变化

降雨是很多地方水资源补给的重要方式,气候变化会影响降水空间和年代际的变化。在 20 世纪,降水增加主要发生在高纬度地区的陆地上,从南纬 10 度到北纬 30 度,降水逐渐减少。自 20 世纪 70 年代以来,大部分地区的强降水事件发生频率和强降水占总降水的比例都有所增加。进入 21 世纪之后,高纬度和热带部分地区的降水增多,一些亚热带和中低纬度地区的降水减少,预计到 21 世纪中叶,高纬度地区和一些热带湿润地区年平均河流径流量和可用水量将增加,而一些中纬度地区和干燥地区的降水则会不断减少。①

气候变化会影响季风动力,这对于依赖季节性降雨的河流体系至关重要。在南亚地区,夏季季风季节对孟加拉国、印度、尼泊尔和巴基斯坦的农业、水供给、经济、生态体系和居民健康尤为重要。2009 年,美国普渡大学的一项研究指出,气候变化会改变东部季风循环,导致印度洋、孟加拉国和缅甸等区域多雨,印度、尼泊尔和巴基斯坦等区域少雨,而印度全部水供给的 90% 由季风性降雨提供。② 另外,气候变暖会导致蒸发量上升,地下水—地表水的相互作用模式发生改变,不仅可供使用的水资源减少,而且对依赖雨水供

---

① "Asia's Next Challenge: Securing the Region's Water Future", *Asian Society*, https://www.asiasociety.org/files/pdf/WaterSecurityReport.pdf.

② "Avoiding Water Wars: Water Scarcity and Central Asia's Growing Importance for Stability in Afghanistan and Pakistan", https://www.foreign.senate.gov/imo/media/doc/Senate% 20Print% 20112 – 10% 20Avoiding% 20Water% 20Wars% 20Water% 20Scarcity% 20and% 20Central% 20Asia% 20Afgahnistan% 20and% 20Pakistan. pdf.

应的农业以及农业依赖地下水系统的地区产生深远影响。① 为此，印度的灌溉系统和农业人口将受到剧烈冲击。

在东南亚地区。东南亚国家河流数量丰富，其水源补给以大气降水为主，据统计，自 20 世纪 60 年代以来，东南亚地区的温度每十年就上升 0.14 ~ 0.20℃。② 受气候变化的影响，其降水量在 1900 ~ 2005 年显著减少。③ 在过去的 30 ~ 50 年，澜沧江—湄公河地区的气温上升，雨季时雨量增大，而旱季雨量锐减，导致洪涝和旱灾等极端天气现象增多。④ 在 2010 年旱季时，湄公河流域四国泰国、老挝、柬埔寨和越南发生严重旱情，湄公河水位下降到近 20 年来的最低水平。

第二节　亚太地区水资源分配变化的经济效应

气候变化影响下的地区水资源分配格局的变化，会给亚太地区，尤其是中国周边国家的经济发展和安全带来不同程度的影响，主要体现在三方面，一是水相关极端事件使周边国家遭受经济损失；二是水资源分配的变化会带来连锁性影响威胁粮食安全和渔业安全，对国家和地区经济发展构成消极影响；三是影响国内水利开发和水利基础设施建设。

---

① P. R. Khanal, "Water, Food Security and Asian Transition: A New Perspective within the Face of Climate Change", edited by Mukand Babel Andreas Haarstrick, *Water Security in Asia: Opportunities and Challenges in the Context of Climate Change*, Springer, 2021, pp. 3 – 16.

② Intergovernmental Panel on Climate Change (IPCC), "AR5 Climate Change 2014: Impacts, Adaptation, and Vulnerability", http://www.ipcc.ch/report/ar5/wg2/.

③ Intergovernmental Panel on Climate Change (IPCC), "AR5 Climate Change 2014: Impacts, Adaptation, and Vulnerability", http://www.ipcc.ch/report/ar5/wg2/.

④ Intergovernmental Panel on Climate Change (IPCC), "AR5 Climate Change 2014: Impacts, Adaptation, and Vulnerability", http://www.ipcc.ch/report/ar5/wg2/.

一　水相关极端事件与经济损失

冰川融化会导致洪水泛滥（尤其是冰湖溃决洪水）和山体滑坡，引发冰川泥石流，严重降低农业、渔业、能源、工业、移民所需的水资源的质量和数量，并可能进一步加剧全球气候变化。[①] 同时，气候变暖将加速水文循环，改变降雨量、震级和径流量，引发极端天气事件发生频率和强度的增加，增加骤发性洪水和干旱发生的概率。[②] 根据国际灾害数据库的估计，世界上 60% 的人口生活在亚洲，26 个特大城市中有 17 个位于亚洲。从 2001~2010 年，全球死于与气候相关的灾害的人口中，89% 来自东南亚、南亚和东亚。中国和印度两个世界上人口最多的国家，受气候相关灾害的影响也最大，大约 60% 的受灾人口在中国，另有 25% 在印度。受灾人口中受洪水威胁的占总人数的 51%，其次是干旱和风暴，分别约占 28% 和 17%。2002 年印度的干旱影响了 3 亿人，2003 年、2007 年和 2010 年中国的洪水影响了超过 1 亿人。[③] 根据有关研究，到 2080 年，20% 的世界人口将生活在洪水可能增加的地区。[④]

相较于亚洲的其他地区，南亚地区受气候变化影响所发生的极端事件尤为突出。

[①] Erwin Rose, "The ABCs of Governing the Himalayas in Response to Glacial Melt: Atmospheric Brown Clouds, Black Carbon, and Regional Cooperation", *Climate Law Reporter*, Vol. 12, 2012, pp. 33 – 34.

[②] "Perspectives on Water and Climate Change Adaptation: Introduction, Summaries and Key Messages", http: //www. gwopa. org/en/resources – library/perspectives – on – water – and – climate – change – adaptation – introduction – summaries – and – key – messages.

[③] Joshua Busby and Nisha Krishnan, "Widening the Scope to Asia: Climate Change and Security", http: //www. strausscenter. org/wp – content/uploads/Climate_Change_ Security_Busby_Krishnan. pdf.

[④] Rajya Sabha Secretariat, "Climate Change: Challenges to Sustainable Development in India", *Occasional Paper*, http: //www. indiaenvironmentportal. org. in/files/climate_ change_2008. pdf.

更强、更集中的降雨将产生更剧烈、更具破坏性的山洪，特别是山区（如阿富汗、不丹、尼泊尔、印度北部、孟加拉国北部、巴基斯坦北部）。阿富汗、印度北部和巴基斯坦等半干旱地区的土壤侵蚀和淤泥堆积现象将会加剧，土地的蓄水能力下降，地下补给水减少。气温上升还加速冰雪融化，冰湖溃决（多发生在不丹、尼泊尔、印度、巴基斯坦）的风险增加，使一年中（尤其是春季）雪/冰流入的河流（例如印度河）的洪水高峰期提前到来，而到了夏季，则又无法满足灌溉高峰期时的需求，影响粮食安全和水电生产（见表 2-2）。

表 2-2　南亚国家与气候相关的灾害的风险等级

风险程度	孟加拉国	不丹	印度	尼泊尔	巴基斯坦	斯里兰卡
高风险	河流洪水、气旋/风暴、海岸洪水、淤积	山体滑坡、冰湖溃决、洪水	干旱、河流洪水、地下水枯竭	冰湖溃决、暴洪、山体滑坡	干旱、地下水枯竭、山体滑坡	气旋/风暴、河流洪水、海岸洪水
中风险	侵蚀、干旱、地下水枯竭、沿海含水层盐渍化	侵蚀和淤积、河流洪水、干旱	山体滑坡、气旋/风暴、沿海含水层盐渍化	干旱、侵蚀和淤积、地下水枯竭	河流洪水、冰湖溃决、暴洪、侵蚀和淤积、地下水盐渍化	暴洪、山体滑坡、侵蚀和淤积、干旱、沿海含水层盐渍化
低风险	暴洪、山体滑坡	气旋/风暴、地下水枯竭	冰湖溃决、侵蚀和淤积	河流洪水、气旋/风暴	海岸洪水、气旋/风暴	地下水枯竭

资料来源：Rafik Hirji et al.，"South Asia Climate Change Risks in Water Management：Climate Risks and Solutions – Adaptation Frameworks for Water Resources Planning, Development, and Management in South Asia"，https：//reliefweb. int/sites/reliefweb. int/files/resources/124894 – WP – P153431 – PUBLIC – Climate – Change – and – WRM – Summary – Report – FINAL – web – version. pdf.

2017 年 8 月，强季风性降雨影响了孟加拉国、印度和尼泊尔等国的 4000 万人，造成近 1300 人死亡，110 万人被迫转移。到 2030 年，南亚地区每年的洪灾损失可能高达 2150 亿美元。[①] 到

① The United Nations，"The World's Cities in 2018"，www. un. org/en/events/cities-day/assets/pdf/the_ worlds_ cities_ in_2018_ data_ booklet. pdf.

2050 年，气候变化在地区层面的经济成本（the Cost on the Economy）可能相当于南亚国家年度国内生产总值（GDP）的 1.8%，到 2100 年将上升至 8.8%。孟加拉国、不丹、印度、尼泊尔和斯里兰卡五国（阿富汗和巴基斯坦的相关数据缺失）到 2050 年的气候经济成本占国内生产总值的比例将为 2.0%、1.4%、1.8%、2.2% 和 1.2%，到 2100 年，这一比例将上升至 9.4%、6.6%、8.7%、9.9% 和 6.5%。[①]

相关统计显示，2003 ~ 2009 年，喜马拉雅冰川融化产生了约 1740 亿吨的水，导致印度河、恒河和雅鲁藏布江—布拉马普特拉河的灾难性洪水时有发生。巴基斯坦的洪水风险不断增加。该国 2010 年发生的洪水灾难就影响到了 2000 万人的生计，对巴基斯坦整个国家的经济都产生了巨大影响。[②]

冰川消融还会引发融雪性洪灾的发生。高原冰川的快速消融形成的融雪水会形成堰塞湖，多数堰塞湖有冰碛支撑，当水量和压力达到一定程度时很容易溃决。20 世纪以来，喜马拉雅地区冰川融化形成了数千个不稳定的冰川湖（堰塞湖），越来越多的融雪水增加了冰川湖暴发洪水的风险。冰川湖引发的洪水将产生大量的水和碎冰，造成许多人员伤亡，破坏关键基础设施和农田，导致粮食危机。[③] 尼泊尔的戈西盆地有 159 个冰川湖，阿伦地区有 229 个，其中 24 个具有潜在的高威胁。1935 年以来，在尼泊尔发生了 16 起冰川湖溃决引

---

① Diana Suhardiman et al.，"Review of Water and Climate Adaptation Financing and Institutional Frameworks"，https：//www. iwmi. cgiar. org/Publications/Other/PDF/ sawi – paper – 3. pdf.

② "Melting Glaciers Bring Energy Uncertainty"，*Nature*，Vol. 502，2013，https：// www. nature. com/news/climate – change – melting – glaciers – bring – energy – un- certainty – 1. 14031.

③ Cécile Levacher，"Climate Change in the Tibetan Plateau Region：Glacial Melt and Future Water Security"，http：//www. futuredirections. org. au/publication/climate – change – in – the – tibetan – plateau – region – glacial – melt – and – future – water – security/.

发的洪灾。①英国谢菲尔德大学（The University of Sheffield）的气候变化和区域安全专家凯瑟琳·莫顿（Kathryn Morton）博士的研究证实，冰川融化对生物多样性、人类以及水、食物和能源安全有着巨大、长期的负面影响。它会使自然灾害（山体滑坡、洪水和冰川湖溃决）更易发生，进而导致大量民众流离失所和关键基础设施被破坏，对中国、印度、尼泊尔和孟加拉国等国超过 10 亿人的生计造成影响。世界上人口最多的地区正面临着人道主义灾难的威胁。②

在东南亚地区。气候变化使湄公河流域的极端天气情况增多，洪水和干旱的强度与持续时间增加，海平面上升，盐水倒灌现象加剧，这严重影响了湄公河流域的水资源安全，提高了水资源管理的难度。根据湄公河委员会（MRC）的预测，到 21 世纪末，海平面的升高，可能会淹没湄公河三角洲约一半（约 140 万公顷）的农田，泰国东北部和柬埔寨的洞里萨湖在旱季可能会出现大面积缺水；流域内所有国家夏季生洪水的概率都会增加，上游山区的洪水将更加频繁，下游的洪水范围也会扩大。③ 2011 年的洪水使泰国 77 个省中的大部分地区成为灾区，首都曼谷的部分地区甚至都被淹没。世界银行的数据显示，这次洪水造成了 815 人伤亡，经济损失超过 450 亿美元。④

气候变化对湄公河流域造成的经济影响是巨大的、意义深远

---

① 达瓦次仁：《全球气候变化对青藏高原水资源的影响》，《西藏研究》2010 年第 4 期，第 95 页。

② "Blue Gold From the Highest Plateau: Tibet's Water and Global Climate Change", https://www.savetibet.org/wp - content/uploads/2015/12/ICT - Water - Report - 2015. pdf.

③ Jaap Evers, Assela Pathirana, "Adaptation to Climate Change in the Mekong River Basin: Introduction to the Special Issue", *Climatic Change*, No. 149, 2018, pp. 1 - 11, https://link. springer. com/article/10. 1007/s10584 - 018 - 2242 - y? shared - article - renderer#Tab1.

④ The World Bank, "The World Bank Supports Thailand's Post - Floods Recovery Efforts", http://www. worldbank. org/en/ news/feature/2011/12/13/world - bank - supports - thailands - postfloods - recovery - effort.

的，并且基本上是负面的。新气候变化脆弱指数（new Climate Vulnerability Monitor，CVM）估计了2010年和2030年气候变化对人类和经济的影响，认为到2030年，所有湄公河国家的经济损失将达到3640亿美元。在环境灾难（干旱、洪水、风暴和野火）、栖息地改变（生物多样化、沙漠化、变暖和变冷、海平面上升）和经济压力（农业、森林、水利、旅游和交通）三个方面，到2030年，所有湄公河国家每年的经济损失将高达3635.94亿美元。[①] 美国国际开发署湄公河流域气候研究小组（Mekong ARCC team）采用了VAR（Values at Risk）的分析方法粗略估计，气候变化对多个资源领域造成的损失至少为160亿美元，非农业基础设施服务方面为34.26亿美元，工人生产率方面为83.71亿美元，玉米生产方面为25.46亿美元，电力生产方面为4.34亿美元，生态体系服务方面为12.41亿美元。每年的价值经济风险转化为GDP的话，占湄公河区域年GDP的7%~30%。[②]

二　水资源分配变化与粮食、渔业安全

亚洲地区大多为以农业经济为主的发展中国家，淡水资源的很大一部分用于农业灌溉。根据世界银行的数据统计，进入21世纪之后，南亚地区印度的农业灌溉用水比例占到整个国家淡水资源消耗的90.4%，巴基斯坦是93.95%，孟加拉国也高达82%。在中亚地区，哈萨克斯坦的农业灌溉用水比例占国家淡水资源消耗的66.23%，塔吉克斯坦为90.86%，土库曼斯坦为94.31%，乌兹别克

---

① USAID Mekong ARCC, "Climate Change in the Lower Mekong: An Analysis of Economic Values at Risk", https://data.opendevelopmentmekong.net/dataset/7182efcb-c4c7-47f3-b1b4-03e60616c2cc/resource/b79f6bfe-22a5-4cbf-ae95-6dddca83cca0/download/usaidmarccvaluesatriskreportwithexesum-revised.pdf.

② USAID Mekong ARCC, "Climate Change in the Lower Mekong: An Analysis of Economic Values at Risk," https://data.opendevelopmentmekong.net/dataset/7182efcb-c4c7-47f3-b1b4-03e60616c2cc/resource/b79f6bfe-22a5-4cbf-ae95-6dddca83cca0/download/usaidmarccvalu esatriskreportwithexesum-revised.pdf.

斯坦为 90%，吉尔吉斯斯坦为 93.01%，阿富汗为 98%。[1] 随着人口数量的不断增长，为了保障足够的粮食供应，粮食需要保持足够的产量，农业灌溉用水会随之增加。以南亚地区的印度和巴基斯坦为例。2020 年印度人口已达到 13 亿，其粮食总产量需要增加 50% 才能满足基本的生存需求。[2] 印度河是巴基斯坦的主要淡水资源，被看作国家的生命线。巴基斯坦大约 90% 的农业依赖该河流，平均每年约有 14.27 亿立方米的水由印度河供应，用于棉花种植。印度河三角洲拥有一个巨大的灌溉系统，连接着超过 1500 万公顷的农田。这个系统几乎 90% 的水来自喜马拉雅山脉的冰川。[3] 孟加拉国的人口预计将从 2012 年的 1.61 亿增长到 2050 年的 1.94 亿，届时农业灌溉用水量将会大大增加。[4]

所以，人口数量不断增长，农业灌溉用水的需求也在不断增长，降雨和冰川融化释放水量的任何变化都会对数亿人的粮食安全，以及生活和发展产生相当大的影响。[5] 尤其是随着气候变暖现象的加剧，冰川消融达到一定程度后，就开始逐年减少，等冰川完全消失后，融水也随之消失，这将给以冰川融水为基础的社会经济和生态系统带来灾难性的后果，不可避免地导致森林面积减少、生物多样

---

[1] "Annual Freshwater Withdrawals, Agriculture (% of Total Freshwater Withdrawal)", https：//data. worldbank. org/indicator.

[2] Rajya Sabha Secretariat, "Climate Change：Challenges to Sustainable Development in India", *Occasional Paper*, http：//www. indiaenvironmentportal. org. in/files/climate_change_2008. pdf.

[3] C. Battistuzzi et al. , "Quantifying Climate Change Induced Effects upon Glaciers and Their Impact on Ecosystem Services", http：//www. helsinki. fi/henvi/teaching/Reports_16/02_ Climate_ Change_ Impacts_ studentreport_ to_ Rachel_ Warren. pdf.

[4] Kennth Pomeranz et al. , "Himalayan Water Security：The Challenges for South and Southeast Asia", *Filozofska Istrazivanja*, Vol. 31, 2011, http：//www. files. ethz. ch/isn/167852/Asia_ Policy_ 16_ WaterRoundtable_ July2013. pdf.

[5] Kennth Pomeranz et al. , "Himalayan Water Security：The Challenges for South and Southeast Asia", *Filozofska Istrazivanja*, Vol. 31, 2011, http：//www. files. ethz. ch/isn/167852/Asia_ Policy_ 16_ WaterRoundtable_ July2013. pdf.

性受损、牧场退化，使中亚和南亚国家面临巨大的生态风险和经济风险。[①]

　　而在东南亚地区，湄公河区域的生态多样性和生产力是由水文和气候特征的独特结合驱动的。[②] 国际环境管理中心估计，到 2050年，湄公河区域日平均最高气温将上升 1.6～4.1℃。[③] 由于地理生态独特，人口密度高，经济活动集中在沿海和河流周边等特点，湄公河国家对极端天气事件的适应能力还比较欠缺[④]，气候变化所引发的水资源安全—能源安全—粮食安全等连锁反应非常明显。在气候变化的影响下，河流水量、水温的变化会直接影响湄公河的生态系统，对越南湄公河三角洲的粮食、渔业生产产生重要影响，湄公河三角洲仅占越南国土面积的 12%，但却生产了该国 50% 以上的大米、60% 的水果，近 1/4 的人口靠这些资源谋生。[⑤] 智库"德国观察"（German Watch）在发布的《全球气候风险指数 2020》（Global Climate Risk Index 2020）中指出，在 1999～2018 年，缅甸和波多黎各、海地是全球受极端天气影响最严重的三个国家。全球受气候变化影响最大的 10 个国家中还有越南、泰国两个湄公河国家。缅甸、越南

①　Madhav Karki, "Climate Change in the Himalayas: Challenges and Opportunities", https://nepalstudycenter. unm. edu/MissPdfFiles/DrKarkiICIMODPresentation _ UNM _ May_ 2010PDF. pdf.

②　USAID, "USAID Mekong ARCC Climate Change Impact and Adaptation Study for the Lower Mekong Basin: Main Report", https://www. usaid. gov/sites/default/files/documents/1861/USAID% 20mekong_ arcc _ theme _ report _ - _ ntfps _ and _ cwrs - press. pdf.

③　USAID, "USAID Mekong ARCC Climate Change Impact and Adaptation Study for the Lower Mekong Basin: Main Report", https://www. usaid. gov/sites/default/files/documents/1861/USAID% 20mekong_ arcc _ theme _ report _ - _ ntfps _ and _ cwrs - press. pdf.

④　MRC, "Agriculture and Irrigation Programme: 2011 - 2015 Programme Document", https://www. mrcmekong. org/assets/Publications/Programme - Documents/AIP - Pogramme - Doc - V4 - Final - Nov11. pdf.

⑤　"Environmental Threats to the Mekong Delta", https://journal. probeinternational. org/2000/02/17/environmental - threats - mekong - delta/.

和泰国三国因气候变化影响造成的经济损失分别为 16.30 亿美元、
3.118 亿美元和 7.764 亿美元。①

　　另外，降雨变化可能使该区域每年干旱月份增加 10%～100%，
旱季降雨减少影响水稻产量，给泰国东北部和柬埔寨的洞里萨盆地
等对水量变化敏感的地区带来特别大的压力②，大米、玉米等农产品
的出口量可能会下降 3%～12%。③ 占越南水稻产量 50% 以上和 GDP
总值 33% 的湄公河三角洲，因干旱可能会对越南经济造成灾难性的
影响。2014 年末至 2016 年底，干旱和海水入侵造成的经济损失高达
6.74 亿美元。④ 湄公河三角洲的海水入侵可使农业用地面积减少。到
2100 年，海平面可能会上升 65～100 厘米，届时湄公河三角洲 70%
的农田会遭受盐渍，500 万居民被迫离开家园。⑤

三　国内水利开发与基础设施建设

　　跨国界河流在中国周边地区的能源安全上扮演着重要角色，其
水资源安全直接关系着流域国家的水利发展计划。在南亚地区，生

① David Eckstein et al., "Global Climate Risk Index 2020: Who Suffers Most from Extreme Weather Events? Weather - Related Loss Events in 2018 and 1999 to 2018", https://germanwatch.org/sites/germanwatch.org/files/20 - 2 - 01e%20Global%20Climate%20Risk%20Index%202020_14.pdf.
② MRC, "Agriculture and Irrigation Programme: 2011 - 2015 Programme Document", https://www.mrcmekong.org/assets/Publications/Programme - Documents/AIP - Pogramme - Doc - V4 - Final - Nov11.pdf.
③ USAID, "USAID Mekong ARCC Climate Change Impact and Adaptation Study for the Lower Mekong Basin: Main Report", https://www.usaid.gov/sites/default/files/documents/1861/USAID%20mekong_arcc_theme_report_-_ntfps_and_cwrs - press.pdf.
④ UN Disaster Risk Management Team, "Vietnam is Recovering from Its Strongest ever Drought and Saltwater Intrusion", https://reliefweb.int/sites/reliefweb.int/files/resources/Recovery%20draft%20Sep%202016_final%20(2).pdf.
⑤ International Centre for Environmental Management, "Forum Report Volume I: Mekong Delta Climate Change Forum", https://wle - mekong.cgiar.org/download/opportunity - fund/PanNature - Report.pdf.

活着世界上40%的贫困人口，20%的人缺乏安全的饮用水，63%的人生活中无电可用，平均每天多达20小时的电力短缺正在阻碍着各国的发展。由于先天能源储量低，如果从海湾国家或塔吉克斯坦进口石油和天然气，不仅成本高昂，而且安全风险较高，因此各国为获取廉价、可持续的清洁能源，纷纷将目光投往本土河流资源的水力发电上。但气候变化影响下的水资源分配格局的变化，会直接影响到其国内水利基础设施的发展。

南亚国家现在都在争先恐后地开发河流电力资源，为其经济发展提供动力。据统计，发源于青藏高原的河流中蕴藏的电力潜力达50万兆瓦，南亚国家已经计划建造超过400座水电站，其中印度79%的可开发电力资源分布在青藏高原的河流区域，其目标是建造292座水坝，使当前水电容量翻倍，如果所有的水坝都按照规划建造，印度在喜马拉雅山脉将拥有世界上最高的大坝密度，每32公里的河道就有一个大坝。[1]

印度是世界第五大温室气体排放国，气温升高现象明显，在20世纪的100年时间里，印度的气温整体上升了0.68℃。[2]印度国内已经意识到气候变化带给印度的消极影响，于2008年6月出台了应对气候变化的《国家行动计划》，重点实施八项计划，其中明确表示要大力发展电力等可再生能源。[3]现在，印度一方面借助调水工程，调动布拉马普特拉河水资源；另一方面，大力开发该河的水电资源，将其丰富水能转变为可输往全国的电能。有关资料显示，

① John Vidal, "China and India 'Water Grab' Dams Put Ecology of Himalayas in Danger", https：//www.theguardian.com/global – development/2013/aug/10/china – india – water – grab – dams – himalayas – danger.

② Arivind Panagariya, "Climate Change and India：Implications and Policy Options", New Delhi, Jul. 14 – 15, 2009, p. 5.

③ The Pew Climate, "Climate Change Mitigation Measures in India", http：//www. pewtrusts. org/zh/research – and – analysis/reports/2008/09/29/climate – change – mitigation – measures – in – india.

印度正努力推动在布拉马普特拉河上修建 200 个大中小型水坝。① 巴基斯坦目前能够从喜马拉雅河流的水力发电中获取 6700 兆瓦的电能，约占该国总发电能力的 37%。尼泊尔和不丹目前分别拥有 600 兆瓦和 1500 兆瓦的水力发电能力，主要来自青藏高原河流的水力发电。②

在东南亚的澜沧江—湄公河地区，中国、老挝和柬埔寨都将水电资源视为经济增长和实现能源安全的保障性资源。为了满足国内西部绿色经济增长与生活、生产的用电需要，中国重视对西南河流的水电资源的开发工作。老挝和柬埔寨认为水电不仅是国内重要的能源，也是向富裕邻国出口的重要资源。老挝已表示，希望到 2025 年，水电出口将成为其主要收入来源。③ 根据湄公河委员会的数据，老挝希望建造的 9 座大坝将从 2030 年开始为政府每年创收 46 亿美元。④ 湄公河区域的能源需求预计到 2025 年将翻一番，这很大程度上是因为泰国和越南的需求上升。老挝即将完成的第一个项目——沙耶武里大坝（Xayaburi Dam），将有 95% 的电力产出直接出口到泰国⑤，老挝已经与商业开发机构签署备忘录，在湄公河干流上推进 9 座大坝的修建工作，并在泰国政府的支持下，在老挝和泰国边界河流上修建那空沙旺（Pak Chom Dam）和班库姆（Ban Khoum）两座

---

① "India Speeds up Work on 200 Dams", *Asian Age*, Feb., 2013.

② Cécile Levacher, "Climate Change in the Tibetan Plateau Region: Glacial Melt and Future Water Security", http://www. futuredirections. org. au/publication/climate – change – in – the – tibetan – plateau – region – glacial – melt – and – future – water – security/.

③ J. Fasman, "The Mekong: Requiem for a River", http://www. economist. com/news/essays/21689225 – can – one – world – s – great – waterways – surviveits – development.

④ Richard Cronin, Courtey Weatherby, "Letters from the Mekong: Time for a New Narrative on Mekong Hydropower", https://www. stimson. org/wp – content/files/file – attachments/Letters_ from_ the_ Mekong_ Oct_2015. pdf.

⑤ Asian Development Bank, "Energy Outlook for Asia and the Pacific", https://www. adb. org/publications/energy – outlook – asia – and – pacific – 2013.

大坝。柬埔寨也计划在与老挝接壤的南部边境地区和首都金边的河流主干道上修建两座大坝。[1] 在柬埔寨,大力发展水力发电的部分原因是为国内消费提供更多、更便宜的能源,并满足服装制造业等新兴轻工业的需求。

在气候变化影响下,南亚和东南亚国家一方面在短期内利用冰川融化速度加快,河流径流量变大的这段时期,加快水利开发的步伐,加大国内水利基础设施的建设力度;另一方面也意识到,河流径流量的复杂性和变化性会变得越来越难以预测,这将直接影响到地区的能源生产。研究也已经证实,如果青藏高原河流的径流量减少1%,南亚地区的平均发电量就将减少约3%。河流流量改变可能会加剧流域国之间的水资源争端[2],而这就是气候变化影响下亚洲水资源分配格局所产生的安全效应的重要表现。

第三节 亚太地区水资源分配变化的政治效应

2012～2020年,世界经济论坛发布的全球风险评估报告已经连续八年将水资源问题列为前十位极有可能发生的、影响显著的、需要给予高度关注的高风险问题。[3] 气候变化导致的降雨改变、冰川快速消融等问题叠加在一起,引发连锁性的政治、经济和安全效应,推动中国周边地区水资源安全问题更加复杂,地区政治议题内容增多,大国博弈加剧,地区治理难度增大。

---

① Richard Cronin and Timothy Hamlin, "Mekong Turning Point: Shared River for a Shared Future", http://www.files.ethz.ch/isn/141531/SRSF_Web_2.pdf.

② "Melting Glaciers Bring Energy Uncertainty", *Nature*, Vol. 502, 2013, https://www.nature.com/news/climate – change – melting – glaciers – bring – energy – uncertainty – 1.14031.

③ World Economic Forum, "The Global Risks Report 2020", https://www.weforum.org/reports/the – global – risks – report – 2020.

一　水环境移民与地区治理

美国国家情报委员会（National Intelligence Council, NIC）主席托马斯·芬格（Thomas Fingar）在美国国会作证时表示，气候变化将加剧贫困，加剧社会紧张，导致国家和地区内部不稳定和冲突，并为全球部分人口提供了新的移民理由。[①] 皮尤慈善信托基金会（Pew Charitable Trusts）的气候安全项目（Climate Security Project）的研究也认为，气候变化将增加国家内部和国家之间的资源冲突，导致数亿人移民，人道主义灾难发生数量增加，世界经济受损，威胁国防经济安全。[②] 现在，气候变化导致的水资源安全问题，以及由此增加的人类流动问题，已经在重塑亚洲安全的平衡。[③] 国际移民组织（IOM）2008 年发布的《移民与气候变化》的报告强调，移民的大量增加会产生四种后果：增加城市基础设施与服务的压力；减缓经济增长；增加冲突风险；导致移民的健康、教育和社会指数变差。[④]

极端事件会加剧淡水资源的安全风险。当强降水超过蓄水层的吸收速度时，就会发生洪水，城市基础设施不堪重负，导致污水溢出，甚至产生更严重的和更广泛的污染。随着水流与农业化肥和杀虫剂的接触，水流的增加和由此产生的洪水也会导致水污染的加剧。与这些事件相关的清理和修复费用是巨大的，可能会加剧现有的贫

[①] Thomas Fingar, "Statement for the Record before the Permanent Select Committee on Intelligence," House of Representatives, http://globalwarming. mar key. house. gov /tools/2q08materials/ files/0069. pdf.

[②] The Pew Project on National Security, "Energy & Climate, Overview", www. pewc limatesecurity. org/media/about/The% 20Pew% 20Project% 20on% 20National% 20Security, % 20Energy% 20and% 20Climate. pdf.

[③] Arpita Bhattacharyya and Michael Werz, "Climate Change, Migration, and Conflict in South Asia", December 2012.

[④] International Organization for Migration（IOM）, "Migration and Climate Change", https: // www. iom. int/ news/ iom – migration – research – series – no – 31 – migration – and – climate – change.

困状况，造成贫困"陷阱"。同时，水流也会使盐度发生变化，从而影响水的传递和可获得性，对生物多样性和渔业产生消极影响①，严重影响本地居民的生活与发展，加上亚太不少地区的社会管理水平有限，水环境移民不可避免。另外，"由于荒漠化或海平面上升而变得无法居住的地区"在逐渐增多②，水环境移民数量也在逐年上升，有限资源的争夺与发生冲突的风险也在相应上升。在南亚地区，这一连锁性效应尤为明显。

印度和孟加拉国严重"暴露"于气候变化风险之中。环境恶化、冰川融化和水位上升威胁着雅鲁藏布江三角洲，不可预测的季风季节导致洪水和干旱等自然事件发生频率上升，孟加拉湾的数亿人受到影响。世界银行估计，海平面上升 1.5 米就将导致孟加拉国 18%的领土被淹没，大米产量下降 10%，大量人口因粮食供应不足而被迫迁移。在与缅甸、不丹、尼泊尔、中国和孟加拉国北部接壤的印度东北部，这种移民现象存在已久。③ 印度和孟加拉国之间的水环境移民冲突风险也在增加，亚洲开发银行的报告指出，目前的孟加拉国移民大多迁往印度的西孟加拉邦、阿萨姆邦和特里普拉邦。西孟加拉邦和特里普拉邦等地区的移民冲突加剧。④

美国国防大学的一项研究表明，孟加拉国的"破坏性"洪水可能导致大批难民涌入印度，这些难民可能在印度境内传播恐怖主义，

---

① Asian Society, "Asia's Next Challenge: Securing the Region's Water Future", http://asiasociety. org/files/pdf/WaterSecurityReport. pdf.

② Strategic Studies Institute, "Taking up the Security Challenge of Climate Change", https://www. strategicstudiesinstitute. army. mil/pdffiles/ PUB932. pdf See page 23.

③ Biswajyoti Das, "India Struggles to Control Ethnic Violence in Assam", Reuters, www. reuters. com/article/2012/07/24/us – indiaviolence – idUSBRE86N0W820120724.

④ Sahil Nagpal, "ABVP Students Protest in Kolkata Against Bangladeshi Immigrants", http://www. topnews. in/abvpstudents – protest – kolkata – against – bangladeshi – immigrants – 266037; Refugee Review Tribunal, "Response to: Is there Evidence of Bangladeshi Immigrants Being at Risk in Kolkata?" https://www. refworld. org/pdfid/4b6fe209d. pdf.

成为激进运动的牺牲品，引发宗教冲突，并对基础设施造成全面破坏。[①] 对印度这样的发展中国家来说，邻国大量难民的涌入会加剧资源供应紧张，引发当地民众与难民之间的冲突。如果政府认为气候难民试图向当局施加压力或影响国内政治进程，则可能遣返难民，这些难民则可能反过来与遣送国发生冲突。[②]

东南亚地区越来越容易受到洪水袭击，也越来越频繁地遭遇强热带气旋和风暴潮的冲击。极端天气事件导致的洪涝灾害强度和频率的增加，严重破坏民众财产、生产性资产、国民生命和生计安全。尤其是沿海等低洼区域的洪水破坏农田和定居点，道路、桥梁等基础设施被损毁。在旱季，特别是在厄尔尼诺时期，气温上升和降雨减少，使河流、水坝和水库的水位降低，致使农作物歉收，危及粮食和水力发电所需的水源供应。[③] 另外，东南亚地区特别容易受到海平面上升的影响，如果不采取应对气候变化的措施，预计到2080 年，海平面将比 1990 年上升 40 厘米，与之相伴的是咸水侵入沿海地区的地下水资源，威胁饮用水和灌溉淡水的供应，可能迫使该地区高达 2100 万人被迫向外迁移。[④] 范朗大学的莺黎氏金（Oanh Le Thi Kim）和张黎明（Truong Le Minh）的研究表明，气候变化是导致 14.5% 移民离开湄公河三角洲的主要因素，每年迫使 24000 人

① D. John and Catherine T. MacArthur Foundation, "The Himalayan Challenge Water Security in Emerging Asia", http://www.bipss.org.bd/images/pdf/Bipss%20Focus/The%20Himalayan%20Challenge.pdf.

② D. John and Catherine T. MacArthur Foundation, "The Himalayan Challenge Water Security in Emerging Asia", http://www.bipss.org.bd/images/pdf/Bipss%20Focus/The%20Himalayan%20Challenge.pdf.

③ ADB, "The Economics of Climate Change in Southeast Asia: A Regional Review", https://digital.library.unt.edu/ark:/67531/metadc501480/m2/1/high_res_d/ADB_economics-climate-change-se-asia.pdf.

④ ADB, "Climate Change in Southeast Asia: Focused Actions on the Frontlines of Climate Change", http://indiaenvironmentportal.org.in/files/climate-change-sea.pdf.

迁移。①

因此，从现有的发展趋势看，气候变化影响下由水资源安全压力而导致的水移民增多现象，会联动性地引发恐怖主义、社会失序等系列性安全问题，在增加地区治理难度的同时，更会影响地区的稳定、可持续发展与安全。

二　域外因素介入与地缘政治博弈

亚洲的水问题一直是西方国家关注的热门议题，以美国、欧盟为代表的西方国家和组织认为，气候变暖会加剧水资源稀缺危机，导致国家政治不稳定和管理失败，增加地区冲突与动荡风险。在跨国界流域，未来十年水将被当作杠杆使用，水被作为武器和恐怖主义目标的可能性也在大大增加。② 与水相关的冲突会危及亚洲地区的和平与稳定，威胁到西方国家在亚洲地区的利益实现。因此，介入亚太地区的水资源安全治理就成为域外大国干预亚太地区事务的重要政治借口。

西方国家和组织以促进"气候变化适应性"和"水资源安全"为借口，积极介入亚太国家的水资源治理，影响其水管理政策制定和水利开发规划，扩大对这些国家经济与社会发展的影响，确保其在该地区的政治、经济和安全利益。在介入亚洲地区水资源治理的域外国家中，美国的"表现"最为突出，介入力度也最大。本书的第三章将深入而系统地分析和阐述美国和欧盟对亚太地区水资源安全事务的介入历程、内容、原因与手段，以及由此引发的地缘政治效应。

---

① Alex Chapman, Van Pham Dang Tri, "Climate Change is Driving Migration from Vietnam's Mekong Delta", https：//www. climatechangenews. com/2018/01/11/climate – change – driving – migration – vietnams – mekong – delta/.

② Intelligence Community Assessment, "Global Water Security", https：//www. dni. gov/files/documents/Special%20Report_ICA%20Global%20Water%20Security. pdf.

（一）圈定对气候变化影响敏感的流域目标

美国在全球圈定了八个需要其进行水资源安全治理介入的重点流域，其中三个位于中国周边地区，即印度河流域、澜沧江—湄公河流域和雅鲁藏布江—布拉马普特拉河流域，这些流域是对气候变化反应非常敏感的流域。进入 21 世纪之后，气候变化叠加人口增长，导致水资源供应和需求不平衡，水质污染等安全问题层出不穷，不仅威胁流域范围内的粮食安全和健康安全，加剧了灾难发生的风险，而且流域国在水资源利用上发生水纷争和水冲突，致使地区动荡，威胁美国战略利益。因此，美国对于这些领域的问题类型、预期影响和实践以及流域管理能力做出综合性评估，并以此为基础，通过投入巨额资金与技术援助，介入当地的水资源安全治理工作。[①]

（二）提供气候变化监测技术

美国还利用自身技术的优势，注重开展气候变化对中国周边地区水资源安全影响的具体数据和信息收集工作，试图以技术为导向，通过科学合作来影响亚洲地区国家的政策和行动。美国国家航空航天局将发现地球环境的变化作为主要的工作内容之一，其中开展的重要项目就包括对气候变化和淡水资源的监测，力图使用先进的地球卫星和先进技术收集地球信息和气候变化的全球影响因素，寻找应对气候变化的更好办法。[②] 美国国际开发署认为，冰川和高海拔水

---

① Intelligence Community Assessment, "Global Water Security", https：//www. dni. gov/ files/documents/Special%20Report_ICA%20Global%20Water%20Security. pdf; Peter Engelke and David Michel, "Toward Global Water Security", http：// www. atlanticcouncil. org/images/publications/Global_Water_Security_web_0823. pdf.

② USAID, "The SERVIR – Mekong Project", https：//servir. adpc. net/about/about – servir – mekong.

文系统的变化可能会影响到大部分亚洲国家，因此，采取积极方法评估冰川退缩和其他高海拔水文变化的影响是非常必要的。通过在亚洲开展专项研究，美国对冰川消融的潜在影响进行评估，并制定了旨在降低社会脆弱性、适应冰川融化的潜在影响并尽可能避免过度融化的应对措施。美国通过帮助亚洲国家制定或者调整发展规划来提升其水资源安全保障能力，减少国家内部和国家之间的水资源利用竞争以及造成的紧张局势。[①]

美国国家航空航天局和国际开发署于 2015 年和 2010 年分别合作启动了 SERVIR - Mekong 和 SERVIR - Himalaya 项目，通过太空技术和开发数据监测冰川融化等气候变化影响给区域发展带来的挑战[②]，希望通过准确的自然资源管理工作和环境监管，以及更准确的水文评估，应对像洪水、森林大火和暴风等极端天气，以及气候变化对水、农业和复杂生物体系的影响[③]，避免因极端天气引发的饥荒和降低传染病传播所带来的风险[④]，推动当地政策制定因地制宜和可持续发展。[⑤] 2010 年，美国国际开发署对大喜马拉雅地区冰川的科学信息进行审查并发布《改变亚洲冰川和水文学：应对冰川融化影响的脆弱性》报告，报告认为由于目前缺乏冰川融化速度的数据，建议通过考察该地区冰川融化对民众的健康、粮食安全、水、能源和生物多样性的影响，探讨美国国际开发署在不同援助计

---

① Elizabeth L. Malone，"USAID，Changing Glaciers and Hydrology in Asia：Addressing Vulnerabilities to Glacier Melt Impacts"，http：//www. unscn. org/layout/modules/resources/files/Changing_ glaciers_ and_ hydrology. pdf.

② NASA，"SERVIR - Mekong"，https：//www. nasa. gov/mission_ pages/servir/mekong. html.

③ NASA，"SERVIR - Himalaya"，https：//www. nasa. gov/mission_ pages/servir/himalaya. html/.

④ NASA，"SERVIR - Eastern - Southern Africa：Challenging Drought, Famine and Epidemics From Space"，https：//www. nasa. gov/mission_ pages/servir/africa. html.

⑤ USGS，"Activities of the USGS International Water Resource Branch"，https：//water. usgs. gov/international/2017 - 08 - 10.

划之间实现协同效应，以增强地区和国家层面应对冰川融化的
能力。[①]

现在，美国国际开发署已经与很多亚洲国家展开气候与水资源
治理合作。例如，美国国际开发署与印度合作推动气候预测体系
（CFS）的建立，减少印度因洪水、气旋和极端气候引发的水文—气
象事件；与印度中央水委员会（CWC）、印度气象局等机构在默哈讷
迪河流域和萨特莱杰河流域开发预测和预警技术、建立洪水预测决
策支持系统等。美国国际开发署还在塔吉克斯坦、吉尔吉斯斯坦和
哈萨克斯坦对冰川融化造成的安全挑战进行调研，寻找降低水脆弱
性的方法。[②]

（三）开展气候变化人道主义救援

对于气候变化引发的与水相关的灾难事件，美国将开展人道主
义救援视为参与中国周边地区事务的重要手段，并称这些行动事关
国家安全与外交。在美国国防部 2005 ~ 2010 年用于灾难救援的 7.91
亿美元中，有近 2.87 亿美元（占全部救援资金的 36%）用于亚洲。
如果不包括用于海地地震救灾的 4.64 亿美元，这段时间美国军事救
灾的亚洲部分将上升到 88%。2010 年，美国军方动员 26 架直升机和
3 架 C - 130 飞机参与巴基斯坦洪灾救援，在陆地上部署了 600 名人

---

① "Adapting to Water Stress and Changing Hydrology in Glacier - Dependent Countries in
Asia: a Tool for Program Planner and Designers", https://www.researchgate.net/publi-
cation/273797826_Adapting_to_Water_Stress_and_Changing_Hydrology_in_Glacier -
Dependent_Countries_in_Asia_A_Tool_for_Program_Planners_and_Designers;
Elizabeth L. Malone, "USAID, Changing Glaciers and Hydrology in Asia: Addressing
Vulnerabilities to Glacier Melt Impacts", http://www.unscn.org/layout/modules/
resources/files/Changing_glaciers_and_hydrology.pdf.

② Elizabeth L. Malone, "USAID, Changing Glaciers and Hydrology in Asia: Addressing
Vulnerabilities to Glacier Melt Impacts", http://www.unscn.org/layout/modules/
resources/files/Changing_glaciers_and_hydrology.pdf.

员，在近海部署了 4000 艘水上运输船，救援物资价值约 7500 万美元。①

总之，在介入中国周边地区水资源安全治理的过程中，无论是美国还是其他域外国家，都在推动应对气候变化影响的技术研究，更重要的目的是利用其巨大的技术和外交资源以更富有成效的方式促进与对象国政治关系的发展，影响对象国的发展与政策制定，以帮助其实现地区发展战略，加强在该地区的实力介入与影响力拓展。② 这些都会在客观上推动亚洲地区的地缘政治博弈更加复杂。这也正是第三章的写作与分析重点。

第四节　亚太地区水资源分配变化的安全效应

水是社会传播和生态系统上的大部分气候变化动态的媒介。气候变化会影响水的周期，使水资源产生的时间、数量、质量和可用性发生重大改变。气候变化和水需求的增加对亚太地区的地下水资源正造成日益严重的压力。③ 联合国水机制和联合国教科文组织发布的《不稳定及风险情况下的水资源管理》报告指出，气候变化与水资源冲突存在直接关系，气候变化对全球水资源供应造成越来越大的压力，如果水资源危机不能及时解决，将会导致各种政治不安全

---

① Joshua Busby and Nisha Krishnan, "Widening the Scope to Asia: Climate Change and Security", edited by Caitlin E. Werrell and Francesco Femia, *The U. S. Asia – Pacific Rebalance*, *National Security and Climate Change*, The Center for Climate Security, Nov. , 2015.

② Kennth Pomeranz et al. , "Himalayan Water Security: The Challenges for South and Southeast Asia", *Filozofska Istrazivanja*, Vol. 31, 2011, http://www. files. ethz. ch/isn/167852/Asia_ Policy_ 16_ WaterRoundtable_ July2013. pdf.

③ ADB, "Asian Water Development Outlook 2016: Strengthening Water Security in Asia and the Pacific", www. adb. org/publications/asian – water – development – outlook – 2016.

和各个层面的冲突。① 在气候变化影响下,中国周边水资源分配格局的变化将为周边国家和地区带来明显的安全效应,最主要的体现是国家之间的水资源纷争加剧,冲突增多。

一 水资源安全与可持续发展安全

在气候变化的影响下,水资源短缺危机正在向全球蔓延。《联合国 2020 水发展报告:水与气候变化》指出,气候变化将影响满足人类基本需要的水的供应质量和数量,威胁数十亿人有效享有水和卫生设施的权利。气候变化引起的水文变化将给水资源的可持续管理带来更多挑战,水资源在世界许多地区已经面临巨大压力。② 现在,世界上大部分人口缺乏足够的水资源。全球超过 6 亿人无法获得清洁的饮用水,24 亿人缺乏足够的卫生设施。农业取水占全球取水量的 70%,有 15 亿人在与水相关的部门(农业、能源和环境保护等)工作。③ 到 2050 年,农业取水将增加 15%,以维持农业生产。④ 人类对水的需求正以每年 640 亿立方米的速度增长,在过去 100 年里,全球用水量增加了六倍,并继续以每年约 1% 的速度稳步增长。⑤根据世界卫生组织 2019 年的报告,目前每 10 个人当中就有 3 个人无法获得

---

① UN Water, "World Water Development Report: Managing Water under Uncertainty and Risk", http://www.unwater.org/publications/publications – detail/en/c/202715/.

② United Nation, "The United Nations World Water Development Report 2020: Water and Climate Change", https://ebookzy.com/pdf/the – united – nations – world – water – development – report – 2020.

③ UNESCO, "United Nations World Water Day Development Report 2016: Water and Jobs", https://www.unwater.org/publications/world – water – development – report – 2016/.

④ 联合国将绝对缺水定义为人均年水资源不足 500 立方米。

⑤ United Nation, "The United Nations World Water Development Report 2020: Water and Climate Change", https://ebookzy.com/pdf/the – united – nations – world – water – development – report – 2020.

安全饮用水①，每年有 29.7 万名 5 岁以下的儿童死于因不安全饮用水和卫生设施而产生的疾病②，到 2050 年预计某些地区会因缺水导致国民生产总值下降 6%。③

根据瑞典斯德哥尔摩国际水资源研究所（SIWI）资深科学家富肯马克的"水稀缺指标"（见表 2-3），当一个国家的人均水资源占有量低于 1700 米³/年时，则认为该国出现用水紧张现象，成为有"水压力"的国家，一旦人均可用水量低于 1000 米³/年时，该国就成为"水稀缺"国家。在亚太地区，在 1950 年没有任何一个次区域的人均水资源占有量低于 1000 立方米，但是到了 1995 年，形势已发生了根本性转变，几个次区域的人均水资源占有量达到"水恐慌"的标准，而这些次区域集中了亚洲 58% 的人口。亚洲大陆人均水资源的占有率低于全球除南极洲以外的任何一个大陆。④ 现在，水资源危机已经成为亚太地区可持续发展面临的主要障碍和严峻挑战。而气候变化正在逐年加剧这种水资源危机挑战。

表 2-3　富肯马克设定的水稀缺指标

单位：米³/年

紧缺性	人均水资源占有量	主要问题
水富余	>1700	局部地区、个别时段出现水问题，有限管理问题

---

① World Health Organization（WHO）and the United Nations Children's Fund（UNICEF）Joint Monitoring Programme，"Progress on Household Drinking Water, Sanitation and Hygiene 2000 – 2017：Special Focus on Inequalities"，New York：WHO and UNICEF，2019.

② World Health Organization（WHO），"Drinking – water"，https：//www. who. int/news – room/fact – sheets/detail/drinking – water.

③ "High and Dry：Climate Change, Water, and the Economy"，https：//www.worldbank. org/en/topic/water/publication/high – and – dry – climate – change – water – and – the – economy.

④ Moore Scott，"Climate Change, Water, and China's National Interest"，*China Security*，May 2009，pp. 25 – 39.

紧缺性	人均水资源占有量	主要问题
用水紧张	1000～1700	将出现周期性和规律性用水紧张，一般性管理问题
重度缺水	500～1000	将经受持续性缺水，经济发展和人体健康受到影响，较为严重的管理问题
极度缺水	<500	将经受严重的缺水，存在"水障碍"管理

资料来源：M. Falkenmark，"The Massive Water Scarcity Now Threatening Africa – Why isn't It Being Addressed?" *Ambio*，Feb. 18，1989，pp. 112 – 118；陈志恺：《人口、经济与水资源的关系》，《海河水利》2002 年第 2 期，第 1 页。

南亚地区是世界上经济增长最快的地区之一，也是水资源需求量增长最快的地区，水资源管理的挑战巨大。截至 2017 年，南亚七国（孟加拉国、不丹、印度、尼泊尔、巴基斯坦、斯里兰卡、马尔代夫）拥有全球 23.7% 的人口，但可使用淡水资源仅占全球总量的 4.6%，水资源在国家间和流域间分布不均（见表 2 – 4）。自 20 世纪 50 年代以来，该地区的人均可用水量下降了 70%，而且还在持续下降。印度，作为南亚最大的经济体和人口最多的国家，人均可用水量较低，而巴基斯坦，作为第二大经济体，人均可用水量在该地区最低。2011～2015 年，南亚国家的灌溉用水供应已经呈现逆差状态。在孟加拉国，雅鲁藏布江和恒河流域的水量供应赤字预计在 18%～21%。在印度，赤字为 1%～90% 不等。在尼泊尔，恒河流域水量将下降 1%。在巴基斯坦，印度河流域水量预计将减少 43%。气候变化将加剧印度和巴基斯坦面临的水资源紧张情况。[1]

青藏高原冰川消融到一定阶段后，可利用的水资源将大量减少，有研究表明，喜马拉雅山冰雪消融的径流系统将在 2050 年到 2070 年

---

[1] Rafik Hirji et al.，"South Asia Climate Change Risks in Water Management：Climate Risks and Solutions – Adaptation Frameworks for Water Resources Planning, Development, and Management in South Asia"，Jun. 2017，World Bank Group.

表 2 - 4　南亚国家水资源情况（2018~2020 年）

		孟加拉国	不丹	印度	尼泊尔	巴基斯坦	斯里兰卡	南亚地区
国内可再生水资源（IRWR）	十亿立方米/年	105	78	1446	198	55	53	1982
	降水占比（%）	27	92	41	90	14	47	40
地表外来水源（十亿立方米/年）		1122	0	635	12	265	0	2044
地下水在全部可再生水资源中的比重（%）		2	9	19	9	19	13	13
融水在全部可再生水资源中的比重（%）		0	17	10	8	57	0	11
全部可再生水资源（十亿立方米/年）		1227	78	1911	210	247	53	3791
每年人均全部可再生水资源量（立方米）		7622	100645	1458	7372	1306	2549	2175
每年用水在全部可再生水资源量中的比重（%）		3	0	40	5	74	25	27

资料来源：笔者根据联合国粮农组织数据库（FAOSTAT）公布的数据整理得到。

达到峰值，此后其年度平均流量的衰减将在 1/5 到 1/4。[①] 如果按照这项研究推算，届时，依赖青藏高原冰川融水供给的许多条南亚和东南亚河流将遭受有效水资源减退的威胁，季节性水资源短缺的局面可能会突然降临。美国伍德罗威尔逊国际学者中心的环境与安全计划主管杰夫·达贝尔科（Geoff Dabelko）表示，中国、印度、巴基斯坦、孟加拉国和不丹近 20 亿人将会因青藏高原地区冰川消融导致

[①]　H. Gwyn Rees & David N. Collins, "Regional Differences in Response of Flow in Glacier - fed Himalayan Rivers to Climatic Warming", *Hydrological Process*, 2006, pp. 2167 - 2168.

的水流减少而面临水资源短缺的问题。① 例如，恒河的水流一旦缺少冰川的补给，每年7～9月的流量将减少2/3，南亚地区5亿人口和印度37%的农田灌溉将面临水源短缺的威胁。②

在中亚地区，水安全是一个优先事项，特别是对跨国界河流水资源的争夺和控制，是该地区国家间竞争的重要内容。现有的研究表明，2030～2050年，气候变暖会影响中亚各大河流的水量，帕米尔高原冰川和天山地区的雪山正加快消失，水需求预计将超过许多中小型河流的供水峰值，锡尔河的径流量将减少22%～28%，阿姆河将减少26%～35%。③ 预计15～20年后，该地区水资源供应量将减少1/3，灾难性缺水现象会随之出现。④

水需求增加和水流量减少的综合效应将加剧锡尔河与阿姆河两个流域的水资源短缺状况。评估表明，到2050年，锡尔河流域总缺水量将增加到每年137亿立方米，这大约是总需求的35%，阿姆河流域需求和供给差将达到每年2.94亿立方米（约占总需求的50%），中亚国家的供水安全面临巨大挑战。⑤ 从长远来看，气候变化的速度及其后果的严重程度，将是决定地区和平与繁荣的主要因素之一。⑥

---

① 《青藏高原冰川萎缩将使亚洲遭遇水资源短缺》，路透社，2009年1月20日，http：//cn.reuters.com/article/oddlyEnoughNews/idCNChina-3489320090119？sp=true。

② C. K. Jain, "A Hydro Chemical Study of a Mountains Watershed: The Ganga, India", *Journal of Water Resources Research*, Vol. 36, 2002, p. 1262.

③ Mikko Punkai et al., "Climate Change and Sustainable Water Management Water Management in Central Asia", https：//www.adb.org/sites/default/files/publication/42416/cwa-wp-005.pdf.

④ 莉达：《中亚水资源纠纷由来与现状》，《国际资料信息》2009年第9期，第26页。

⑤ Mikko Punkai et al., "Climate Change and Sustainable Water Management Water Management in Central Asia", https：//www.adb.org/sites/default/files/publication/42416/cwa-wp-005.pdf.

⑥ The Environment and Security (ENVSEC) Initiative, "Climate Change and Security: Central Asia", https：//www.osce.org/secretariat/331991.

　　世界银行使用联合国粮农组织的水和农业的全球信息系统（AQUASTAT）和世界银行的人口统计数据，计算了214个国家的人均可再生水资源量，其中有关青藏高原地区国家①的数据统计表明，自1962年以来，青藏高原周边的中亚和南亚国家的人均可再生水资源量呈现逐年缩减态势，尤其是到了2014年，巴基斯坦已经属于"极度缺水"型国家，国家和民众处于严重的缺水状态（见表2-5）。2014年，除了尼泊尔和不丹之外，青藏高原地区的南亚国家人均水资源占有量都低于1700米³，属于"极度缺水"和"用水紧张"型国家。而中亚地区的水资源分配不均的格局依然非常明显，人均可再生水资源的占有率也呈现明显的下降趋势。

表2-5　青藏高原地区国家人均可再生水资源

单位：米³

国家	年份		
	1962	1992	2014
中国	4225	2415	2062
阿富汗	5045.01	3372	1439.34
印度	3091	1596	1118
巴基斯坦	1167	484	296
尼泊尔	19087	10023	6998
不丹	404762	178731	100457
塔吉克斯坦	—	11532	7588
吉尔吉斯斯坦	—	10836	8385

资料来源：The World Bank，"Databank Indicator"，http：//data. worldbank. org。

---

①　青藏高原范围西起帕米尔高原，东迄横断山脉，北接昆仑山、阿尔金山和祁连山，南抵喜马拉雅山，分布于中国、不丹、尼泊尔、印度、巴基斯坦、阿富汗、塔吉克斯坦和吉尔吉斯斯坦八国的部分地区。青藏高原是北极和南极之外最大的淡水储存库，亚太地区主要的跨国界河流均发源于此，有"亚洲水塔"之称。参见《世界地图集》，中国地图出版社，2022。

亚太国家尤其是南亚地区和中亚地区的国家，面临着水资源短缺、用水率高、水质和水禀赋差以及其他与水有关的问题（见表2－6）。例如，印度面临五类挑战，其次是巴基斯坦和中国，面临四大水挑战。[①] 这些复杂的水资源安全问题已经成为制约国家发展和影响地区稳定的重要问题，气候变化影响下的冰川加速融化和降雨量整体减少，将不可避免地加剧本已存在的水资源压力，不仅使水资源安全治理的难度进一步提升，还对这些发展中国家的可持续发展带来巨大的消极影响。

表2－6　青藏高原地区国家面临的水挑战

	1	2	3	4	5	6	7	8	9	10	总共	备注：
印度	✓				✓		✓	✓		✓	5	1：水资源短缺
中国					✓	✓		✓		✓	4	2：用水率高
巴基斯坦	✓	✓	✓				✓	✓			4	3：水质被破坏
阿富汗	✓								✓	✓	3	4：水质和水禀赋差
尼泊尔				✓				✓		✓	3	5：洪水易发
吉尔吉斯斯坦				✓			✓				2	6：飓风易发
塔吉克斯坦				✓			✓				2	7：干旱易发
不丹				✓							1	8：生态与气候变化危险
												9：饮用水缺乏
												10：水环境卫生差

资料来源：Leona D. Agnes，"Adapting to Water Stress and Changing Hydrology in Glacier － dependent Countries in Asia：A Tool for Program Planner and Designers"，Coastal Resources Center，https：// www. researchgate. net/publication/273797826_ Adapting_ to_ Water_ Stress_ and_ Changing_ Hydrology_ in_ Glacier － Dependent_ Countries_ in_ Asia_ A_ Tool_ for_ Program_ Planners_ and_ Designers。

二　水资源冲突与地区稳定

世界贫困人口的一半集中在亚太地区，自然灾害的发生更容易

[①]　Leona D. Agnes，"Adapting to Water Stress and Changing Hydrology in Glacier － dependent Countries in Asia：A Tool for Program Planner and Designers"，Coastal Resources Center，https：//www. researchgate. net/publication/273797826_ Adapting_ to_ Water_ Stress_ and_ Changing_ Hydrology_ in_ Glacier － Dependent_ Countries_ in_ Asia_ A_ Tool_ for_ Program_ Planners_ and_ Designers.

引发人道主义灾难。受气候变化影响，人道主义风险正与日俱增，加上社会、经济和政治的脆弱性，亚太国家将面临更大的冲突风险。德国全球变化咨询委员会（German Advisory Council on Global Change）的研究发现，气候变化作为一个安全风险，它影响国家安全的路径通常包括3条：第一，刺激现有的环境冲突，加速冲突升级；第二，显示气候变化影响的结果来形成新的冲突路径；第三，鉴于国家缺乏适应性措施，气候变化影响不断增加。研究还显示气候变化可能对国际和平与安全构成威胁的六种主要方式：第一，气候变化可能导致脆弱国家数量增加，使这些国家所在区域可能发展成失败的/脆弱的地区，降低国际机制的应对能力；第二，全球经济发展面临的风险，可能会改变地区供需动态，导致跨境局势紧张；第三，气候变化的主要推动者和最易受其影响的人之间的冲突不断增多；第四，威胁工业化国家作为全球治理实施者的合法性，阻止它们采取气候变化治理行动；第五，刺激更多民众选择移民；第六，气候变化刺激新安全问题增多，传统安全政策失效。[1]

正如图 2-3 所示，气候变化影响下因水资源稀缺引发的暴力冲突主要经历四个递进式的发展过程。第一，全球气候变化会改变地表水资源的供应量，并在人口数量变化、经济发展需求和部门用水分配特点等因素的叠加影响下，拉大水资源供给和需求的逆差。第二，很多国家尤其是发展中国家的水治理能力较低，资金、技术能力不足和政策应对缺失，对水资源竞争的处理效果不当等，都会加剧水资源的稀缺性危机，使之演化成一种地区性水危机。第三，水危机发生之后，政府间的水机制不完善，例如制度质量不高，缺乏稳定性和透明度等，国家间的互信程度低，政府间关系不好；同时，地区认知和适应气候变化的水治理能力不足，例如缺乏客观有效的

---

① Alice Blondel, "Asia - Pacific Human Development Report Background Papers Series 2012/12: Climate Change Fuelling Resource - Based Conflicts in the Asia - Pacific", https://www. uncclearn. org/wp - content/uploads/library/undp304. pdf.

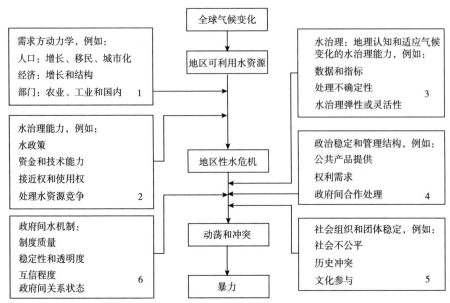

图 2 - 3　气候变化影响下水资源稀缺与地区冲突的关系

资料来源：WBGU Conflict Constellation，"Climate - induced Degradation of Freshwater Resource：Key Factors and Interactions，2008"，p. 84。

水数据和指标，对气候变化影响的不确定性的处理不当或不及时，缺乏水治理路径、手段和内容的弹性或灵活性等。这些因素都导致地区性水危机无法被及时管控和解决，为国家间水资源冲突发生和地区动荡埋下隐患。第四，地区和相关国家的政治稳定和管理结构存在问题，公共产品提供不足，无法满足权利需求，缺乏政府间的合作处理等；社会组织和团体将水资源稀缺与社会不公平、历史冲突、文化参与等因素纠合在一起，成为社会不稳定的来源等。随着地区性水危机的加剧，水资源分配和利用很容易成为地区动荡和国家间、国家内部冲突的重要诱发因素，并极易发展为暴力、战争。

2012 年，联合国环境规划署的一份报告强调，在过去 60 年里，40%的国家和地区冲突与争夺自然资源有关。① 发展中国家因为社

---

① Alice Blondel，"Asia - Pacific Human Development Report Background Papers Series 2012/12：Climate Change Fuelling Resource - Based Conflicts in the Asia - Pacific"，https：//www. uncclearn. org/wp - content/uploads/library/undp304. pdf.

会、技术和财政等资源有限，气候变化对国家发展和安全影响的表现就更为明显。① 现有的研究表明，国际争端甚至是国家间军事冲突很可能发生在世界上贫穷和政治不稳定地区的国际水系统中。② 气候变化将增加因水资源分配问题发生冲突的可能性。2019 年的一项研究表明，不断加剧的气候变化可能会增加未来国家内部发生暴力武装冲突的风险，估计在过去一个世纪里，气候变化导致了 3% ~20% 的武装冲突的发生，如果全球温室气体排放量不降低，气候变化因素引发暴力的风险将增加 5 倍。③

在亚洲，受气候变化导致的自然灾难影响的民众数量是非洲的 4 倍，欧洲和北美洲的 25 倍。④ 2007 年国际预警报告《气候冲突：气候变化与和平、战争的联系》评估了世界不同国家在气候变化背景下可能面临的冲突风险程度，确定了 46 个冲突风险较高的国家。其中亚太地区包括阿富汗、孟加拉国、缅甸、印度、印度尼西亚、伊朗、尼泊尔、巴基斯坦、菲律宾、所罗门群岛、斯里兰卡 11 个国家。同时还确定了 56 个可能长期面临暴力冲突风险的国家，亚太地区包括柬埔寨、斐济、基里巴斯、老挝、马尔代夫、巴布亚新几内亚、

---

① UNFCCC, "Climate Change: Impacts, Vulnerabilities and Adaptation in Development- ment Countries", https://unfccc. int/resource/docs/publications/impacts. pdf.

② Thomas Bernauer, Anna Kalbhenn, "The Politics of International Freshwater Re- sources", edited by Denemark A. Robert, *International Studies Encyclopedia*, Hobo- ken, NJ: Wiley – Blackwell, pp. 5800 – 5821; Dinar Shlomi, Dinar Ariel, "Recent Developments in the Literature on Conflict Negotiation and Cooperation over Shared In- ternational Fresh Waters", *Natural Resources Journal*, Vol. 43, No. 4, 2003, pp. 1217 – 1286; Wolf Aaron T. et al., "International Waters: Identifying Basins at Risk", *Water Policy*, Vol. 5, No. 1, 2003, pp. 29 – 60.

③ Kaia Hubbard Staff Writer, "Global Warming Risks Increase in Conflicts", https:// www. usnews. com/news/best – countries/articles/2021 – 10 – 29/how – climate – change – may – increase – global – conflicts.

④ UNESCAP, "International Strategy for Disaster Reduction (ISDR)", https:// www. hydrology. nl/images/docs/alg/2010. 10_ UNISR_ en. pdf.

泰国、东帝汶和瓦努阿图 9 个国家。①

(一) 南亚地区

南亚陆地面积占全球的 4%，拥有 17 亿人口（2016 年数据），占世界人口总数的 20%，是地球上环境安全问题最严峻的地区之一，也是世界上政治最不稳定的地区之一。② 德国全球变化咨询委员会的《全球气候变化安全风险》报告指出，气候变化对印度、巴基斯坦和孟加拉国次区域的影响"增加社会危机发生的潜在可能性，这一潜在社会危机的特征是跨境冲突（如印度—巴基斯坦）、不稳定的政府（如孟加拉国、巴基斯坦）和伊斯兰主义"。③ 事实上，南亚的所有国家——孟加拉国、不丹、印度、马尔代夫、尼泊尔、巴基斯坦和斯里兰卡都面临着不同程度的水资源短缺和水安全危机。国家之间围绕水量分配、水质恶化、水利开发等问题发生的纷争和冲突不断，印度河、恒河—布拉马普特拉河—梅格纳河流域跨界水资源共享是该地区最具争议的问题之一。气候变化正在加剧已有的水资源冲突。

印度和巴基斯坦在 1960 年签署《印度河条约》（Indus River Treaty），将印度河流域沿印度与巴基斯坦的边界划分开来，并将东印度河的控制权交给印度，西印度河的控制权交给巴基斯坦。但随着国内水资源稀缺危机的加剧，两国对河流划分问题的争论日益激烈，许多关于河流流量和用水情况的信息被视为安全敏感问题，尤

---

① International Alert, "A Climate of Conflict: The Links Between Climate Change, Peace and War", https://www.international – alert.org/wp – content/uploads/2021/09/Climate – Change – Climate – Conflict – EN – 2007.pdf.

② Megan Darby, "Climate Change Raises Conflict Risk in South Asia, Warn Experts", https://www.climatechangenews.com/2016/06/02/climate – change – raises – conflict – risk – in – south – asia – warn – experts/.

③ German Advisory Council on Global Change (WBGU), *Climate Change as a Security Risk*, London and Sterling Va: Earthscan, 2008, p. 3, https://www.academia.edu/13241413/German_Advisory_Council_on_Global_Change_WBGU_Climate_Change_as_a_Security_Risk_Climate_Change_as_a_Security_Risk.

其是下游国家巴基斯坦担心印度在印度河上游修建大坝可能会减少流入巴基斯坦的水流量。同样，印度和孟加拉国在共享的 54 条跨国界河流上也存在历史纠纷。20 世纪 50 年代初，印度开始建造法拉卡拦河坝（Farakka Barrage），将西孟加拉邦恒河的水分流，以清除加尔各答港口的淤泥。引水工程导致流入孟加拉国的水量减少，孟加拉国在 1976 年的联合国大会上提出了这个问题。孟加拉国还反对印度耗资数十亿美元的"河流互连工程"计划。该计划将把恒河的水从东部和北部输送到干燥的西部和南部。尽管印度和孟加拉国于 1972 年成立了联合河流委员会，1996 年签署了具有历史意义的《恒河水资源共享条约》（Ganges Water Sharing Treaty），但两国之间的争端仍在继续。尼泊尔和不丹都是恒河的上游国家，拥有巨大的水电潜力。大量河流从这两个国家流入印度，最终汇入恒河。两个国家与印度签署了多个涉及防洪、水力发电的水协定，比较有代表性的是 1996 年尼泊尔和印度签署的《马哈卡利条约》（Mahakali Treaty）。尽管双边关系相对融洽，但尼泊尔和不丹两国都很清楚印度日益增长的水电能源需求远远高于尼不两国，印度单方面利用跨国界河流水资源的行为是带有"霸权"性质的。[1]

尽管南亚国家之间签署的这些水相关条约和协定在一定程度上缓解了国家间的紧张关系，而且迄今为止还没有发生水资源战争，但水资源日益稀缺和气候变化的严重影响有可能使这些协定破裂，加剧双边紧张关系，尤其是气温上升和融水减少时，各国可能会倾向于采取孤立主义的方式来保护和储藏宝贵的水资源，甚至可能动用武力。[2] 来自印度、巴基斯坦和孟加拉国的三名高级退役军人撰写

---

[1] Srabani Roy, "Climate Change and Water Sharing in South Asia: Conflict or Cooperation?" https://asiafoundation.org/2010/12/01/climate – change – and – water – sharing – in – south – asia – conflict – or – cooperation/.

[2] Srabani Roy, "Climate Change and Water Sharing in South Asia: Conflict or Cooperation?" https://asiafoundation.org/2010/12/01/climate – change – and – water – sharing – in – south – asia – conflict – or – cooperation/.

的一份报告警告说，除非有更多的区域合作来应对气候变化威胁，否则冲突可能爆发，数千万人将受到影响。① 在印巴曾经发生领土争端的吉大港山区（Chittagong Hill Tracts，CHT），气候变化影响下极端天气事件的增多，导致孟加拉国民众越境迁移至印度，印度为防止孟加拉国民众非法越境，以阻止宗教激进分子、非法走私和人口贩运为名，在边境线建起带刺的铁丝围栏，成为制造两国紧张局势的因素之一，双方互相指责。② 据相关报道，已经有数百名印度边防警察被杀害。③

有研究指出，巴基斯坦作为应对气候变化影响能力较弱的国家，水资源危机的加剧可能会刺激极端主义和恐怖主义势力的活动④，已经有激进组织开始以两国在水资源问题上的紧张关系作为"由头"实施破坏活动，如 Jamaatu – Dawa——反印度组织"虔诚军"（Lashkar – e – Taiba）的分支，曾在反印度言论中涉及水紧张问题，该组织曾在 2008 年制造了导致 163 人死亡的孟买袭击案。⑤ 另外，印度和巴基斯坦围绕克什米尔和查谟的 Kishenganga 电力项目也是纷争不断，巴基斯坦担心印度的水利开发会影响其供水安全，曾于 2010 年5 月向国际仲裁法庭提起诉讼，试图阻止该项目继续进行。这是巴基斯坦自 1960 年签署《印度河条约》以来，第二次根据《印度河条

---

① Megan Darby, "Climate Change Raises Conflict Risk in South Asia, Warn Experts", https：//www. climatechangenews. com/2016/06/02/climate – change – raises – conflict – risk – in – south – asia – warn – experts/.

② R. Prasad, "India Builds a 2500 – mile Barrier to Rival the Great Wall of China", *The Sunday Times*, http：//www. timesonline. co. uk/tol/news/world/asia/article782 933. ece.

③ D. Hussein, "Fancing Off Bangladesh", *Guardian*, http：//www. guardian. co. uk/commentisfree/2009/sep/05/bangladesh – india – border – fence.

④ A. A. Zardari, "Partnering with Pakistan", *The Washington Post*, http：//www. washingtonpost. com/wpdyn/comtent/article/2009/01/27/AR2009012702675. html.

⑤ L. Polgreen and S. Tavernise, "Water Dispute Increases India – Pakistan Tension", *The New York Times*, http：//www. nytimes. com/2010/07/21/world/asia/21kashmir. html? _ r = 1&ref = relationswithpakistan.

约》第九条申请仲裁。[①] 2011 年 1 月，巴基斯坦被迫撤回申请书，但水资源紧张局势并未缓解。[②] 位于巴基斯坦旁遮普省印度河上的卡拉巴格大坝还引发了与信德省、俾路支省和西北边境省之间的紧张关系[③]，加剧了地区局势的动荡。

（二）中亚地区

水资源问题在中亚地区已经成为仅次于"宗教激进主义"导致地区紧张局势的第二大因素。中亚国家对水资源的争夺加剧，使本已不安的地区形势更加紧张。[④] 水是该区域的一项关键自然资源，水安全被视为国家安全的优先事项。相关研究显示，预计 2030～2050年，中亚国家人口增长和经济发展会增加对水资源和土地资源的需求。2030～2050 年，该地区内陆和南部地区的许多中小河流的可用水量预计将达到峰值。从长期来看，气候变化的速度及其后果的严重性将成为决定地区和平与繁荣的主要因素之一。[⑤]

农业是中亚地区经济的支柱，棉花和水稻等耗水量大的作物需要密集灌溉，但该地区灌溉系统老化，一半的水量被浪费，同时由于干旱天气增多、降雨量减少，水资源的可用量也降低了 1/5。水资源需求增加和供应减少，加上中亚五国之间日益高涨的民族主义情绪，使其至今没有找到一种可行的水资源管理方式来取代苏联的管

---

① "The Indus Water Treaty, 1960", http：//jalshakti – dowr. gov. in/sites/default/files/INDUS％20WATERS％20TREATY. pdf.

② "Pak Bid to Stall Kishenganga Power Project Work Thwarted", *The Deccan Herald*, http：//www. deccanherald. com/content/129255/pak – bid – stall – kishengangapower. html.

③ Congressional Research Service (CRS), "Security and the Environment in Pakistan", www. fas. org/sgp/crs/row/R41358. pdf.

④ Crisis Group, "Central Asia：Water and Conflict", https：//www. crisisgroup. org/europe – central – asia/central – asia/uzbekistan/central – asia – water – and – conflict.

⑤ "Climate Change and Security：Central Asia", https：//www. osce. org/files/f/documents/5/8/331991. pdf.

理体系。在三个下游国家——哈萨克斯坦、土库曼斯坦和乌兹别克斯坦以及上游国家——吉尔吉斯斯坦和塔吉克斯坦之间，每年都会发生水争端。三个下游国家的棉花种植灌溉用水量巨大。而上游国家希望将更多的水用于发电。① 所以，气候变化将给整个中亚地区水资源、农业和能源部门带来巨大压力，围绕着水资源分配问题发生冲突的概率在上升。②

相关研究显示，气候变化导致国家关系恶化和冲突可能性较高的地区集中在锡尔河流域，这一流域一直缺乏有效的水资源分配机制。锡尔河从吉尔吉斯斯坦经乌兹别克斯坦和哈萨克斯坦流入咸海。乌兹别克斯坦的人口和农业特别容易受到气候变化引起的河流径流变化的影响。乌兹别克斯坦人认为费尔干纳河谷的人民和农业几乎完全依赖从吉尔吉斯斯坦流入该国的锡尔河水源，这些水的供应不仅受到自然变化的控制，而且还受到苏联时期建设的大型水利基础设施的控制，而水利基础设施的运作几乎完全掌握在上游国家的手中。因此，自乌兹别克斯坦独立以来，水政治和水安全就一直是其争论的主要议题。③

在锡尔河流域的费尔干纳河谷（Ferghana Valley）。苏联时期划定的边界将这个山谷雕刻成一个"环环相扣的马赛克"，吉尔吉斯斯坦、塔吉克斯坦和乌兹别克斯坦之间共享锡尔河。在这个人口稠密的地区，对水资源的争夺与民族间的紧张关系交织在一起（例如，2010年暴徒袭击了居住在吉尔吉斯斯坦南部的乌兹别克族人，杀害了数百人），领土争端问题多次引发暴力冲突、边境关闭和跨境水电

① Crisis Group, "Central Asia: Water and Conflict", https://www.crisisgroup.org/europe-central-asia/central-asia/uzbekistan/central-asia-water-and-conflict.
② Thomas Bernauer, Tobias Siegfried, "Climate Change and International Water Conflict in Central Asia", *Journal of Peace Research*, Vol. 49, No. 1, 2012, p. 227.
③ Thomas Bernauer, Tobias Siegfried, "Climate Change and International Water Conflict in Central Asia", *Journal of Peace Research*, Vol. 49, No. 1, 2012, pp. 227-239.

供应中断。2008 年哈萨克斯坦指责乌兹别克斯坦在上游截流过多水源而导致流往其境内的水量减少。2014 年，吉尔吉斯斯坦与塔吉克斯坦边界两边的村民发生冲突，原因是塔吉克斯坦切断流往吉尔吉斯斯坦下游地区的灌溉用水。乌兹别克斯坦特别依赖来自上游吉尔吉斯斯坦和塔吉克斯坦的水流量，乌兹别克斯坦前任总统伊斯兰·卡里莫夫（Islam Karimov）曾警告称，上游新建大坝不仅会引发严重的对抗，甚至会引发战争。几年来，乌兹别克斯坦一直阻挠运输用于塔吉克斯坦罗贡大坝的物资，还提高了对这两个国家的天然气供应价格，并多次中断供应。2014 年，在塔什干切断了对吉尔吉斯斯坦南部的天然气供应后，吉尔吉斯斯坦威胁要关闭一条通往乌兹别克斯坦的水渠作为报复。水资源问题不仅影响了国内的政治发展，还加剧了地区紧张局势。①

（三）东南亚地区

在东南亚地区，气候变化影响最明显的是湄公河区域极端天气情况的增多，洪水和干旱的强度与持续时间增加，海平面上升，盐水倒灌现象加剧等，这严重影响了湄公河流域的水安全，增大了水资源管理和分配的挑战，引发粮食安全和农业安全等问题，威胁到了农业和渔业生产，湄公河国家之间的水资源纷争也随之增多。湄公河国家将气候变化引发的极端气候状况归结为中国在澜沧江上修建大坝，认为其影响了下游国家的供水安全和农业、渔业生产。2010 年和 2019 年湄公河国家遭遇旱情引发了中国和湄公河国家之间的"水辩论"，某些湄公河国家的媒体、非政府组织和民众在国际非政府组织等势力的"煽风点火"下，宣扬中国"大坝威胁论"，呼吁国际社会施压中国国内水电正常开发和对外水利投资，企图破坏中

① European Parliament, "Water in Central Asia: An Increasing Scarce Resource", https://www.europarl.europa.eu/RegData/etudes/BRIE/2018/625181/EPRS_BRI (2018) 625181_EN. pdf.

国的国际形象。对此,中国用科学数据和事实反驳了这些不实与污蔑言论。气候变化导致的降雨量减少、非正常季风和极端厄尔尼诺现象才是造成湄公河国家遭遇旱情的主要原因。澜沧江径流量仅占澜沧江—湄公河全流域径流量的13.5%,澜沧江出境水量对湄公河整体水量影响非常有限,其下游水量主要受到全流域降雨和支流汇入的影响,因此,把下游国家所遭遇的旱情归咎于中国是与事实不符、毫无根据的。中国作为上游国家,一直以负责任态度不断加强与湄公河国家的合作,确保水资源合理和可持续利用,共同应对气候变化和洪涝灾害的挑战。①

湄公河国家为了满足国内电力供应和出口创汇的需要,纷纷制定了不同规模的水资源开发项目,内部因为干流水电开发而矛盾不断。例如泰国民众认为,泰国从老挝进口电力鼓励了老挝的水电开发,这反过来又影响了泰国东北部和所有其他下游国家的民众生活和渔业。② 同时,无论是在湄公河的支流还是在干流上,大坝的修建都会改变河流的自然流量,阻挡泥沙流动和鱼类迁徙,破坏自然生态系统。缅甸近60%的水稻种植在伊洛瓦底江三角洲和邻近的海岸线上。在越南,湄公河三角洲仅占国土面积的12%,但却产出了该国50%以上的大米、60%的水果和50%的海洋产品。越南国内近1/4的人口靠这些资源谋生。因此,河流水量和水温的变化直接影响民众赖以生存和发展的生态系统。③

---

① 《外交部:将同湄公河国家共同应对气候变化和洪涝灾害的挑战》,新华网,2020年4月21日,http://www.xinhuanet.com/2020-04/21/c_1125887541.htm。

② WWF, "Mekong River in the Economy", http://d2ouvy59p0dg6k.cloudfront.net/downloads/mekong_river_in_the_economy_final.pdf.

③ Open Development Mekong, "Climate Change", https://opendevelopmentmekong.net/topics/climate-change/; "Environmental Threats to the Mekong Delta", https://journal.probeinternational.org/2000/02/17/environmental-threats-mekong-delta/.

结　语

从根本上说，中国已经意识到了水资源安全问题是一个事关未来周边地区发展与稳定的主要安全治理议题。中国作为亚洲地区多个水系的上游国家和负责任的地区大国，在推动水资源安全的治理工作中扮演着越来越重要的角色，提出了"中国方案"——构建人类命运共同体，用自身的国际影响力、感召力、塑造力，来推动建立一个"持久和平、普遍安全、共同繁荣、开放包容、清洁美丽的世界"，为世界和平与发展做出新的重大贡献。①

面对气候变化的挑战，中国在技术和政治两大层面上推动气候变化治理与水资源治理的研究与地区合作，努力使水资源成为实现地区战略与构建和平稳定周边环境的重要战略资源。

在科研层面，中国积极推动气候变化对于中国周边地区水系影响的科学研究工作。可信的、最新的科学知识是制定有效的气候变化政策的必要条件和先决条件。对于气候变化究竟会对亚太地区水资源安全形成何种影响，学术界一直存在争论，主要原因是缺乏长期监测气候和环境变化的科学数据，随着气候变化影响下高原冰川融化速度的加快，更是缺乏预测河流的径流量如何改变的基础数据。因此，研究水资源安全如何影响地缘政治与国家安全的前提就是对冰川等水资源重要"储备器"进行更详细的监测，并对冰川变化进行科学评估，通过科学发现深度了解冰川变化的复杂性，从而降低预测的不确定性。科学界可以通过准确评估区域气候变化对喜马拉雅等重要冰川的影响，向政策制定者提供有关冰川变化对该地区水文和环境以及数百万人的生计可能影响的现有知识，推动适应性政

---

① 《习近平谈治国理政》第3卷，外文出版社，2020，第46页。

策的制定和实施。①

2017 年 8 月 19 日，第二次青藏高原综合科学考察研究在拉萨启动，此次考察由中科院青藏高原研究所牵头，将对青藏高原的水、生态、人类活动等环境问题进行考察研究，分析青藏高原环境变化对人类社会发展的影响，提出青藏高原生态安全屏障功能保护和第三极国家公园建设方案。此次科学考察距离首次对青藏高原的考察已经约四十年，国家主席习近平在贺信中指出，揭示青藏高原环境变化机理，优化生态安全屏障体系，对推动青藏高原可持续发展、推进国家生态文明建设、促进全球生态环境保护将产生十分重要的影响。② 可以预见，中国政府在战略层面上更加重视水资源安全的维护工作，在资源开发利用方面开始进行更多的顶层设计。

中国意识到气候变化正在加剧周边地区局势的复杂性，维护水资源安全对于国家安全的战略意义正日益凸显，国家之间的水资源博弈也更加激烈，水资源安全议题在双边或多边层面的政治互动中的比重正不断上升。因此，中国正在利用自身的地缘优势，主导推动地区层面的政治对话与区域合作，通过多轨道的对话平台与合作机制的建构，充分了解彼此在气候变化、冰川消融、水资源利用等领域的发展规划、国家与地方政策，协调各国立场，推动双边和多边性的区域合作③，共同探寻应对气候变化和提升水资源安全保障能力的理性之路。在努力降低水资源冲突的同时，将"水"变成利于地区合作深化与发展的积极资源性因素。

---

① UNEP Global Environmental Alert Service（GEAS），"Measuring Glacier Change in the Himalayas"，https：//library. wmo. int/opac/index. php？lvl = notice_ display& id = 13360#. WrRMp5POXBI.

② 《习近平致信祝贺第二次青藏高原综合科学考察研究启动》，新华网，2017 年 8 月 19 日，www. xinhuanet. com/politics/2017 – 08/19/c_1121509916. htm。

③ Kennth Pomeranz et al. ，"Himalayan Water Security：The Challenges for South and Southeast Asia"，*Filozofska Istrazivanja*，Vol. 31，2011，http：//www. files. ethz. ch/ isn/167852/Asia_ Policy_ 16_ WaterRoundtable_ July2013. pdf.

水可以是冲突之源，但也可以是合作之源。
我们必须共同努力，更好地管理所有水源！

——安东尼奥·古特雷斯

第三章
美欧水外交与亚太地区地缘政治格局

　　跨国界河流不仅是资源的供给者，很多地方还是区域政治版图的自然勾勒者，特殊的自然属性使之在气候变化与大国竞争不断加剧的叠加背景下，与权力政治相结合，成为影响地区政治发展的一种权力资源。随着中国和平发展和国际局势的变化，大国在亚太地区的竞争日渐激烈，以美国和欧盟为代表的域外国家和组织在亚太外交战略的制定与实施中更加注重对非传统安全议题的利用，通过介入这些原本"低敏感""低政治性"的安全问题的治理，将其"安全化"、"国际化"和"高政治化"，成为其实现亚太战略目标、提升其在亚太地区影响力，甚至是制衡中国的重要手段和路径。进入 21 世纪之后，水资源安全问题在亚太地区日渐突出，亚太国家之间围绕着水资源的分配、开发利用等问题纷争不断。美国和欧盟选择将水资源安全治理作为介入和影响地区事务的"切入点"，不断完善水外交战略和政策，引导建立水机制，开展系统的水外交活动，对亚太地区尤其是中国周边地区的地缘政治产生深远影响。

第一节　美国水外交战略与亚太地区地缘政治

　　早在 20 世纪 70 年代，美国就意识到水在全球和地区战略实现中的重要作用，开始注重在水政治领域建立"强有力的领导地位"。随着气候变化、人口增长和社会发展，水日益成为一种具有战略性质的稀缺资源，获取安全而足够的饮用水，应对水危机和预防水冲突，以及由此带来的连锁性国际效应，正日渐成为全球面临的重要挑战。① 美国从维护自身全球利益，协助实现地区战略的角度出发，将水事务作为美国外交活动的重要组成部分，充分发挥美国资金、技术、政策的全球领导力，有针对性地在全球范围内开展水外交活动。美国的水外交从本质上是以一种"软"的方式介入对象国和地区治理，影响其内部发展，实现美国全球战略利益和提高国际影响力的重要手段。而亚太地区，则是美国全球水外交战略实施的重要目标地区。

一 美国全球水外交战略

（一）美国全球水外交战略的发展历程

在 20 世纪 70 年代，美国的水外交内容主要是通过美国国际开发署的健康用水与卫生项目，有针对性地向发展中国家提供水资源治理的支持工作，受到了发展中国家的普遍支持和国际社会的广泛关注，逐渐确立了美国在技术、资金和政策方面的全球领导力。② 20 世纪 80 年代，美国在斡旋和解决中东事务时，"果断"地将水问题的协商与解决作为平息中东国家冲突的一把"钥匙"，统筹协调十几个政府部门参与到对中东的水外交活动中。

1992 年，联合国环境与发展大会在里约热内卢召开，大会发布的《21 世纪议程》掀起了全球性的环保运动。在此背景下，美国提出了拓展可持续发展内涵的倡议，力图推动国际社会就"环境和发

---

① Marcus DuBois King, "Water, U. S. Foreign Policy and American Leadership ", https：//elliott. gwu. edu/sites/elliott. gwu. edu/files/downloads/faculty/king – water – policy – leadership. pdf.

② David Reed, *Water, Security, and U. S. Foreign Policy*, Routledge, 2017, p. 17.

展"议题达成基本共识，正式将环境援助作为美国海外投入的基础支柱之一。2001 年，乔治·W. 布什（George W. Bush）就任美国总统后，积极支持联合国千年发展目标（MDGs）的全球倡议，继续通过美国国际开发署的水发展援助支持"更多发展中国家民众获得安全饮用水和基础的卫生环境"。在布什主政期间，美国对水外交开展的必要性和必需性的认知在理论、法律和战略层面上都经历了关键性提升。2001～2010 年，美国政府对水外交战略做出关键调整，水发展援助从为对象国的长期发展创造建设性环境到直接提供服务。美国通过提供"软件"支持和帮助制定内部战略，来帮助发展中国家克服水挑战，重塑其发展道路。[1]

在理论认知上。美国水外交活动最主要的执行部门美国国际开发署发布了政府层面第一份专门阐述水与国际冲突、国家利益关系的报告——《水与冲突：关键问题与教训》（Water and Conflict：Key Issues and Lessons Learned）。在该报告中，美国将获取水源定位成一个事关"生或者死"的问题，认为水是一种基础性资源，关乎地球上的所有生命，可靠的淡水资源是人类和环境健康、经济发展的关键；水不同于原油，是一种不可替代性资源；虽然水在某种程度上可以再生，但并不是取之不尽的，可利用的水资源量正在缩减。因此，水已经成为引发国家内部、地区和国际冲突的因素，开展介入活动，避免冲突，事关国际社会的安定与利益。[2] 该报告鲜明体现出美国政府对水议题的国际意义认知的提升。

在理论认知不断深入的基础上，美国开始为开展水外交建构法律依据并为总体战略进行框架设计。在法律层面。2005 年 12 月 1 日，美国总统布什签署《参议员保罗西蒙 2005 水法案》（Public Law 109 – 121 – Dec. 1，2005），该法案后来正式成为国家法律。该法案

① David Reed, *Water, Security and U. S. Foreign Policy*, Routledge, 2017, p. 17.

② USAID, "Water and Conflict：Key Issues and Lessons Learned", https：//rmportal. net/library/content/tools/water – and – fresh – water – resource – management – tools/toolkit – water – and – conflict – 04 – 04 – 02. pdf/view? searchterm = fuels.

指出，安全而清洁的水源的缺乏，恶劣的卫生条件，已经成为影响发展中国家发展的重要阻碍。为此，美国应该加大对优先国家的"供水、环境卫生设施和个人卫生"（Water supply, Sanitation, and Hygiene）项目的援助力度，制定针对发展中国家的水安全战略，深化美国的对外水援助。① 该法案从法律层面上确认了水、环境与卫生事务作为美国对外援助政策的主要内容。

在战略框架层面。2008 年，美国国务院和国际开发署联合推出"重视发展中国家的水挑战：一个行动框架"的新战略框架，该框架指出美国应提出应对全球水挑战的总体方法，为美国对外水发展援助设立框架原则，明确水外交的重点。该战略明确地将援助对象国的国内发展与美国的水外交方式与路径联系起来②，为美国未来的水外交指明了方向。

2010 年后，在美国国务卿希拉里·克林顿（Hillary Diane Rodham Clinton）的推动下，美国的水外交活跃度大大增强。希拉里在 2010 年的"世界水日"上强调，"水对于推动美国海外利益至关重要"，表示美国将动员国内和国际力量，加强与其他国家的合作，提升国家、地区和全球层面的水治理能力，注重地区机制建设，加大跨流域的预防性水外交的开展力度。③ 同时，美国把水外交与气候变化治理领域的领导力建设联系起来，将水发展项目作为气候适应战略的关键要素，这也在很大程度上推动了水外交投入的增多。

2011 年，美国国际开发署发布《2013—2018 年水与发展战略》（Water and Development Strategy ［2013 - 2018］），在此基础上于 2013

---

① Public Law 109 - 121 - Dec. 1, 2005, https：//www. congress. gov/109/plaws/publ 121/PLAW - 109publ121. pdf.

② US State of Department USAID, "Addressing Water Challenges in the Developing World：A Framework for Action", http：//pdf. usaid. gov/pdf_docs/Pdacm643. pdf.

③ "Secretary Clinton Delivers Remarks on World Water Day at the National Geographic Society", https：//rmportal. net/library/content/transcript - remarks - on - world - water - day.

年制定了独立的"水与发展战略",对未来美国的水外交工作进行了更为清晰的规划。美国明确提出要有选择地介入某些国家的水资源治理,优先集中于"供水、环境卫生设施和个人卫生"项目,支持水资源一体化管理,通过加强本地、国家和地区三个层面的能力建设,提升外交能力,加大资金支持力度,利用科学技术力量,扩大伙伴关系等五项行动,来推动全球健康治理和粮食安全。① 该战略将希拉里在 2010 年"世界水日"演讲中提出的行动方案,内化为未来五年的水外交战略行动。

2014 年 12 月 19 日,美国总统奥巴马签署了《参议员保罗西蒙 2014 水法案》(Public Law 113 - 289 - Dec. 19,2014),该法案是 2005 年的水法案的升级版,为水外交的开展提供了有力的法律支撑,并且第一次提出要建立"美国全球水战略"。2014 水法案旨在推动"供水、环境卫生设施和个人卫生"项目和确保有针对性地援助目标国家,提升美国实施、平衡、监测和评估项目的能力,在公平和可持续的基础上,为世界上最贫穷的人们及时提供安全饮用水和卫生设施。法案再次强调"供水、环境卫生设施和个人卫生"项目对于人类生活的关键性影响,美国应该成为帮助世界上最脆弱人群获得清洁水源与卫生设施的领导者。该法案提出,要加强"供水、环境卫生设施和个人卫生"项目的国际合作,尤其是在优先国家开展清洁水源与卫生活动,提高美国国际开发署在安全用水、环境卫生设施和个人卫生等领域的长期而可持续的影响。②

2017 年 10 月,美国国会通过了国务院秘书处、国际开发署和各联邦机构联合完成的《美国政府全球水战略》(U. S. Government Global Water Strategy),标志着美国首次将水外交升级为国家战略。

① USAID, "Water and Development Strategy (2013 - 2018)", http：//www. usaid. gov/what - we - do/water - and - sanitation/ water - and - development - strategy.

② U. S. Congress, "Public Law 113 - 289 - Dec. 19, 2014", https：//www. congress. gov/113/plaws/publ289/PLAW - 113publ289. pdf.

根据该战略，美国将成立机构间水工作小组（Interagency Water Working Group）统一协调和调动技术、资金、人力等国内资源，实现四个相互关联的战略目标，即提供可持续获得安全饮用水和卫生设施的服务，规范关键性的个人卫生行为；鼓励合适的淡水资源治理和保护；推动跨界水资源的合作；加强水部门的财政和机制建设。该战略声明，美国水外交追求实现一个水安全的世界，在这个世界里，人们拥有足够数量和高质量的水资源来满足生活、经济和生态系统的需要，同时管控洪水和干旱带来的风险。[①] 美国全球水战略的制定从根本上确立了水外交行动实施的根本目的和重点对象，明确了行动实施的主要内容与路径，明确了不同政府部门的职能定位与行动规划，为水外交战略实施奠定了新的基础。

（二）美国全球水外交战略的主要目标

通过梳理美国水外交战略的发展历程，可以发现，美国视水外交为实现其全球和地区战略、维护国家利益的重要"抓手"和工具。在美国的战略定位中，其水外交目标主要包括三个。

第一，水外交有助于预防对美国国家利益至关重要的地区发生因水危机而引发的不稳定状态和地区冲突，维护美国海外利益。

美国国家情报委员会在 2012 年发布《全球水安全报告》，该报告预测了 2040 年的全球水安全状况，认为在未来的十年，许多对美国至关重要的国家将面临各种水问题——水短缺、水质差、洪水与干旱等。这些水问题会与贫困、社会压力、环境退化、无效率领导和政治体制弱化联系在一起，使一些国家面临社会秩序动荡和政权失败的风险，继而导致地区压力增加，影响美国在这些国家和地区的政策实施和利益实现。同时，在跨国界流域，未来十年，水将日

---

① "U. S. Government Global Water Strategy", https：//www. usaid. gov/sites/default/files/documents/1865/Global_ Water_ Strategy_ 2017_ final_ 508v2. pdf.

益被当作杠杆使用，而且水被作为武器和恐怖主义目标的可能性也在大大增加。① 如在中东地区、亚太地区和非洲地区等某些所谓的"失败国家"，就很可能刺激恐怖主义的滋生，引发周边强国的介入（尤其很多属于拥核国家），成为毒品交易的运输通道，诱发更多的不稳定因素，严重威胁美国的稳定能源供应及其他海外利益。同时，水供应量的减少会严重影响正常的农业生产，导致粮食减少，引发全球粮食价格波动，从而影响全球供应链及世界经济。美国作为消费大国和农业出口国家，粮食安全势必会受到影响。因此，对美国来说，开展水外交活动不仅仅是为了应对日益临近的全球水危机挑战，更是要确保对美国至关重要的国家不出现因水问题刺激而产生的冲突和动荡，威胁到美国的能源安全、粮食安全等诸多海外利益，影响美国的全球和地区战略目标的实现。

第二，水外交可以帮助美国提升国际影响力和声誉，确保美国的国际领导力。

提高国家、地区和全球层面的水资源治理能力是应对水危机及其消极效应的关键，需要借助先进的科学技术和充沛的资金，以及合理的政策安排与国际合作。在美国看来，只有美国具有足够的技术、资金和政策领导力来提供必要的与水相关的国际公共产品，推动水危机的解决和水冲突的预防。美国认为，"美国的权力不是来自武力，而是来自其引导观念和愿望的能力"，美国积极投入全球范围内的水治理活动，可以带领对象国家和国际伙伴实现和平、稳定与繁荣。② 通过这个过程，可以有效地提升美国的国际声誉，提升其影响世界的能力，确保美国国际领导力的延续。

第三，水外交可以协助美国推动地区和平政策，帮助美国获得巨大利益回报。

---

① Intelligence Community Assessment, "Global Water Security", https：//www.dni. gov/files/documents/Special%20Report_ICA%20Global%20Water%20Security.pdf.

② Peter Engelke and David Michel, "Toward Global Water Security", http：// www.atlanticcouncil.org/images/publications/Global_Water_Security_web_0823.pdf.

从战后重建的角度来讲，水外交可以帮助战乱国家尽快步入正常运行轨道，帮助民众获得基本的健康保障，恢复正常的生活秩序，避免更多社会不稳定事件的爆发。[①] 2001 年 "9·11" 事件发生后，美国先后出兵发动阿富汗战争和伊拉克战争，推翻了原有政权，推动建立所谓的民主制国家。在阿富汗，美国希望通过援助水基础设施，在满足民众基本生活需求和健康安全的基础上，改善水供应刺激当地经济发展，使当地农民减少或放弃罂粟等毒品原材料的种植，以此降低阿富汗的海洛因生产量（全球 80%～90% 的海洛因来源于阿富汗），从而减少阿富汗和中亚地区的不稳定因素，这在帮助美国实现在阿富汗战略目标的同时，还帮助美国获得安全的能源供应。[②] 在伊拉克同样如此，美国将水外交融入该国的反动乱行动中，萨达姆政府的管理不当、常年的战乱和国际制裁，导致伊拉克的水与卫生设施破坏严重，美国将水基础设施建设视作在伊拉克赢得民心，以及重建 "安全、和平与民主" 伊拉克的基本手段。[③]

从经济收益的角度讲，据相关资料报道，美国在全球开展 "供水、环境卫生设施和个人卫生" 项目，可以为美国带来丰厚的经济回报，美国每在安全用水和清洁卫生领域投资 1 美元，就可以有 3～34 美元的经济回报。在 "供水、环境卫生设施和个人卫生" 领域，2013 年美国的收入是 5.238 亿美元。[④] 另外，美国在水外交活动中，

① Erika Weinthal et al. , "Development and Diplomacy: Water, the SDGs, and U. S. Foreign Policy", edited by David Reed, *Water, Security and U. S. Foreign Policy*, Routledge, 2017, p. 39.

② Glen Hearns, "Dammed if You Do and Damned if You Don't: Afghanistan's Water Woes", edited by David Reed, *Water, Security and U. S. Foreign Policy*, Routledge, 2017, pp. 196 – 197.

③ United States Government Accountability Office, "Rebuilding IRAQ: U. S. Water and Sanitation Efforts Need Improved Measures for Assessing Impact and Sustained Resources for Maintaining Facilities", http://www. gao. gov/new. items/d05872. pdf.

④ Erika Weinthal et al. , "Development and Diplomacy: Water, the SDGs, and U. S. Foreign Policy", edited by David Reed, *Water, Security and U. S. Foreign Policy*, Routledge, 2017, p. 51.

会使用美国国内先进的远程遥感、监测等技术，动员大量的科技部门和机构，以及相当数量的进出口企业参与其中。美国大量收集和使用水资源的数据，不仅可以增强全球民众对水情的科学认知，提高其支持水治理的热情，更能展示美国先进的技术实力，推动和帮助美国的企业进入对象国，占据不断扩大的水技术和进出口市场，获得巨大的经济回报。

（三）美国全球水外交战略的执行体系

美国水外交战略的实施是一个系统参与的过程，有 20 多个政府机构或部门及 150 多个不同类型的组织参与并发挥不同作用，呈现出"金字塔"结构的执行体系（见图 3-1），它们在将近 50 个国家开展水外交活动。这些水外交执行机构既相互独立，又在具体项目上相互配合与支持，形成了一套完整的执行体系（见表 3-1）。

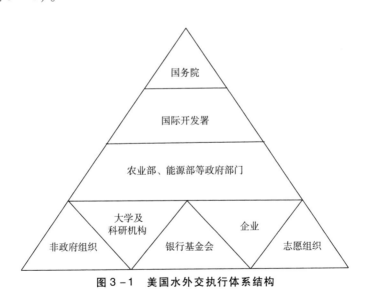

图 3-1　美国水外交执行体系结构
资料来源：由笔者根据美国国务院网站资料自制而成。

表 3-1　美国水外交主要行政管理与执行机构

行政单位名称	主要参与部门	职能
国务院（Department of State）	1. 机构间水工作小组（Interagency Water Working Group） 2. 海洋、国际环境和科学事务局（Bureau of Oceans and International Environmental and Scientific Affairs） 3. 人口与移民局（Citizenship and Immigration Services）	总体协调水外交对外政策的制定与实施；协调技术和军事部门在全球水政策方面的行动；协调国务院和美国政府其他部门的政策发展和立场；在难民事务处理中开展"供水、环境卫生设施和个人卫生"项目
国际开发署（United States Agency for International Development）	1. 水办公室（Office of Water） 2. 全球健康局（Bureau for Global Health） 3. 粮食安全局（Bureau for Food Security） 4. 政策、计划和认知局（Bureau for Policy, Planning, and Learning） 5. 预算和资源管理办公室（Office of Budget and Resource Management） 6. 民主、冲突和人道救援局（Bureau for Democracy, Conflict, and Humanitarian Assistance） 7. 对外灾难救援办公室（Bureau for Foreign Assistance） 8. 地区局（Regional Bureaus）	负责对外水发展援助项目，涉及水资源管理诸多方面，包括水污染控制、水保存和再利用、总体设计、电力设施、农业灌溉、废水处理[①]
能源部（Department of Energy）	国际事务办公室（the Office of International Affairs）	开展与能源相关的水项目，通过技术研究与创新，推动国家间的水—能源事宜，提升能源生产的淡水利用效率，推进能源和水的可靠性与适应性[②]

---

① USAID，"Water and Development Strategy（2013-2018）"，https：//www. usaid. gov/sites/default/files/documents/1865/USAID_ Water_ Strategy_ 3. pdf.

② U. S. Department of Energy，"The Water-Energy Nexus：Challenges and Opportunity"，https：//energy. gov/sites/prod/files/2014/07/f17/Water％20Energy％20Nexus％20Executive％20Summary％20July％202014. pdf.

续表

行政单位名称	主要参与部门	职能
国家环境保护局（Environmental Protection Agency）	国际与种族事务办公室（the Office of International and Tribal Affairs）	负责美墨边界水合作，在亚太、拉丁美洲和加勒比海、中东和撒哈拉以南非洲地区开展水相关事务的合作
内政部（Department of the Interior）	1. 国际事务办公室（Office of International Affairs） 2. 垦务局（Bureau of Reclamation） 3. 国家公园管理局（National Park Service） 4. 鱼类和野生动物管理局（the Fish and Wildlife Service） 5. 地质调查局（the United States Geological Survey）	对海外的水相关事务提供针对性的技术援助
农业部（Department of Agriculture）	1. 林业局（the U. S. Forest Service） 2. 经济研究服务局（the Economic Research Service） 3. 农业研究服务局（the Agriculture Research Service） 4. 自然资源保护局（the Natural Resource Conservation Service）	实施对外农业用水项目的技术创新和水资源管理
国防部（Department of Defense）	1. 司令部应急反应项目部（the Commander's Emergency Response Program） 2. 陆军工程兵团（U. S. Army Corps of Engineers） 3. 国防情报局（Defense Intelligence Agency）	收集和分析水情；实施对外水基础设施工程建设；开展灾难与人道主义救援
健康与人民服务部（Department of Health and Human Services）	疾病控制和预防中心（Centers for Disease Control and Prevention）	在每一个世界卫生组织的活动地区开展"供水、环境卫生设施和个人卫生"项目，通过安全水体系（SWS）获得安全的水源，发展和实施水安全计划（WSPs）

续表

行政单位名称	主要参与部门	职能
商务部 （Department of Commerce）	1. 海洋与大气管理局（the National Oceanic and Atmospheric Administration） 2. 国际贸易委员会（the International Trade Administration）	提供安全和及时的全球环境数据和信息；介绍美国的公司进入世界各地的水基础设施市场
财政部 （Department of the Treasury）	1. 国际事务办公室（the Office of International Affairs） 2. 非洲国家局（Bureau of African Nations） 3. 政策和债务发展办公室（Office of Development Policy and Debt） 4. 东亚办公室（East Asia Office） 5. 环境和能源办公室（Environment and Energy Office） 6. 中东和北非办公室（Middle East and North Africa Office） 7. 南亚和东南亚办公室（South and Southeast Asia Office） 8. 西半球办公室（Western Hemisphere Office）	负责给与美国合作的多边机构、组织和发展银行等输送"多边援助"资金[1]，支持其在全球开展水外交项目和活动
国家航空航天局（National Aeronautics and Space Administration）	—	提供最先进的卫星监测地区数据、图像和地图，提供预测模型，收集水资源等环境信息，以帮助对象国提升环境决策能力[2]

资料来源：由笔者根据美国国务院网站资料自制而成。

---

① 具体机构、组织和银行的名单，详见"U. S. Department of the Treasury International Programs Congressional Justification for Appropriations FY 2017"，https：//www. treasury. gov/about/budget – performance/CJ17/FY%202017%20Congressional %20Justification%20FINAL%20VERSION%20PRINT%202. 4. 16%2012. 15pm. pdf。

② NASA，"SERVIR Overview"，https：//www. nasa. gov/mission_ pages/servir/overview. html.

第一，政策协调类。

美国国务院和国际开发署是最主要的政策制定和实施机构。国务院作为美国水外交政策的主要制定者与协调者，其内部设置的机构间水工作小组是保障水外交顺利开展的主要部门，它或直接与其他国家政府展开合作工作，或通过美国在全球各地建立的伙伴关系开展工作，如非洲水部长委员会（Africa Minister Commission of Water，AMCOW）、"湄公河下游倡议"（Lower Mekong Initiative，LMI）等，与世界银行和联合国等国际组织进行合作，共同开展水相关项目。在协调国务院和其他政府部门政策方面，海洋、国际环境和科学事务局代表美国政府在双边、地区和全球论坛上宣传和介绍相关政策与项目；促进相关国家之间开展水对话；发展和管理伙伴关系与项目，运用美国知识、经验和资源来推动美国在"供水、环境卫生设施和个人卫生"领域的政策实施和利益维护。[1] 人口与移民局的涉水外交主要是资助某些国家和国际组织在难民安置和人道主义救援中修复或改善"供水、环境卫生设施和个人卫生"类基础设施。

美国国际开发署是美国最大的对外水发展项目领导者，也是水外交的主要实施者和推动者，在美国整体政府架构中，其地位"平行于"国务院，每年享受独立的财政拨款，其中几乎所有部门的项目都涉及水相关事务。

第二，技术输出类。

国家环境保护局、内政部、农业部、健康与人民服务部、国家航空航天局，以及商务部等部门的水外交职能以技术输出型外交见长。国家环境保护局以保护民众健康和环境为宗旨，通过国际合作来保护世界水环境[2]，例如，签署环境谅解备忘录、资助水基础设施建设、培训水务人员、提供技术援助、实行数据和在线资源共享等。

---

[1]　"Water"，https：//www. state. gov/e/oes/ecw/water/index. htm.

[2]　"Our Mission and What We Do"，https：//www. epa. gov/aboutepa/our – mission – and – what – we – do.

内政部，主要是对美国的海外水相关事务提供针对性技术支持和援助。例如，国际事务办公室支持美国—墨西哥之间关于格兰德河和科罗拉多河的事务，管理涉及水风险评估、大坝和蓄水设施重建、水质监测等相关国际技术援助项目（ITAP）。垦务局以修建大坝、电站和管道著称，其国际项目包括技术交流、培训和技术援助，主要目标有四个：推动美国外交政策实施；促进发展中国家的公共健康和可持续发展；支持美国私人机构进入国际市场；获取更好的有助于维护美国利益的技术。①

农业部的对外合作项目遍布全球，其林业局在非洲、中东、亚太等地区开展水域管理和检测援助等相关活动。自然资源保护局致力于水质、水资源管理工作。在印度、巴基斯坦和摩尔多瓦开展灌溉项目；为阿富汗政府提供灌溉指导，派出美国军队在湄公河区域执行灾难救援演练和交换项目。② 经济研究服务局的涉水工作包括在印度和全球进行灌溉和水利用研究③，以及全球食物安全研究。农业研究服务局在中东地区开展灌溉管理和信息服务项目。④ 健康与人民服务部的全球水项目中心有两个：全球健康中心、应急与动物传染病国家中心。全球健康中心通过实施"供水、环境卫生设施和个人卫生"项目，改善水质与卫生环境来防止疾病扩散，提升对象国的民众健康安全水平。

观测地球环境的变化，是美国国家航空航天局的主要任务之一，

---

① USBR, "International Affairs", https：//www. usbr. gov/international/index. html, 2017 – 12 – 12.

② "International Program Annual Reports", https：//www. nrcs. usda. gov/wps/por-tal/nrcs/detailfull/national/programs/alphabetical/international/？ cid = nrcs143 _ 008249.

③ USDA, "Overview", https：//www. ers. usda. gov/topics/farm – practices – manage-ment/irrigation – water – use. aspx.

④ USDA, "Israel – Binational Agricultural Research and Development（BARD）Fund", https：//www. ars. usda. gov/office – of – international – research – programs/israel/.

其中重点开展的项目包括监测气候变化和淡水资源，利用先进的地球卫星和技术收集关于地球的不同类型的信息和找出气候变化对全球的影响，寻找应对气候变化的更好办法。① 2015 年，美国国家航空航天局的水资源团队收集和分析地区科学数据，开展了 8 个干旱项目和 9 个水供应季节性项目的预测工作。② 水资源团队还与地球观察团队（GEO）推动 GEO 全球水可持续倡议，支持水信息体系的全面发展，致力于实现可持续发展目标。③

海洋与大气管理局使用卫星、雷达、浮标、测量站和仪表测量地球的气候与环境变化，长期跟踪数据，不仅提供环境记录，而且支持权威和及时的环境评估④，提升了人类监控环境变化影响的能力。科学家依据国家海洋和大气管理局的数据来分析水资源等重要地球资源的变化情况。⑤

第三，军事民用类。

当水事务涉及美国在全球的军事利益时，国防部就着手处理水事务。国防情报局的主要职能是通过发展信息体系，有效存储、分析和传播信息，通过准确掌握信息来及时监控和反映快速发展的形势。⑥ 2012 年发布的《全球水安全》（Global Water Security）就是由国防情报局起草的，其中重点阐述了水危机如何严重影响美国的国家利益。国防情报局开展水活动的三个支撑理论是：水稀缺是潜在冲突发生的基础；水稀缺会对经济发展和政治产生重要影响；水供

---

① USAID，"The SERVIR – Mekong Project"，https：//servir. adpc. net/about/about – servir – mekong.

② NASA，"NASA Earth Science Applied Sciences Program 2015 Annual Report"，https：//appliedsciences. nasa. gov/system/files/docs/AnnualReport2015. pdf.

③ GEO，"GEO Global Water Sustainability（GEOGLOWS）"，https：//www. earthob servations. org/activity. php？id＝54.

④ NOAA，"Climate"，https：//www. nesdis. noaa. gov/content/climate.

⑤ NOAA，"Environment"，https：//www. nesdis. noaa. gov/content/environment.

⑥ DIA，"Mission Area"，http：//www. dia. mil/Careers/Mission – Areas/.

应会影响干旱环境中的大型军事行动。[①]

国防部通过基础设施建设、灾难反应、与当地伙伴开展能力建设倡议来实施全球水项目，主要有四个部门参与，即司令部应急反应项目部，例如授权美国驻阿富汗军事司令部开展小规模的应急性的人道主义重建项目，包括水供应项目；美国非洲司令部和南方司令部，例如在海地等地区提供人道主义物资，包括干净的水、食物和霍乱工具包等[②]；陆军工程兵团，承担着保护美国联邦环境的任务，包括恢复退化的生态系统，建设可持续利用的设施，规范水道，管理自然资源，清理军事污染点等[③]，在参与水外交上，主要涉及各类海外水利基础设施建设，包括洪水控制、电力、河流和沿岸保护等。[④]

第四，资本投资类。

主要包括商务部、财政部和美国政府部门授权参与的基金会、海外私人投资公司、进出口银行等，它们通过贷款担保、政治风险评估、市场调查、培训和贸易等工具为美国水事务方面的投资和出口提供支持。商务部的国际贸易委员会在全球范围内为美国公司在水基础设施建设领域"牵线搭桥"，例如推荐关于水处理技术、排水

---

① Intelligence Community Assessment, "Global Water Security", https://www.dni.gov/files/documents/Special%20Report_ICA%20Global%20Water%20Security.pdf.

② Terri Moon Cronk, "U. S. Military Concludes Haiti Post – Hurricane Humanitarian Effort", http://www.southcom.mil/MEDIA/NEWS – ARTICLES/Article/985642/us – military – concludes – haiti – post – hurricane – humanitarian – effort/.

③ USACE, "Environment Program", http://www.usace.army.mil/Missions/Environmental.aspx.

④ Michael D. Izard – Carroll, "U. S. Army Corps of Engineers Interagency & International Services Program Provides Specialized Services Around the World", http://www.usace.army.mil/Media/News – Archive/Story – Article – View/Article/1065067/us – army – corps – of – engineers – interagency – international – services – program – provides/.

管道和系统的建设项目等。① 财政部则通过其全球各区域办公室，例如，国际事务办公室、非洲国家局、政策和债务发展办公室、东亚办公室、环境和能源办公室、中东和北非办公室、南亚和东南亚办公室、西半球办公室，向全球范围的水相关项目提供资金支持，支持对象国的经济发展和社会稳定。

　　参与美国水外交的基金会代表有非洲发展基金会和国家科学基金会（NSF）。非洲发展基金会的"草根"水项目是该基金会工作的一部分，以推动非洲的经济发展为主要目的，重点支持非洲国家的"水井"项目。② 国家科学基金会，在粮食—能源—水体系（IN-FEWS）倡议上为粮食、能源和水联系（FEW）方面的研究创新提供持续资助。③ 在 2015~2016 年，INFEWS 的资助主要集中于水的再利用④、水电解决办法的创新和可持续⑤、水管理技术和机制的适应性提升上。⑥

---

① "Water Infrastructure Business Development Mission to Singapore, Vietnam & Philippines", http：//2016. export. gov/trademissions/asiawater/.

② U. S. African Development Foundation, "Agency Overview," http：//www. foreignas sistance. gov/agencies/USADF.

③ National Science Foundation, "Innovations at the Nexus of Food, Energy and Water Systems (INFEWS)", https：//www. nsf. gov/funding/pgm_ summ. jsp? pims_ id = 505241&org = OISE&from = home.

④ National Science Foundation, "INFEWS/T3：Social – ecological – technological Solutions to Waste Reuse in Food, Energy, and Water System (ReFEWS)", https：// www. nsf. gov/awardsearch/showAward？AWD _ ID = 1639524&HistoricalAwards = false.

⑤ National Science Foundation, "INFEWS/T3：Rethinking Dams：Innovative Hydropower Solutions to Achieve Sustainable Food and Energy Production, and Sustainable Communities", https：//www. nsf. gov/awardsearch/showAward？AWD_ ID = 16391 15&HistoricalAwards = false.

⑥ National Science Foundation, "INFEWS/T1：Increasing Regional to Global – scale Resilience in Food – Energy – Water Systems Through Coordinated Management, Technology, and Institutions", https：//www. nsf. gov/awardsearch/showAward？ AWD_ ID = 1639458&HistoricalAwards = false.

海外私人投资公司，主要投资与水相关的基础设施项目，例如投资脱盐设备[①]；为农民安装家用太阳能装备和大型灌溉设备提供贷款，以提高农业的用水效率和生产率。[②] 进出口银行，则通过资助美国出口水设备或基础设施设备来影响对象国的水资源管理，例如，2015 年进出口银行支持中央电力与环境化学公司出口 6000 万美元的便携式净水装备给喀麦隆。[③]

二 美国的亚太水外交战略与政策

对美国来说，亚太地区的战略价值重大。亚洲地理位置重要，经济发展充满活力，是美国 28% 的商品和 27% 服务的出口目的地。无论是经济上，还是政治与安全上，亚洲地区对美国的国家利益都至关重要。由于领土争端、历史仇恨和权力分配的变化，亚洲是一个存在很多潜在冲突风险的地区，如何维护和促进其稳定与发展，是当今世界面临的一个重要挑战。冷战结束以后，美国逐渐认识到，一些亚洲国家正在崛起（或重新崛起）为地区和全球大国，它们将在应对公平经济增长、环境污染、流行疾病、气候变化等全球挑战方面发挥关键作用。因此，美国必须将更多的注意力和资源投入到亚洲。[④]

（一）美国亚太水外交实施的主要动因

亚太地区是美国开展水外交的重要目标地区，其持续性投入大

---

① OPIC, "By the Numbers: OPIC's Far – reaching Impact", https://www.opic.gov/blog/impact – investing/by – the – numbers – opics – far – reaching – impact.

② OPIC, "PAMIGA: Finance for Micro – irrigation and Home Solar Kits", https://www.opic.gov/opic – action/featured – projects/sub – saharan – africa/pamiga – finance – micro – irrigation – and – home – solar – kits.

③ EXAM, "Annual Report 2015", http://www.exim.gov/sites/default/files/reports/annual/EXIM – 2015 – AR. pdf.

④ East – West Center, "Asia Matters for America", https://asiamattersforamerica.org/uploads/publications/2018 – Asia – Matters – for – America. pdf.

量的人员、资金和技术等资源，以服务于美国全球外交战略目标的实现，维护美国的根本利益。

1. 预防水冲突，维护美国根本利益

水是威胁亚太地区稳定与发展的重要因素，预防水冲突有助于维护美国的亚太利益。在美国看来，水与社区和国家的稳定与安全、人类健康、教育、经济繁荣、人道主义救济和自然环境管理有着错综复杂的联系。水对人类生存所必需的其他关键资源也至关重要，尤其是农业和能源。截至 2017 年，全球大约有 21 亿人无法获得安全干净的饮用水，44 亿人缺乏足够的卫生设施。① 世界上大约一半营养不良的人口是由与水相关的卫生设施和卫生条件不足造成的。其他与水有关的传染病，如痢疾、沙眼、麦地那龙线虫、疟疾和被广泛忽视的热带病持续困扰着发展中国家。人口压力和资源供应压力增加了发展中国家内部和所在地区发生与水有关的冲突的可能性。② 美国国家情报委员会 2012 年发布的《全球水安全》报告和 2017 年发布的《全球趋势报告：进展悖论》，都强调了水不安全将对美国具有战略重要性的国家产生的负面和不稳定影响，如果美国不采取行动，就将对美国及其盟友构成越来越大的威胁。③

美国在相关调查报告中强调，亚洲是世界上发展最快的地区，拥有世界一半以上的人口。但目前，整个地区却有 3.4 亿多人无法获

---

① USAID, "Report of Water Sector Activities: Global Water and Development", https: //www. usaid. gov/sites/default/files/documents/1865/Global – Water – and – Development – Report – reduced508. pdf.

② Bill Frist, E. Neville Isdell, "A Report of the CSIS Global Water Futures Projects: Declaration on U. S. Policy and the Global Challenge of Water", Washington D. C: Center for Strategic & International Studies, Mar. 17, 2009.

③ Intelligence Community Assessment, "Global Water Security", https: //www. dni. gov/files/documents/Special% 20Report_ ICA% 20Global% 20Water% 20Security. pdf; National Intelligence Council, "Global Trends: Paradox of Progress", https: //www. dni. gov/files/images/globalTrends/documents/GT – Main – Report. pdf.

得安全的水供应，6.8亿多人缺乏可持续的卫生服务。① 另外，亚洲是一个跨国界河流丰富的地区，而跨国界流域通常是引发水资源纷争的敏感地带，周边国家依赖跨界河流系统，使水成为其区域政治的一个重要组成部分。亚太地区的中亚、南亚和东南亚地区的跨国界河流问题相对比较严重。

例如，中亚国家之间因为共享水源的开发与利用问题一直矛盾和冲突不断，在这些流域，先天水资源分配不平衡，社会发展与人口激增导致水需求量不断增长，加上政府的水资源管理能力不足，导致水质污染等安全问题时有发生，不仅威胁到流域国家内部的基本用水安全，还引发了国家之间的用水争端与冲突，严重影响地区的稳定与可持续发展，进而对美国在亚太地区的战略利益与安全利益形成威胁。2003年美国众议院就中亚问题举行的听证会认为，哈萨克斯坦与乌兹别克斯坦两国交界的咸海地区可能发生水战争。2011年美国参议院外交委员会的一份名为《避免水战争：水安全及中亚对阿富汗与巴基斯坦的日益增长的重要性》的报告称，中亚地区存在水安全问题，风险可能外溢到南亚地区。② 因此，美国政府认为，亚太地区的长期稳定对于美国的国家利益具有重要意义，而这一地区的水与地缘政治结合易成为威胁美国利益的因素。因此，以发展援助的方式在这些存在潜在水冲突的国家实施供水和卫生项目，可以帮助它们预防与水相关的危机，减少对人类安全形成的威胁，尽可能避免水危机发展为全面的暴力冲突。③

2. 服务美国的亚太战略实施

美国的对外援助从本质上讲是一种通过"软"的方式实现外交

---

① USAID，"Report of Water Sector Activities：Safeguarding the World's Water（Fiscal Year 2015）"，https：//www. usaid. gov/sites/default/files/documents/1865/safe-guard_2016_final_508v4. pdf.

② 赵玉明：《中亚地区水资源安全问题：美国的认知、介入与评价》，《俄罗斯东欧中亚研究》2017年第3期，第82～83页。

③ National Intelligence Council，"Global Trends：Paradox of Progress"，https：//www. dni. gov/files/images/globalTrends/documents/GT － Main － Report. pdf.

战略的有效路径，它有效服务于美国的国家战略，而且还体现了美国作为全球领导者的"最佳素质"、对其他国家人民的"同情"，以及对传播美国深信不疑的价值观念所"承担的责任"。① 从软实力的角度来讲，美国的权力更多来自对世界其他国家的影响力。美国水援助，在帮助对象国解决水资源安全问题的同时，有助于提升美国的地区影响力，影响对象国的政治转型、民主发展和社会治理。尤其是亚太地区有很多正处于政治转型的国家，美国在"促进"这些国家的"稳定、繁荣和民主"方面有很大的国家安全利益。根据美国的评估，"美国的援助项目是帮助这些转型国家成为带有共同价值观的更强大伙伴的关键工具"。②

正如美国国际开发署发布的《中亚地区合作发展战略：2015—2019》报告所述，美国国际开发署不仅加强与各种水管理组织的合作，而且也加强与涉及卫生服务、公民社会、民主和治理组织的联系与合作，且这些组织在近年来发展迅速，共同推动各国在政治、经济等领域的全方位变革。③ 除了在中亚地区，在东南亚的湄公河区域同样如此。美国在湄公河区域的水援助同样是推动其实现亚太战略的重要手段。对于把水资源安全视为经济命脉的湄公河区域来说，水资源安全是关乎未来国计民生与生存发展安全的关键。奥巴马执政期间提出了"重返亚洲"战略，湄公河区域基于特殊的地理位置被选为该战略的执行"切入点"。希拉里于 2009 年 7 月在东盟部长级会议结束后宣布要推进"湄公河下游倡议"。该倡议的核心就是借助"水"这个议题，通过各种形式的发展援助，运用工作级别访问、培训讲习班、会议和科学技术交流等多种手段，"帮助"湄公河国家

① 周琪等：《美国对外援助：目标、方法与决策》，中国社会科学出版社，2014，第 80 页。
② 周琪等：《美国对外援助：目标、方法与决策》，中国社会科学出版社，2014，第 145～146 页。
③ 赵玉明：《中亚地区水资源安全问题：美国的认知、介入与评价》，《俄罗斯东欧中亚研究》2017 年第 3 期，第 89 页。

提升环境、卫生、教育等领域的管理能力，更有效地进行水资源管理，并加强该区域的水电开发等。

亚太地区对于美国来说，地缘政治价值和经济意义都非常重要。亚太地区是美国的重要贸易伙伴，在 2008 ~ 2018 年十年间美国出口到亚太地区的商品和服务每年高达 7000 亿美元，增长幅度达 47%。[①]美国通过水援助等对外援助，不仅可以为美国的企业创造良好的经济环境和稳定的社会环境，而且可以直接刺激受援国家的发展需求，推动美国的企业参与到对外援助项目的执行之中，为企业"走出去"创造条件。

（二）美国亚太水外交的主要内容

1. 确定战略实施重点区域和优先对象

美国水外交的目标之一就是促进对美国至关重要的地区和国家的安全与稳定。这些地区和国家对美国的战略利益维护至关重要，但又因为面临着水资源短缺和水质污染等问题，存在社会动荡和地区形势不稳定的安全风险。因此，美国在水外交的开展上尤为注重对特殊地区和重点区域的投入。

从地域上讲，非洲、亚洲和中东地区是美国水外交开展的三个重要区域。以 2013 年美国国际开发署开展的水项目为例，当年共投入 5.24 亿美元，其中非洲水援助项目占到 50.2%，高达 2.63 亿美元，亚洲占到了 22.7%，达 1.19 亿美元，中东的比例为 11.0%，为 0.58 亿美元。美国国际开发署在非洲设立了四个地区事务办公室，分别为东非地区办公室、撒哈拉地区项目办公室、南非地区办公室和西非地区办公室。[②] 针对亚洲事务也建立了四个项目办公室，即中

---

① East - West Center, "Asia Matters for America", https：//asiamattersforameri-ca. org/uploads/publications/2018 - Asia - Matters - for - America. pdf.

② USAID, "Report of Water Sector Activities：Safeguarding the World's Water（Fiscal Year 2013）", https：//www. usaid. gov/documents/2151/safeguarding - worlds - water - fy2013.

亚地区办公室、东亚和太平洋地区办公室、地区发展任务办公室和南亚地区办公室。

根据《2013—2018年水与发展战略》，国际开发署划定了选择水外交援助国家的三个标准。第一是可以产生显著（变革）影响的国家。这些国家具有良好的项目开展环境，可以运用美国提供的资金、技术和人力等资源，在国家范围内产生显著影响。美国的水援助能够推动对象国的资源开发与项目实施，促进其获得必要的基础设施、管理和专业知识，对"供水、环境卫生设施和个人卫生"项目进行规划。在这样的国家开展水援助，可以很好地影响其政策制定或变革。第二是可以产生重要（杠杆）影响的国家。在这些国家，美国水援助通过相对较小的投资，集中影响对象国水资源利用的某一个方面，例如集中改善饮用水的供应，或者重点改善环境卫生设施，影响卫生习惯的形成。第三是可以产生一般（项目）影响的国家。基于外交战略和当地发展需要，美国持续开展"供水、环境卫生设施和个人卫生"项目，通常倾向于较大规模的重点基础设施建设项目。[1]

从表3-2可以看到，美国划定的6个战略性优先国家（第三类别）中包含阿富汗和巴基斯坦两个亚洲国家，划定优先实施"供水、环境卫生设施和个人卫生"项目的27个国家中，包括12个亚洲国家。[2] 2016年，美国国际开发署重新划定了13个优先进行水援助的国家，其中包括阿富汗和印度尼西亚两个亚洲国家。[3] 另外，根据具体的发展援助内容和战略目标，以及综合分析当地具体政治、经济

---

[1]　USAID, "Water and Development Strategy（2013 – 2018）", https：//www. usaid. gov/sites/default/files/documents/1865/USAID_ Water_ Strategy_ 3. pdf.

[2]　USAID, "Water and Development Strategy：Implementation Field Guide", https：// www. usaid. gov/sites/default/files/documents/1865/Strategy_ Implementation_ Guide_ web. pdf.

[3]　Bree Dyer, "USAID Changed Its Water and Sanitation Priorities and It Makes a lot of Sense, Global Citizen", https：//www. globalcitizen. org/en/content/usaid – announces – priority – countries – for – water – and – s/.

与安全情况，并依照国际开发署优先选择援助国家的三个标准，划定了开展"供水、环境卫生设施和个人卫生"项目国家的三大类别，第一类别选定 6 个国家，其中包括印度尼西亚 1 个亚太国家，其他都是非洲国家；第二类别有 15 个国家，包括孟加拉国、柬埔寨、印度、尼泊尔、菲律宾 5 个南亚和东南亚国家；第三类别包括 6 个国家，阿富汗和巴基斯坦等亚洲国家位列其中。

表 3-2　"供水、环境卫生设施和个人卫生"项目优先实施的国家或地区

类别		
第一类别	第二类别	第三类别
埃塞俄比亚、肯尼亚、利比亚、南苏丹、尼日利亚、印度尼西亚	刚果民主共和国、加纳、马拉维、莫桑比克、卢旺达、塞内加尔、坦桑尼亚、乌干达、赞比亚、柬埔寨、孟加拉国、印度、尼泊尔、菲律宾、海地	加沙地带、约旦、也门、阿富汗、巴基斯坦、黎巴嫩

第一类别：美国国际开发署认为，这些国家具有良好的项目开展环境，可以运用开发署的资源，在国家范围内产生影响

第二类别：美国国际开发署认为，相对小规模的投资就可能对该项目至少一个方面产生显著影响

第三类别：美国国际开发署认为，将这些国家或地区列为优先国家或地区是基于外交战略考虑与当地发展的双重需要

资料来源：USAID, "Water and Development Strategy (2013－2018)", https：//www. usaid. gov/sites/default/files/documents/1865/USAID_Water_Strategy_3. pdf。

水援助的第二大内容是实施粮食安全用水项目，美国选择了 18 个国家作为重点的援助国（见表 3-3），主要集中在非洲和亚洲地区，包括亚洲 4 个国家，即孟加拉国、柬埔寨、尼泊尔和塔吉克斯坦。

在流域分布上，美国认为跨国界流域是易发生水资源纷争的敏感地带，尤其是地缘位置重要的流域更应该成为美国关注的重点。美国在全球范围内圈定了 8 个重点流域（见表 3-4），主要分布于亚洲、中东和非洲的跨国界流域。亚洲地区的四个跨国界流域包括印度河流域、澜沧江—湄公河流域、恒河—布拉马普特拉河—梅格纳

表 3 - 3　实施粮食安全用水项目的优先国家

非洲地区：埃塞俄比亚、乌干达、加纳、赞比亚、肯尼亚、利比亚、马里、马拉维、莫桑比克、卢旺达、塞内加尔

亚洲地区：孟加拉国、柬埔寨、尼泊尔、塔吉克斯坦

资料来源：USAID，"Water and Development Strategy（2013 - 2018）"，https：//www. usaid. gov/sites/default/files/documents/1865/USAID_Water_Strategy_3. pdf。

表 3 - 4　对美国至关重要的 8 大国际流域

流域	流域国家	水问题类型	预期影响 （2012 ~ 2040 年）	流域管理能力
印度河	阿富汗、中国、印度、巴基斯坦	1. 水资源管理落后 2. 农业生产低效 3. 土壤盐碱化 4. 基础设施缺乏 5. 可利用水的巨大变化 6. 水污染	1. 地区粮食安全水平下降 2. 对洪涝灾害的适应性降低	中等
澜沧江—湄公河	中国、缅甸、柬埔寨、老挝、泰国、越南	1. 水需求增加 2. 可利用水的巨大变化 3. 沉积物流动的变化	1. 地区粮食安全（包括渔业）水平下降 2. 对洪涝灾害的适应性降低 3. 水发展行为上的地区压力增加	有限
恒河—布拉马普特河—梅格纳河	中国、尼泊尔、印度、巴基斯坦等	1. 土地利用和发展计划的不协调 2. 水协议缺乏 3. 水流量下降 4. 海水入侵三角地	1. 单边水开发导致的地区压力增加 2. 一些国家的水电电力水平下降 3. 地区性食物安全水平尤其是渔业水平下降	不足
黑龙江—阿穆尔河	中国、俄罗斯	1. 水协议缺乏 2. 水质和一些国家的水流量下降 3. 水管理缺乏	1. 地区食物安全水平下降 2. 水引发的地区压力增加 3. 咸海地区居民健康状况的下降	不足

续表

流域	流域国家	水问题类型	预期影响 （2012~2040 年）	流域管理能力
约旦河	以色列、约旦、黎巴嫩、叙利亚等	1. 共享地下水源枯竭 2. 可利用水的巨大变化 3. 水污染 4. 国家间协作少	1. 应对洪涝灾害的适应性下降 2. 食物安全水平下降 3. 持续性水地区压力	中等
尼罗河	布隆迪、刚果民主共和国、埃及、厄立特里亚、肯尼亚、卢旺达、南苏丹、苏丹、坦桑尼亚、乌干达、埃塞俄比亚	1. 人均水资源量下降 2. 水管理和管理结构不完善 3. 可利用水的巨大变化 4. 当新水坝蓄满水时水流受阻 5. 三角洲受侵蚀	1. 食物安全水平下降 2. 应对洪涝灾害的适应性下降 3. 地区性水压力增加	有限
底格里斯河—幼发拉底河	伊朗、伊拉克、约旦、沙特阿拉伯、叙利亚、土耳其	1. 无多边水共享协议 2. 可利用水的巨大变化 3. 短期内水流量下降 4. 流往下游的农地和沼泽地的沉积物量的变化	1. 应对洪涝灾害的适应性下降 2. 食物安全水平下降 3. 单边水利开发项目和管理的地区压力持续增加	有限

资料来源：Intelligence Community Assessment, "Global Water Security", https：//www.dni.gov/files/documents/Special%20Report_ICA%20Global%20Water%20Security.pdf; Engelke and David Michel, "Toward Global Water Security", http：//www.atlanticcouncil.org/images/publications/Global_Water_Security_web_0823.pdf。

河流域以及黑龙江—阿穆尔河流域。这些流域因为人口增长和社会发展，水需求量不断上升，但资金、技术和人力资源等欠缺致使这些流域的水资源管理能力不足，农业生产低效，基础设施缺乏或落后，很多流域的水污染现象严重，水供应量和水需求量逆差不断扩大，流域国之间没有用水协议。水问题产生的可预期影响就是粮食安全水平下降，对洪涝灾害的适应性降低，水电开发能力下降。同时，流域国之间经常因为水利开发而发生水纠纷和冲突，地区不稳定，威胁到美国的战略利益。因此，美国对于这些领域的问题类型、预期影响以及流域管理能力做出综合性评估，并以此为基础，开始有针对性地采取措施，开展相应的外交介入和治理活动。

2. 建立国内外多层级伙伴关系

伙伴关系的建立和拓展是实现水战略目标的关键手段。美国在水外交活动中推动构建的伙伴关系包括三个组成部分。在国内层面，美国政府推动建立以市场为基础的服务模式，动员本国机构提供涉及整条价值链的水相关的产品和服务，积极倡导非政府组织、民间社会和私人机构成为政府对外活动和国际水事务的参与者与捐赠者，成为国家对外水活动的重要支持者。在国际层面，一方面与国际组织建立伙伴关系，合作开展水外交活动，另一方面与对象国建立伙伴关系，推动本地区水治理活动的开展。

第一个组成部分是建构国内 PPP（Public Private Partnership）形式的伙伴关系。水外交的开展在美国具有广泛的民意基础，以 2012 年的民意调查结果为例，67%的被调查者表示，使用干净水应当成为美国致力于帮助发展中国家民众提升健康水平的最首要努力。① 开展水外交也是民主党和共和党都支持的项目，在对于千年水目标的财政支持投票中，民主党的支持率高达 77%，共和党达 57%。美国还在 50 个州鼓励个人捐款用于小型水项目。美国国际开发署与扶轮国际（Rotary International）合作发起了一个项目，允许个人在发展中国家开展水项目。因此，美国政府在国内建构支持国家水外交行动的伙伴关系具有良好的民意基础，比较典型的是"千年水联盟"（The Millennium Water Alliance）、"美国水伙伴关系"（U. S. Water Partnership）和"全球水挑战"（The Global Water Challenge，GWC）的成立，它们均由政府倡议，具有极强的政府背景，以广泛的社会联合名义募集水外交资金，用于在国外开展活动。

2002 年，作为对克林·鲍威尔在 2002 年世界可持续发展峰会上

---

① Marcus DuBois King, "Water, U. S. Foreign Policy and American Leadership", https: //elliott. gwu. edu/sites/elliott. gwu. edu/files/downloads/faculty/king – water – policy – leadership. pdf.

的演讲的回应，美国宣布成立"千年水联盟"，由 13 个慈善组织和非政府组织组成，旨在为亚洲、非洲和拉丁美洲的几百万贫穷民众提供干净、安全的饮用水和清洁的卫生环境。① 在 2012 年的"世界水日"上，美国国务卿希拉里·克林顿宣布成立"美国水伙伴关系"，这是一个由 19 个政府机构和 50 个来自民间社会、基金会和私人机构的代表组成的机构，旨在动员美国的人力、技术、资金与资源去应对全球水挑战，重点帮助水资源需求巨大的发展中国家，努力推动实现一个水安全的世界。② "全球水挑战"是水领域的非政府组织和 100 家企业成立的创新性和可持续性伙伴关系，力图通过伙伴关系获取财政支持和可持续的解决办法，在全球范围内的"供水、环境卫生设施和个人卫生"项目方面形成高影响力。③

在资金募集方面，美国也同样积极发动广泛的非政府资源，包括私人机构、基金会和多边发展银行等。在 2005～2015 年，国际开发署从非政府类机构募集了 17.7 亿美元的资金，其中 0.699 亿美元来自私人慈善机构、0.362 亿美元来自私人企业、0.531 亿美元来自双边或多边捐赠、0.110 亿美元来自高等教育机构、0.033 亿美元来自非政府组织。④

第二个组成部分是与国际组织建立广泛的伙伴关系。一方面，美国通过美国国际开发署、财政部等政府机构向多边国际机构提供资助，支持水资源项目的开展。这些机构包括世界银行、联合国儿童基金会（UNICEF）、联合国开发计划署（UNDP）、联合国项目事务署（UNOPS）、亚洲开发银行、美洲开发银行、非洲开发银行、北

---

① "Millennium Water Alliance", http：//mwawater. org.

② The U. S. Water Partnership, "U. S. Water Partnership Adds Values to Your Organi-zation", http：//www. uswaterpartnership. org.

③ Global Water Challenge, "Our Story", http：//www. globalwaterchallenge. org.

④ USAID, "Report of Water Sector Activities：Safeguarding the World's Water（Fiscal Year 2015）", https：//www. usaid. gov/sites/default/files/documents/1865/safeguard_2016_ final_508v4. pdf.

美开发银行、农业发展国际基金会、联合国环境规划署等。美国资助世界银行的水项目集中在其内部的国际开发协会（IDA）、国际复兴开发银行（IBRD）等实体机构上，以 2016 年为例，美国政府资助国际开发协会 12.906 亿美元，资助国际复兴开发银行约 1.93 亿美元。同年，美国资助农业发展国际基金会和联合国环境规划署分别为 3193 万美元和 1.68 亿美元，基本上都涉及水项目的实施。① 对于对外发展银行等多边机构，仅 2016 年，美国政府分别给非洲开发银行、亚洲开发银行和美洲开发银行 2.275 亿、1.02 亿和 1.66 亿美元的资金支持。② 三家银行将大部分的经费用于地区能源与水方面的基础设施项目的实施上，美洲开发银行用于以上方面的经费比例最高，高达 68%。

另一方面，美国与国际组织共同发起系列性水倡议，例如，推行水安全计划，帮助亚洲、拉丁美洲、非洲和加勒比海地区伙伴国家提高饮用水质量；支持联合国儿童基金会在撒哈拉以南非洲、中东、中亚和南亚等地区的十多个国家实施水项目；支持联合国开发计划署在孟加拉国开展水资源和生物多样性项目；支持联合国项目事务署在马尔代夫、苏丹和南苏丹等国的"供水、环境卫生设施和个人卫生"项目。

第三个组成部分是与对象国的相关机构建立起专业性伙伴关系。2010 年，在美国政府的推动下，为更好地推动"湄公河下游倡议"，密西西比河河流管理委员会与湄公河管理委员会建立了姊妹伙伴关系的合作框架，在此框架之下，双方加强技术研究和人员培训等水资源管理合作，以提高湄公河国家的河流治理能力。另

① "U. S. Department of the Treasury International Programs Congressional Justification for Appropriations FY 2017", https：//www. treasury. gov/about/budget – performance/CJ17/FY% 202017% 20Congressional% 20Justification% 20FINAL% 20VERSION% 20PRINT% 202. 4. 16% 2012. 15pm. pdf.

② GPO, "Department of State and Other International Programs", https：//www. gpo. gov/fdsys/pkg/BUDGET – 2016 – APP/pdf/BUDGET – 2016 – APP – 1 – 17. pdf.

外，美国农业部与爱尔兰开展"粮食和农业研究倡议"项目，以解决全球农业问题为目标，推动双方"粮食—水"体系轴的创新性研究。①

3. 水外交内容对接亚太国家的国内发展与社会治理

在美国政府看来，水外交援助是最贴近国计民生和社会治理的领域。美国国际开发署的援助努力对接受援国家的国内发展与社会治理，力图最大限度地影响其发展。根据美国国际开发署公布的2003～2015年的水预算分配计划，其投资的主要领域包括"供水、环境卫生设施和个人卫生"项目、水资源管理、水生产率提高和降低灾难风险等方面。在美国政府看来，"供水、环境卫生设施和个人卫生"项目是最关乎民众基本生活和身体健康的，是影响社会治理能否成功的主要因素。所以，美国政府将近一半的援助集中于"供水、环境卫生设施和个人卫生"领域。从国际开发署整个的预算分配来看，2013～2015年每年平均约有3.43亿美元投入到"供水、环境卫生设施和个人卫生"领域，0.61亿美元投入到水资源管理上，0.59亿美元用在提高水生产率上，0.2亿美元用于降低水资源灾难风险上。国际开发署在2013～2018年的战略目标中提出，要通过可持续的"供水、环境卫生设施和个人卫生"项目，为至少1000万人进行可持续的水供应，为600万人改善卫生环境（见表3-5）。②

2014年，国际开发署设定的对外水援助总战略目标是，通过实施"供水、环境卫生设施和个人卫生"项目，合理地管理和使用水资源，保障粮食安全，拯救生命和促进发展。为了实现这一目标，其设定了两个具体战略目标。第一，通过实施可持续性的"供水、环境卫生设施和个人卫生"项目，改善对象国民众健康状况。要实现

① USDA, "Developing Global Partnerships", https://nifa.usda.gov/developing - global - partnerships.

② USAID, "Water and Development Strategy (2013 - 2018)", https://www.usaid.gov/sites/default/files/documents/1865/USAID_Water_Strategy_3.pdf.

表 3 - 5　2003 ~ 2015 年美国国际开发署的水预算分配情况

单位：百万美元

年份	2003	2004	2005	2006	2007	2008	2009	2010	2011	2012	2013	2014	2015
"供水、环境卫生设施和个人卫生"项目（WASH）	159.80	239.80	216.93	265.00	213.22	389.92	493.01	520.41	360.05	453.801	320.727	361.120	463.612
水资源管理（WRM）	105.70	82.50	60.73	56.00	27.41	58.58	41.24	47.20	67.19	94.031	92.503	29.895	1.951
水生产率提高（WP）	115.60	68.40	45.35	22.50	17.39	38.91	45.30	53.11	109.30	70.333	78.860	105.655	7.819
降低灾难风险	20.60	10.00	6.76	5.84	5.65	2.20	50.55	21.45	21.82	38.233	31.693	23.384	26.613
合计	401.70	400.70	329.77	349.34	263.67	489.61	630.10	642.17	558.36	656.398	523.783	520.054	499.995

资料来源：USAID 官方网站，www.usaid.gov。

这一目标，就必须继续注重提供安全用水，提高对卫生设施的重视，并支持大规模、持续性的项目实施。美国国际开发署通过开展项目，2013 ~ 2018 年五年间至少为 1000 万人改善了供水状况，为 600 万人改善了卫生条件。第二，加强农业用水管理，提高粮食安全。[①] 从 2014 年开始，美国国际开发署援助的所有水项目都与以上两个具体战略目标保持一致。

"供水、环境卫生设施和个人卫生"项目主要集中在三个方面：加强与水和清洁卫生环境相关的基础设施建设、影响当地民众的用水行为和习惯、推动有效的政策和机制环境的形成。所采取的措施主要有三个：第一，加强监测系统建设，改善供应水源的水质；第二，为农村和边远地区提供可持续的公共清洁卫生设施和服务；第三，借助大众媒体宣传、社区动员和社会市场化，

---

① USAID, "Water and Development Strategy (2013 - 2018)", https://www.usaid.gov/sites/default/files/documents/1865/USAID_Water_Strategy_3.pdf.

改变当地民众的卫生习惯，例如用肥皂洗手，安全处置排泄物和改善居民存储用水。可以说，美国的水外交活动是紧密联系社区治理的。[①]

由于亚洲地区还有大量的民众未获得安全的水供应和卫生服务，美国国际开发署在该地区的水项目重点是促进民众健康、解决饥饿问题、降低气候变化带来的影响以及帮助社区更好地管理自然资源。[②] 美国国际开发署与柬埔寨、越南、哈萨克斯坦、斯里兰卡等亚洲国家合作制定了国家合作发展战略（通常为五年期），以及中亚地区性合作发展战略，根据这些国家和地区的基本国情和发展需要，制定出合作的领域与战略目标，实现对外援助项目开展与社会发展需求的直接对接。例如，菲律宾的《国家发展合作战略（2014/4—2018/4）》制定了三个战略目标，其中包括美国国际开发署与菲律宾地方政府合作，通过开展大量的援助项目，提升水利设施服务的能力，提高抵御气候变化带来的洪涝灾害风险的能力。[③] 在印度尼西亚，美国国际开发署援助其"城市'供水、环境卫生设施和个人卫生'项目"，持续时间为五年（2011～2016年），投入资金为4000多万美元，为印尼50多个城市的弱势群体提供了可持续的水和卫生服务。通过改善供水设施，帮助250多万居民获得安全的饮用水，帮助30多万人改善卫生设施，推动16个地方政府成立新的政府单位，长期、可持续地监督环卫规划的落实。另外，该项目共完成建设渗透池3770个，用于收集雨水并将其送回地下蓄水层，以提高含水层的

---

① USAID, "Water and Development Strategy (2013 – 2018)", https：//www. usaid. gov/sites/default/files/documents/1865/USAID_ Water_ Strategy_ 3. pdf.

② USAID, "Report of Water Sector Activities：Safeguarding the World's Water (Fiscal Year 2015)", https：//www. usaid. gov/sites/default/files/documents/1865/safegua rd_ 2016_ final_ 508v4. pdf.

③ USAID, "Country Development Cooperation Strategy (4/2013 – 4/2018)", https：// www. usaid. gov/sites/default/files/documents/1861/CDCS _ Philippines _ Public _ Version_ 2013 – 2018_ as_ of_ June_ 2017. pdf.

水分储存量。①

亚洲大多数国家属于发展中国家，农业用水是各国最主要的用水领域，但普遍存在着用水效率低以及灌溉、输送等基础设施落后的问题。美国很注重对亚洲国家灌溉系统的更新，包括重置和修建输水管道，对灌溉结构的改造等项目进行援助，可以提高农业用水的效率和粮食的生产效率。例如，在印度，美国国际开发署自2014年开展了为期三年的农业灌溉项目，陆续投入了50万美元。通过发展滴灌技术和建设滴灌系统，可以有效地提高灌溉效率，增加30%以上的农业产量，并且可以在土壤中保存养分，延长土地寿命。该项目共节约了2.35亿公升的水，惠及660名农场主。②

4. 持续性的资金、技术和人员投入

美国的水外交首先是金钱外交，国际开发署的几乎所有项目都涉及水资源议题，其对外援助的相当大比例投入到了对外水事务上，用于基础设施项目改造、技术提升和人才培养。

（1）资金上，投入大量资金用于基础设施改造和培训项目。

自2005年美国国会通过《穷人用水法案》（Water for Poor Act of 2005）以来，美国政府为全球发展中国家的供水和环境卫生设施建设提供了总计34亿美元的援助。其中，2015年在亚洲13个国家的水援助总额为0.663亿美元③，2016年在亚洲15个国家的水援助总额达0.628亿美元④，

① USAID，"Report of Water Sector Activities：Safeguarding the World's Water（Fiscal Year 2015）"，https：//www. usaid. gov/sites/default/files/documents/1865/safe-guard_2016_final_508v4. pdf.

② USAID，"Report of Water Sector Activities：Safeguarding the World's Water（Fiscal Year 2015）"，https：//www. usaid. gov/sites/default/files/documents/1865/safe-guard_2016_final_508v4. pdf.

③ USAID，"Report of Water Sector Activities：Safeguarding the World's Water（Fiscal Year 2015）"，https：//www. usaid. gov/sites/default/files/documents/1865/safe-guard_2016_final_508v4. pdf.

④ USAID，"Report of Water Sector Activities：Global Water and Development"，ht-tps：//www. usaid. gov/sites/default/files/documents/1865/Global－Water－and－Development－Report－reduced508. pdf.

据统计，从 2008 年到 2015 年，美国对亚洲的水援助资金总额达 11.2 亿美元①，从 2008 年到 2016 年，共使 1430 多万人获得安全饮用水，超过 515 万人的环境卫生设施得以改善，超过 343 万人的农业用水管理能力得到提升。②从表 3 - 6 可以看出，美国每年在亚太地区的水援助资金投入量虽然不固定，但年均额度较高，从 2008 年到 2011 年，美国平均每年投入高达 1.01 亿美元，年均受益人数 260 多万（见表 3 - 6）。

表 3 - 6 美国国际开发署亚太水援助和受益人数

单位：亿美元，人

2008 年			2009 年			2010 年		
	受益人数			受益人数			受益人数	
资助额度	水供应	水卫生	资助额度	水供应	水卫生	资助额度	水供应	水卫生
0.69	2221695	1060750	1.07	2625256	830581	1.77	1278431	555389
2011 年			总计（2008～2011 年）			平均（2008～2011 年）		
	受益人数			受益人数			受益人数	
资助额度	水供应	水卫生	资助额度	水供应	水卫生	资助额度	水供应	水卫生
0.52	1516705	604881	4.05	7642087	3051601	1.01	1910522	762900

资料来源：USAID，"Water and Development Strategy（2013 - 2018）"，https：//www. usaid. gov/sites/default/files/documents/1865/USAID_ Water_ Strategy_ 3. pdf。

（2）技术上，向受援国家提供专业技术知识。

技术援助是美国对亚太国家开展水外交援助的另一重要手段，国际开发署曾在《2013—2018 年水与发展战略》中明确提出，要因地制宜地创新科学技术，在地区、国家和地方各个层面解决受援国

---

① USAID，"Report of Water Sector Activities：Safeguarding the World's Water（Fiscal Year 2016）"，https：//www. usaid. gov/sites/default/files/documents/1865/safe-guard_2016_final_508v4. pdf。

② USAID，"Report of Water Sector Activities：Global Water and Development"，ht-tps：//www. usaid. gov/sites/default/files/documents/1865/Global - Water - and - Development - Report - reduced508. pdf。

家的水问题，例如，利用水力—气象、地下水监测站、信息通信技术和地理信息系统、数据采集与监控系统（SCADA）和遥感技术，提供关键的生态系统服务，收集数据，设计水文、水力和水管理建模软件，预测水战略实施的可能后果，并协助处理系列性政策问题，包括跨国水协议、国家用水战略和市政水管理系统等。推广保护性耕作、轮作抗旱作物和新的灌溉方法等，可以增加农业产量、降低成本，保证粮食安全。[①] 比较典型的案例是，美国地质调查局开发了一种新计算机决策系统，被命名为"预测湄公河"（Forecast Mekong），为湄公河国家的决策者提供有关管理湄公河水道的信息，包括水电大坝对水流的影响预测等。这些信息将在互联网上提供，以便使世界各地的科学家和研究人员能获取信息并进行分析。此外，在巴基斯坦、蒙古国和印度，美国与这些国家的相关基础部门合作，建立水资源数据库和气候预测和预警体系，进行环境风险评估，以最大限度地减少气候变化造成的洪涝灾害等灾难事件。[②]

（3）人力资源上，为受援国家派遣或培养专业的水利技术与管理人才。

亚太国家普遍面临着专业水利技术和管理人才缺乏的问题，因此，美国在提供大量援助资金和技术的同时，努力提升受援国家的人力资源培养能力，其方式主要是派遣专业人员实地操作和为当地培训专业人员两种。例如，在阿富汗的水援助项目中，美国陆军工程师在阿富汗培训水利技术人员，提升地质调查人员的实际操作能力，同时通过人力资源培训、设备和基础设施供应，帮助阿富汗建设国家级的水资源数据库。在湄公河区域，在"姊妹伙伴关系"的合作框架下，开展具有可持续性的技术研究合作与人员培训，推动提升湄公河国家和地区的河流治理能力。

---

① USAID, "Water and Development Strategy (2013–2018)", https：//www. usaid. gov/ sites/default/files/documents/1865/USAID_Water_Strategy_3. pdf.

② USGS, "Activities of the USGS International Water Resource Branch", https：//water. usgs. gov/international/.

（4）建立体系内网络化协作关系，重视科学技术力量的运用。

美国的水外交是一个统一的体系，除了在国务院层面对水政策和行动进行协调之外，各政府部门之间也建立了较为完善的协调机制，尤其是行政部门和科技部门之间紧密开展合作。美国的水外交非常注重先进科技与信息的利用，一方面可以淡化政治介入色彩，另一方面，以科技为先导，可以掌握最新的水文信息和水资源安全问题，提升水外交行动的针对性和前瞻性。在美国的技术类部门中，美国国家航空航天局和陆军工程兵团的角色至关重要。

早在20世纪80年代，美国国际开发署就开始借助美国国家航空航天局提供的关于降雨量、蓄水层高度和其他气候变化的指数，为非洲提供干旱和饥荒的预警信息，创建起早期的预警体系。2011年，美国国家航空航天局和美国国际开发署签署了谅解备忘录，联合应对粮食安全、气候变化和能源的全球发展挑战。该战略正式确认了用地球科学数据去应对发展挑战，救助灾难移民。

美国国际开发署还与国家航空航天局陆续合作启动了"服务"（SERVIR）系列项目，该项目目前包括"服务—湄公河"（SERVIR – Mekong）、"服务—喜马拉雅"（SERVIR – Himalaya）和"服务—东非、南非"（SERVIR – Eastern – Southern Africa）三个子项目，分别启动于2015年、2010年和2008年。"服务"系列项目通过太空技术和数据来应对气候变化带来的发展挑战[①]，通过监测自然资源和环境变化，以及评估水文情况，应对像洪水、森林大火和飓风等极端天气带来的风险，降低气候变化对水、农业和复杂生物体系的负面影响[②]，避免因极端天气引发的饥荒和传染病传播[③]，推动政策的因地

---

① NASA, "SERVIR – Mekong", https：//www. nasa. gov/mission_ pages/servir/mekong. html.

② NASA, "SERVIR – Himalaya", https：//www. nasa. gov/mission_ pages/servir/himalaya. html.

③ NASA, "SERVIR – Eastern – Southern Africa：Challenging Drought, Famine and Epidemics from Space", https：//www. nasa. gov/mission_ pages/servir/africa. html.

制宜和国家的可持续发展。

美国陆军工程兵团是另一个参与美国政府水外交活动的重要技术机构。陆军工程兵团的工作主要集中在两个方面,一是培训对象国的水利技术人员,例如在阿富汗培训水利工程师和技术人员,提升阿富汗地质调查局人员的操作能力,帮助其建设国家级的水资源数据库。

二是帮助对象国提升水利技术监管能力,提高水资源管理水平。例如,在非洲地区,美国陆军工程兵团帮助埃塞俄比亚建立地下水数据库(ENGDA),在海地安装配有卫星遥测和传导系统的水文早期预警系统(EWS)。在中东地区,陆军工程兵团帮助约旦达尔富尔地区更新雷达技术和远程遥感技术,以便在干旱区域寻找水源;与阿联酋的阿布扎比钻探公司合作,收集埃米尔的地下水资源的信息,引导干旱环境里的水文研究,为水资源调查人员提供培训,以科学的方式记录合作工作的结果。在亚洲地区,陆军工程兵团帮助巴基斯坦建立水资源数据库,提升其地表水和地下水污染状况评估以及水资源综合管理的能力[①];美国内政部和国际开发署与印度合作推动气候预测体系(CFS)建设,减少印度因洪水、气旋和极端气候引发的水文—气象事件。印度中央水委员会(CWC)、印度气象局还和美国国家海洋和大气管理局等机构联合在默哈讷迪河流域和萨特莱杰河流域建立预测和预警技术系统等。[②]

(5)通过"三个支柱"影响对象国适应性国家战略的制定。

美国水外交援助的项目,通常具有三个"相互依赖"的支柱:硬件(例如水和环境卫生基础设施)建设、促进行为改变、政策和制度扶持。在硬件和促进行为改变方面,比较有代表性的例子是阿富汗。阿富汗是美国对外援助的重点国家,由于长年战

---

① USGS, "International Hydrologic Program (IHP) 1980s to Present", https://water. usgs. gov/international/.

② USGS, "Activities of the USGS International Water Resource Branch", https://water. usgs. gov/international/.

乱，国内基础设施基本上被毁坏殆尽，为了满足国内民众的基本
生活需求和健康安全，美国为当地的水基础设施提供了大量援
助，例如提供供水管道、修复或建设蓄水系统来改善水供应，修
建厕所和水井来改善农村的公共卫生环境，保护民众健康。水"硬
件"的建设可以刺激当地经济发展，促进国内稳定。除此之外，美
国认为仅靠"硬件"还不足以产生持久的影响，必须推动改变当地
人的生活习惯和行为。统计显示，阿富汗农村地区 89% 的民众露天
排便，美国国际开发署不仅新建或翻新了 42129 座厕所供 294900 人
使用，还在社区实施持续供水和卫生（SWSS）项目，培训妇女、宗
教和社区领导人以及卫生指导师以确保社区服务的可持续性。美国
认为，只有具备了硬件和行为工具，阿富汗才有可能在未来做出真
正的改变。①

对美国来说，通过水援助可以影响受援国家的国家政策和战略
制定，这是确保美国地区利益实现的根本。目前，加大水资源开发
力度是很多亚太国家为了满足经济发展和民众生活生产需要而做出
的选择，大力发展水利经济已经被许多亚太国家列为国家的发展战
略。美国的水援助在解决受援国家的安全供水和粮食用水问题的同
时，更加注重影响受援国家的水电开发规划甚至国家发展计划，在
此基础上实现对地区发展和治理的影响。

例如，在湄公河区域，美国国际开发署努力推动将该区域的水
问题纳入区域决策范围。一方面，美国推行其主导制定的战略环境
评估标准，努力提高湄公河国家在项目和区域两级上评估水电开发
对环境影响的能力。美国国际开发署与亚洲开发银行、湄公河委员
会和世界自然基金会合作，开发可持续水电发展评估工具，陆续在
区域内的各个分支进行试点。美国强调，"为国家的决策者提供他们
需要的工具，以便他们就河流的发展做出明智的决定"。另一方面，

① USAID，"Water and Development Strategy（2013 – 2018）"，https：//www. usaid. gov/
sites/default/files/documents/1865/USAID_ Water_ Strategy_ 3. pdf.

美国明确支持制定跨湄公河区域的适应性战略。美国国际开发署与当地机构合作，开展评估生态系统脆弱性的研究，并与各利益攸关方进行对话，以获得后者对美国当地政策和做法的支持。同时建立信息共享平台，通过综合和区域性办法，在运用科学和先进技术的基础上，"帮助"地方和国家政府提高长期规划的能力。这些项目将美国的专业知识纳入一个区域计划，以应对这些国家面临的一些关键性水问题和发展挑战。此外，它们还促进该区域各国之间的合作，为共同目标的实现而努力。①

三　美国湄公河区域水外交与制衡中国议程

澜湄地区是美国亚太水外交战略实施的重点区域。美国之所以重视在此区域开展水外交，一是由其特殊的区域特点决定，二是与中美竞争加剧的时代背景密切相关。澜湄各国依水而生，澜沧江—湄公河不仅是资源的提供者，也是区域政治版图的自然勾勒者，水具有"牵一发动全局"的战略属性，在中美竞争不断加剧的背景下，水成为影响国家和地区政治发展的一种权力资源。② 湄公河区域是美国水外交开展的重要区域，在中美竞争的亚洲地缘政治环境中分析美国湄公河水外交，一方面有助于系统而深刻地认知美国水外交开展的动因与路径，另一方面也有助于把握水外交在美国全球战略中的地位和角色。

（一）湄公河区域是美国水外交开展的"传统地盘"

澜湄国家共享同一条河流，存在着天然的复合依赖关系和状态，但美国将中国定义为威胁地区秩序的"修正主义大国"，不断强调中

---

① Joseph Yun, "Challenge to Water and Security in Southeast Asia", U. S. Department of State, https：//2009－2017. state. gov/p/eap/rls/rm/2010/09/147674. htm.

② 李志斐：《水与地区秩序变化：内在推动与多重影响》，《国际政治科学》2018年第3期，第34页。

美的对立关系①，以及在湄公河区域制衡中国的必要性②，将同流域的国家战略分化为两个阵营，陆续建立起"湄公河下游倡议"和"湄美伙伴关系"两个机制，通过将中国排除在外，集合湄公河五国的所谓"集体意志"来在政治、规则、观念和功能联结方面，进行人为的割裂、对立，以实现平衡中国的效果。在政治立场方面，将对抗、孤立和制衡中国确定为美国主要的政治选择，通过"对内合作、对外竞争"式的排他性制度安排，压缩中美在问题治理、立场协调方面的政治协调与互动空间，减少中美在湄公河区域的制度互动，断开中美之间的政治联结。在规则重构方面，建构美国主导的新规则体系，将中国排斥在新的规则制度体系之外，通过操纵规则的解释权，削弱中国和平发展的合法性和在湄公河事务中的影响力。③ 在澜湄地区，中美秉持不同的治理观念。中国强调平等协商、开放包容，共商、共建澜湄命运共同体，美国倡导竞争性多边主义，推崇和宣扬所谓的人权、民主和透明度。④ 在功能方面，美国除了建立自己主导的排他性和针对性明确的"俱乐部式"机制外，还与其他区域影响力较大的多边机制实现功能联合与对接，打造更大范围的伙伴关系联盟，拓展政策实施支持资源，孤立和制约中国。

---

① Sung Chul Jung et al. , "The Indo - Pacific Strategy and US Alliance Network Expandability: Asian Middle Powers' Positions on Sino - US Geostrategic Competition in Indo - Pacific Region", *Journal of Contemporary China*, Vol. 30, No. 127, 2021, pp. 53 - 68.

② U. S. Department of State, "A Free and Open Indo - Pacific Advancing a Shared Vision", https: //www. state. gov/wp - content/uploads/2019/11/Free - and - Open - Indo - Pacific - 4Nov2019. pdf.

③ 关于中美在湄公河区域相互制衡的手段，本文借鉴了王明国关于中美脱钩体现在政治联结、规则联结、观念联结和功能联结等方面的论述，认为在澜湄地区，中美之间的制度制衡在政治、规则、观念和功能四个方面有明显的体现。参见王明国《从制度竞争到制度脱钩——中美国际制度互动的演进逻辑》，《世界经济与政治》2020 年第 10 期，第 89 ~ 94 页。

④ Mekong - US Partnership, "About: Mekong - US Partnership", http: //mekonguspartnership. org/zhout/.

湄公河区域是美国水援助与水外交开展的重点目标地，澜湄流域被确定为对美国至关重要的四个流域之一。① 在湄公河区域，美国通过持续性地投入资金、技术和人员，开展"供水、环境卫生设施和个人卫生"、水资源管理、水效率提升、防灾减灾等项目，来保障粮食安全，拯救生命和促进发展②，满足湄公河国家的农业灌溉、清洁用水等生活与发展需要，降低社区、国家和区域层面的水纷争与矛盾。美国长期的、持续性的水援助和水外交战略，在湄公河区域积累了丰富的水外交经验和广泛的群众基础。

（二）水外交议题选择

规则和观念建构是大国竞争的重要舞台，规则是国际制度的重要基础，是指导和规范国家行为的重要工具，而观念的建构则是话语能力和影响力的重要建设对象，能够引发和推动国际制度的变迁。③ 在澜湄地区水资源安全化的过程中，美国注重通过选取水资源管理和基础设施建设两大事关澜湄地区可持续发展的核心议题，在规则与观念的重建中实现对中国水资源政策和行为的制约与平衡。

1. 规则重构与水资源管理之争

水资源管理是湄公河国家面临的核心问题。④ 在湄公河国家看

---

① Intelligence Community Assessment, "Global Water Security", https://www.dni.gov/files/documents/Special%20Report_ICA%20Global%20Water%20Security.pdf; Peter Engelke and David Michel, "Toward Global Water", Atlantic Council, http://www.atlanticcouncil.org/images/publications/Global_Water_Security_web_0823.pdf; 李志斐：《美国对亚太地区水援助之分析及启示》，《太平洋学报》2019 年第 4 期，第 43 页。

② USAID, "Water and Development Strategy (2013 – 2018)", http://www.usaid.gov/sites/default/files/documents/1865/USAID_Water_Strategy_3.pdf.

③ Vivien A. Schmidt, "Discursive Institutionalism：The Explanatory Power of Ideas and Discourse", *Annual Review of Political Science*, Vol. 11, No. 1, 2008, p. 314.

④ Shang – su Wu, "Lancang – Mekong Cooperation：The Current State of China's Hydro – politics", edited by Bhubhindar Singh and Sarah Teo, *Minilateralism in the Indo – Pacific*, London and New York：Routledge Taylor & Francis Group, 2020, p. 74.

来，水及其治理是至关重要的议题，尤其是随着人口增长、农业扩张、污染加重、城市化和工业化发展，水的供应变得有限，水的获取直接关乎经济增长、减贫和民众日常生活，关于跨国界水系统的水资源管理更加具有挑战性。① 中国在澜湄水资源管理中主张发展治理，通过落实澜湄水资源合作建议项目清单与水资源合作行动计划来推动区域水资源管理水平的提升。②但美国在湄公河水外交中则有意识地强调所谓民主、人权、善政和法治的"发展理想"③，向湄公河国家提供支持，声称要实践可持续性、治理和透明度理念。④ 因此，美国持续性地抨击中国的澜湄水政策，其推动澜湄水资源安全化的重要论据之一就是水资源数据的"透明度"问题。关于水数据等水文信息的分享问题，是中美水博弈的焦点问题之一。

水数据是反映河流情况的重要载体，包括河流流量、水质等的数字数据，以及与流域的水和资源的管理有关的地理信息系统（GIS）数据。也可理解为包括已经处理的数据、从数据中得出的结果和结论，以及与河流流域管理直接相关的政策资料。数据共享可以在整个流域国家范围内进行，也可以在两个或两个以上的流域国家间展开。⑤ 数

① Joakim Öjendal et al. , *Politics and Development in a Transboundary Watershed：The Case of the Lower Mekong Basin*, Springer Dordrecht Heidelberg London New York, 2012, p. 2.

② Hongzhou Zhang & Mingjiang Li, "China's Water Diplomacy in the Mekong：A Paradigm Shift and the Role of Yunnan Provincial Government", *Water International*, Vol. 45, No. 4, 2020, pp. 347 – 364.

③ Hidetaka Yoshimatsu, "The United States, China, and Geopolitics in the Mekong Region", *Asian Affairs：An American Review*, Vol 42, No. 4, 2015, pp. 173 – 194.

④ Hidetaka Yoshimatsu, "The United States, China, and Geopolitics in the Mekong Region", *Asian Affairs：An American Review*, Vol 42, No. 4, 2015, pp. 173 – 194.

⑤ Jonathan L. Chenoweth et al. , "Analysis of Factors Influencing Data and Information Exchange in International River Basins Can Such Exchanges be used to Build Confidence in Cooperative Management?" *Water International*, Vol. 26, No. 4, 2001, pp. 449 – 450.

据收集和共享是分阶段实施水资源管理的一个出发点。^① 因此，数据能帮助决策者提高透明度，并为如何更好地分配澜湄河流域水资源的谈判提供一个公平的环境，美国宣称要将"数据作为美国湄公河事务的出发点"^②，将数据收集和共享，作为美国在水资源问题上向中国施压和掌控话语权的"重中之重"。

美国紧抓数据"透明度"一词，启动大量关于水文数据收集与共享的项目并开发相关数据平台（见表 3 - 7），这些平台采集的数据，成为其炮制出指责中国水资源管理和水利基础设施建设的各种不实报告、言论的"定量"论据。

表 3 - 7　美国主导开发的主要水文数据收集工具

名称	启用时间	目标
湄公河水数据倡议 （the Mekong Water Data Initiative）	2019 年	提高湄公河国家水及与水相关的数据（如土地、气候、社会经济数据）等信息的收集、分析能力，提升水资源管理能力，降低与水相关的风险，促进经济可持续发展^③
湄公河基础设施跟踪仪表盘 （Mekong Infrastructure Tracker Dashboard）	2019 年	查询和收集澜湄地区基础设施的概要信息，以现有的数据为基础，提供澜湄国家能源、交通和水利基础设施的全面信息^④

① N. Kliot and D. Shmueli, "Building Institutional Frameworks for the Common Water Resources: Israel, Jordan, and the Palestinian Authority", Haifa, Israel: Technion Israel Institute of Technology, 1997.

② "New: Mekong Dam Monitor Brings Unprecedented Transparency to Basin - wide Dam Operations", https: //www. stimson. org/2020/new - mekong - dam - monitor - brings - unprecedented - transparency - to - base - wide - dam - operations/.

③ "Mekong Water Data Initiative (MWDI)", https: //mekonguspartnership. org/projects/mekong - water - data - initiative - mwdi/.

④ "Mekong Infrastructure Tracker Dashboard", https: //www. stimson. org/2020/mekong - infrastructure - tracker - tool/.

名称	启用时间	目标
湄公河项目影响筛选器（Me-kong Project Impact Screener）	2019 年	用于确定澜湄地区基础设施发展可能产生的影响，以澜湄地区基础设施跟踪系统的底层地理数据库为基础，并辅以用户可用于跟踪的地区社会经济、政治和环境地理空间数据的集合①
湄公河大坝监测（Mekong Dam Monitor）	2020 年	对澜湄河流干流和主要支流大坝的运行和水文影响（对水文流量的改变）进行持续、透明和基于证据的监测 增强利益攸关方对上游流域预期自然水流进行独立定量测量的能力，提高其谈判、跨界河流治理和自主决策的能力 提高预测大坝运行对环境和社会影响的能力 提供基于证据的数据，以反驳关于澜湄河流大坝、水库和水流状况与运行的不准确说法

资料来源：由笔者根据美国政府部门网站信息自制而成。

在"湄公河下游倡议"和"湄美伙伴关系"的合作框架之内，数据被列为重要的合作内容，美国强调要投资 180 万美元支持湄公河委员会提高水数据获取能力，实现科学的政策规划；继续在"湄公河水数据倡议"下增强湄公河国家收集、分析和管理水数据的能力。②"湄公河水数据倡议"于 2019 年启动，在 2019 年联合推出湄公水资源（Mekong Water）平台③，主要负责湄公河国家水及与水相关的数据（如土地、气候、社会经济数据）等信息的收集、分析工作，加强水资源管理，降低与水相关的风险，促进经济可持续发展。该倡议通过超过 35 个合作伙伴提供的 50 多个工具，收集、分析和管

---

① "Mekong Project Impact Screener", https：//www. stimson. org/2020/mekong－pro-ject－impact－screener/.

② U. S. Department of State, "Mekong－U. S. Partnership Joint Ministerial Statement", https：//preview. state. gov/mekong－u－s－partnership－joint－ministerial－state-ment/.

③ "Mekong Water", http：//data. mekongwater. org/.

理与水有关的水文、气候、土地和社会经济状况的数据①，支持湄公河区域用户在线进行数据共享和协作，使政府及时对水资源管理做出知情选择。②

在美国湄公河政策制定中扮演重要"推手"角色的史汀生中心（Stimson Center），率先推出基础设施跟踪项目，其中包括两个数据平台的研发和建设，即湄公河基础设施跟踪仪表盘和湄公河项目影响筛选器，其理念就是通过卫星监测技术，收集澜湄地区的基础设施数据信息，建立地理数据库，以此为基础评估基础设施所带来的经济、政治和环境影响，并将其数据进行定量化展示和共享。2020年12月15日湄公河大坝监测（Mekong Dam Monitor）系统正式启动。此系统利用遥感、卫星图像和地理信息系统检测包括湄公河干流上13座已经完成的大坝和水库，以及发电能力超过200兆瓦的13座支流大坝，每周发布水库水位读数和大坝运行曲线，甚至包括中国澜沧江段的11个大坝。对于澜湄河流上所有计划、在建和建成的大坝和水库的描述性数据（500多座）每周进行可视化和分析检测。该系统在目标定位中特别强调，要持续、透明和基于证据的监测澜湄河流干流和主要支流上大坝的运行和水文情况，用数据来反驳关于澜湄流域大坝、水库和水流状况与运行的"不准确"说法。③

此外，预测湄公河④、可持续基础设施伙伴关系（Sustainable Infrastructure Partnership）项目⑤、环境合作亚洲水资源及治理项目

---

① "Joint Statement to Strengthen Water Data Management and Information Sharing in the Lower Mekong", https：//www. mekongwater. org/about.

② "Mekong Water Data Initiative（MWDI）", https：//mekonguspartnership. org/projects/mekong – water – data – initiative – mwdi/.

③ "Mekong Dam Monitor", https：//www. stimson. org/project/mekong – dam – monitor/.

④ D. Phil Turnipseed, "Forecast Mekong", https：//pubs. usgs. gov/fs/2011/3076/.

⑤ "Joint Statement to Strengthen Water Data Management and Information Sharing in the Lower Mekong", https：//www. mekongwater. org/about.

（ECO – Asia Water and Governance Program）①和海平面评估表与地平标记网（Surface Evaluation Tables and Marker Horizons Network Component）②四个技术服务平台，是由美国政府主导，联合湄公河国家、智库、国际组织等机构开发的以数据信息收集为主要目标的平台。虽然名义上是加强数据管理和数据共享，便于湄公河国家决策者对资源利用和流域发展进行规划、设计、恢复、保护和管理工作③，但实质上是建立美国认同的所谓数据具有"透明度"、信息公开和共享的水资源管理"规则"，将自己主导的检测系统"监测"的数据作为"唯一正确"数据和信息来源，以此为基础建构起湄公河水资源管理的话语权。

2. 观念重构与水利基础设施投资

基础设施落后和短缺是制约澜湄地区互联互通和可持续发展的重要因素，但建设所需的巨额投资与湄公河国家财政资金的有限形成鲜明对比，缺乏财政资源支持、融资难是湄公河国家基础设施建设面临的首要制约因素。根据亚洲开发银行的估算，2016～2030年，东南亚地区的电力、交通、水和卫生等几个领域的基础设施建设每年需要3.1万亿美元左右，老挝、柬埔寨和缅甸等几个低收入国家更是迫切需要大规模的基础设施建设，来启动国家的工业化进程。④ 中国作为周边国家，在资金、技术、经验上都具有极大的基础设施投资和建设优势，尤其是2013年"一带一路"倡议提出后，加强互联互通是中国东南亚外交的重要内容。

---

① Robert Costanza et al. , "Planning Approaches for Water Resources Development in the Lower Mekong Basin", https：//pdxscholar. library. pdx. edu/cgi/viewcontent. cgi? article = 1006&context = iss_ pub.

② USGS, "Surface Elevation Table", https：//www. usgs. gov/states/maryland/science – surface – elevation – table.

③ D. Phil Turnipseed, "Forecast Mekong", https：//pubs. usgs. gov/fs/2011/3076/.

④ Yoon Ah Oh, "Power Asymmetry and Threat Points：Negotiating China's Infrastructure Development in Southeast Asia", *Review of International Political Economy*, Vol. 25, No. 4, 2018, pp. 530 – 552.

提高湄公河干支流的水力发电能力是湄公河国家解决不断增长的能源需求的主要办法。除泰国外，其他湄公河国家超过 1/3 的发电量依赖水力发电。泰国和越南正在与各自邻国从事跨境水电开发项目，老挝政府正在推行"亚洲电池"发展战略，大量新水电项目计划上马。柬埔寨和缅甸电力供应还尚未普及，根据世界银行的数据，缅甸只有 2/3 的人口享有电力供应，普及率是澜湄地区最低的。① 所以，水利基础设施是湄公河区域基础设施建设中的"重头戏"。2018 年 10 月，中国参与投资和建设的亚洲第一长坝、柬埔寨最大水电工程——华能桑河二级水电站全部投产发电，年发电量占到柬埔寨全国发电量的 1/5，并创造了在柬已建大型水电站最低上网电价，进一步推动了当地工业、农业等产业的发展及人民生活用电的改善。截至 2019 年 1 月，华能澜沧江水电股份有限公司境外水电装机容量已达到 100 万千瓦，参与建设的湄公河流域上丁（160 万千瓦）和松博（240 万千瓦）水电站，初步计划送电越南。② 中国电力建设集团有限公司投资开发的老挝境内湄公河支流南欧江上的梯级水电项目一级、三级、四级水电站工程已经于 2019 年 4 月正式完工，助力老挝工业化、现代化进程和逐步实现自主发展。③

基础设施不仅是一种物质性的满足民众基础社会和经济生活的公共产品，在复杂的地缘政治环境中，其承载的政治功能也非常突出。现在，海外基础设施投资已经成为大国参与全球事务和实现地区战略目标的政策工具，借助与基础设施议题相关的制度框架、跨

---

① Cecilia Han Springer and Dinah Shi, "Rising Tides of Tension: Assessing China's Hydropower Footprint in the Mekong Region", https://www.bu.edu/gdp/2020/10/13/rising-tides-of-tension-assessing-chinas-hydropower-footprint-in-the-mekong-region/.

② 《中国水电企业已占海外 70% 以上水电建设市场》，国家能源局网站，2019 年 1 月 23 日，http://www.nea.gov.cn/2019-01/23/c_137767698.htm。

③ 《中企开发老挝南欧江流域梯级水电站投产发电》，中国政府网，2021 年 9 月 29 日，http://www.gov.cn/xinwen/2021-09/29/content_5640141.htm。

国倡议、地区集团和双边交流等方式，大国提升了基础设施在外交政策中的优先级并加大了对相应资源的投入。① 美国学者认为，中国在湄公河区域基础设施尤其是水利基础设施的投资与建设，直接"刺激"了美国的"竞争与制衡意识"，基础设施投资和建设的竞争，已经成为中美在东南亚地区竞争的重要内容之一。

在美国看来，基础设施建设是其维系全球霸权的"战略路径"，中国全球基础设施和技术建设（如 5G）将对美国产生长期影响。② 美国观察者认为，"一带一路"基础设施建设将改善东南亚的交通系统，挤压美国的空间，帮助中国塑造政治影响力、拓展军事存在和创造有力的地区性战略环境。③ 中国在湄公河区域基础设施建设领域中的迅猛发展态势和重要地位，"会损坏美国的利益，对此美国要积极参与基础设施投资和建设的竞争，提升自身在该领域的影响力，谋求地区领导权"。④ 美国在水利基础设施投资领域，主要的制衡手段就是通过制造"水利基础设施威胁论"与"债务陷阱论"，引导反华舆论，为其打造示范性项目等建构话语基础，以弥补其在基础设施投资规模和效率、施工速度以及成本上竞争力不足的短板。⑤

第一步，大肆宣扬所谓的"中国大坝威胁论"。美国智库等机构

---

① 毛维准：《大国海外基建与地区秩序变动——以中国—东南亚基建合作为案例》，《世界经济与政治》2020 年第 12 期，第 97 页。

② "Taking the Higher Road：U. S. Global Infrastructure Strategy One Year Later"，https：//www. csis. org/analysis/taking – higher – road – us – global – infrastructure – strategy – one – year – later.

③ 转引自毛维准《大国基建竞争与东南亚安全关系》，《国际政治科学》2020 年第 2 期，第 130 页。

④ Jonathan E. Hillman and Erol Yayboke，"The Higher Road：Forging a U. S. Strategy for the Global Infrastructure Challenges"，https：//csis – website – prod. s3. amazon aws. com/s3fs – public/publication/190423_ Hadley% 20et% 20al_ HigherRoads_ report_ WEB. pdf.

⑤ 刘若楠：《中美战略竞争与东南亚地区秩序转型》，《世界经济与政治》2020 年第 8 期，第 43 页。

发布的报告声称，中国水电站"正在对东南亚的河流系统造成严重破坏"，它们"阻碍了河流流动，增加了地震发生的可能性，破坏了宝贵的自然环境，摧毁了数百万人的生活，还加剧了干旱和洪水，破坏了河流生态系统，将自由流动的水道变成了无生机的湖泊，杀死植物和树木，阻碍了鱼类的洄游和繁殖，导致物种灭绝，破坏了已有的人类生活模式"。① 这提醒着民众，柬埔寨、越南和老挝等国的水坝建造可能会加剧自然灾害发生的风险。② 美国不遗余力地污名化中国，声称要阻止中国的"破坏"。③

第二步，建构"债务陷阱论"。美国官员和学者反复强调，中国对基础设施发展的承诺导致湄公河国家接受大量资金而在经济上依赖中国。④ 所以，"湄美伙伴关系"的成立，不仅关注中国承诺的"负面影响"，也特别关注水电大坝建设对环境的影响，同时加大对湄公河国家的援助力度，目的是要"将湄公河国家从'中国债务陷阱'中'解救'出来"。

第三步，宣传美国的示范性项目。2018 年 7 月，美国提出要推动"印太"地区的互联互通和基础设施建设，实施《更好利用投资引导发展法案》（BUILD）。⑤ 2018 年 11 月，美国、日本、澳大利亚

① Mayank Singh, "Water Becomes a Weapon in China's Geopolitical Chess", https://www.fairobserver.com/region/asia_pacific/mayank‐singh‐china‐water‐wars‐dam‐building‐india‐asia‐pacific‐world‐news‐67914/.

② Hidetaka Yoshimatsu, "The United States, China, and Geopolitics in the Mekong Region", *Asian Affairs: An American Review*, Vol 42, No. 4, 2015, pp. 173–194.

③ Sebastian Strangio, "US Official Attacks China's 'Manipulation' of the Mekong", https://thediplomat.com/2020/09/us‐official‐attacks‐chinas‐manipulation‐of‐the‐mekong/.

④ Imad Antoine Ibrahim, "Water Governance in the Mekong after the Watercourses Convention 35th Ratification: Multilateral or Bilateral Approach?" *International Journal of Water Resources Development*, Vol. 36, No. 1, 2020, pp. 200–220.

⑤ Michael R. Pompeo, "Remarks on America's Indo‐Pacific Economic Vision", Washington DC: U. S. Chamber of Commerce, https://asean.usmission.gov/sec‐pompeo‐remarks‐on‐americas‐indo‐pacific‐economic‐vision/.

签署了《关于在印太地区进行基础设施投资的三边伙伴关系联合声明》，计划在印太地区实施重大基础设施项目，加强数字互联互通和能源基础设施建设。[①] 2019 年美国发起了"蓝点网络"（Blue Dot Network）计划，提出促进以市场为导向、透明和金融可持续的基础设施发展计划[②]，促进环境和社会领域的可持续投资。[③] 美国在"湄美伙伴关系"启动时就强调，其在该地区的投资重点是基础设施和水安全相关项目，这是对中国在该地区日益增长的影响力的直接回应。[④] 美国国际开发金融公司（International Development Finance Corporation，DFC）宣布将在东南亚投资 10 亿美元的基础上，在未来向湄公河国家基础设施建设再投资数十亿美元，促进湄公河区域基础设施建设。[⑤] 美国启动印太能源倡议——亚洲能源促进发展与增长（Asia EDGE）计划，宣布投入 3300 万美元支持在东南亚地区建立现代、互联、可靠的能源系统。美国国务院电力部门宣布投资 660 万美元用于改善湄公河区域能源基础设施和推动市场建设。另外，美国在日本—美国—湄公河电力伙伴关系（Japan – U. S. – Mekong Power

---

① "Joint Statement of the Governments of Australia, Japan, and the United States of America on the Trilateral Partnership for Infrastructure Investment in the Indo – Pacific", https：//www. pm. gov. au/media/joint – statement – governments – australia – japan – and – united – states.

② U. S. International Development Finance Corporation, "The Launch of Multi – stakeholder Blue Dot Network", https：//www. dfc. gov/media/opic – press – releases/launch – multi – stakeholder – blue – dot – network.

③ Cecilia Han Springer and Dinah Shi, "Rising Tides of Tension：Assessing China's Hydropower Footprint in the Mekong Region", https：//www. bu. edu/gdp/2020/10/13/rising – tides – of – tension – assessing – chinas – hydropower – footprint – in – the – mekong – region/.

④ Cecilia Han Springer and Dinah Shi, "Rising Tides of Tension：Assessing China's Hydropower Footprint in the Mekong Region", https：//www. bu. edu/gdp/2020/10/13/rising – tides – of – tension – assessing – chinas – hydropower – footprint – in – the – mekong – region/.

⑤ Hidetaka Yoshimatsu, "The United States, China, and Geopolitics in the Mekong Region", *Asian Affairs：An American Review*, Vol 42, No. 4, 2015, pp. 173 – 194.

Partnership）框架内投入 2950 万美元，用于增加湄公河区域电力贸易，建设能源网络和竞争性电力市场。①

（三）水外交支撑体系建设与持续制衡中国策略

在湄公河区域，美国通过在多边主义机制基础上建设起多层级的、排他性的伙伴联盟来作为湄公河政策实施的支撑体系，使水资源安全化的状态长期存在，并持续作为制衡中国的重要战略议题。

1. 多边机制与水外交常态

美国主导的"湄公河下游倡议"、"湄美伙伴关系"和中国倡导建设的澜湄合作机制虽然从本质上都是多边机制，但澜湄合作机制是唯一一个包括整个澜沧江—湄公河流域国家的合作机制，在理念上与美国主导的合作机制存在本质不同。"湄公河下游倡议"成立之初，成员国包括越南、泰国、柬埔寨和老挝四国，缅甸起初拒绝加入，中国则被排除在外。2011 年 7 月缅甸开始作为观察员国出席"湄公河下游倡议"部长会议，2012 年 7 月，缅甸成为正式成员国，"湄公河下游倡议"至此成为覆盖整个下湄公河流域的机制。

美国主导的多边机制从本质上说是对澜湄流域的整体性进行"人为切割"，在多边机制的掩护下实现美国的利益和目的，通过成员限制、议程设置和制度激励，来赋予湄公河国家"声音"以力量，改变中国影响下的区域治理进程，降低中国的影响。无论是"湄公河下游倡议"还是"湄美伙伴关系"，其推动建立的内在结构是一种中心—外围式的等级制权力结构，由美国这个域外大国主导，呈现大国中心、强者治理、权力中心、自上而下等治理属性。美国在议题设置、内容与路径选择、资金分配等机制建设上占据主导地位。其他成员国则处于被动的依附和从属地位，其权益的大小和实现的

---

① 根据"美湄伙伴关系"共同声明，美国国际开发署对伙伴关系的情况说明书以及 https：//mekonguspartnership. org/projects/ 的网络资料整理而成。

可能性均由美国来决定，在机制内部无法从根本上获得平等的尊重。美国推动建立的此种地区结构是"霸权稳定论"的实践，借助安全同盟体系，提供所谓的地区治理需要的安全、经济稳定之类的国际公共产品，建构霸权国家主导的地区体系结构，在实现对多种跨国性、地区问题管理的同时，最大限度地维护霸权国家的地区利益和权利。

虽然水资源合作被中美各自提倡的多边机制列为重点合作领域，但两国机制的政治立场、理念不同，"自成体系"，未来合作空间并不乐观，由此决定了在水资源安全管理领域的竞争不可避免地出现常态化。

2. 多层级伙伴联盟与水外交支持

美国在亚太地区建有以美国为主导、以美日和美韩军事同盟为中心、以美国与越南、菲律宾、泰国等国的军事安全关系为结构的霸权安全体系。美国湄公河政策的支撑体系是建构在美国霸权安全体系基础上的多层级伙伴联盟（见图 3-2）。早在 2011 年，美国就在"湄公河下游倡议"的框架下建立了"湄公河下游之友"（FLM），加入"湄公河下游之友"的成员有澳大利亚、日本、韩国、新西兰、欧盟、亚洲开发银行和世界银行。作为二轨机制，"湄公河下游之友"负责开展与各国援助机构和发展机构之间的对话，以及部长级和高级官员的政策对话。[①] 从本质上说，"湄公河下游之友"就是美国为了获取广泛的资金、技术、人力等各种国际资源支持，通过伙伴关系构建的将湄公河问题"国际化"、美国介入行为"道义化"的策略选择。升级后的"湄美伙伴关系"在新的"印太战略"框架下，将印度也作为美国"印太战略"的重要伙伴和"湄美伙伴关系"的新朋友。美国前国务卿蓬佩奥（Mike Pompeo）发布声明称，"美国

---

① Ministry of Foreign Affairs of Japan, "Second Friends of the Lower Mekong Initiative (LMI) Ministerial Meeting – Overview", https://www.mofa.go.jp/region/asia-paci/mekong/lmi_1207.html.

打算与日本、澳大利亚、韩国、印度和湄公河其他好朋友紧密合作"①，试图以"湄美伙伴关系"为引，构筑"声势力量"更为浩大的联盟体系来支持美国全面介入湄公河区域事务的计划，以抗衡中国的影响力。

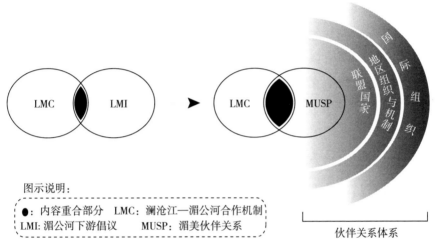

图示说明：

●：内容重合部分　LMC：澜沧江—湄公河合作机制
LMI：湄公河下游倡议　MUSP：湄美伙伴关系

图3-2　"湄美伙伴关系"多层级伙伴联盟

资料来源：由笔者根据美国国务院网站信息自制而成。

从图3-2中可以看到，"湄公河下游倡议"和"湄美伙伴关系"的主导者和依托都是域外力量，在美国的战略部署下，各层级伙伴在水资源安全领域的分工非常明确。最核心的伙伴关系对象是"印太战略"关键四国。日本自2008年以来每年在"湄公河—日本合作"框架下举办一次部长级会议和一次首脑会议②，面对广阔的湄公

---

① U. S. Department of State, "The Mekong – U. S. Partnership: The Mekong Region Deserves Good Partners", https://www. state. gov/the – mekong – u – s – partnership – the – mekong – region – deserves – good – partners/.

② Mekong – U. S. Partnership, "Joint Statement on Strengthening Coordination Among the Friends of the Lower Mekong", https://mekonguspartnership. org/2019/08/01/joint – statement – on – strengthening – coordination – among – the – friends – of – the – lower – mekong/.

河电力市场，日本与美国建立了日本—美国—湄公河电力伙伴关系和日本—美国战略能源伙伴关系（Japan – U. S. Strategic Energy Partnership），在 2020 年 9 月发布的《2020 年日本—美国—湄公河电力伙伴关系联合部长声明》表示，要推动电力市场整合，开展跨境电力贸易，促进区域能源一体化。[①] 对韩国的定位是要与美国合作开展"湄公河区域水数据运用平台和能力建设项目"（Water Data Utilization Platform Prototype and Capacity Building in the Mekong Region）[②]，使用卫星图像评估湄公河区域的洪水和干旱模式。[③] 与澳大利亚的合作与对接更多集中在提高水治理能力、打击跨国犯罪[④]、建设优质基础设施等方面。[⑤]

虽然与印度暂时未涉及与水相关的议题，美国只提出要发展印度与孟加拉国的东西向交通运输网络以加强地区治理[⑥]，但印度与湄公河国家建有"湄公河—恒河合作"（Mekong Ganga Cooperation）机

① U. S. Department of State, "Japan – U. S. Joint Ministerial Statement on Japan – U. S. – Mekong Power Partnership（JUMPP）", https：//preview. state. gov/mekong – u – s – partnership – joint – ministerial – statement/.

② Mekong – U. S. Partnership, "Joint Statement on Strengthening Coordination Among the Friends of the Lower Mekong", https：//mekonguspartnership. org/2019/08/01/ joint – statement – on – strengthening – coordination – among – the – friends – of – the – lower – mekong/.

③ U. S. Department of State, "Opening Remarks at the Lower Mekong Initiative Ministerial", https：//asean. usmission. gov/opening – remarks – at – the – lower – mekong – initiative – ministerial/.

④ U. S. Department of State, "Mekong – U. S. Partnership Joint Ministerial Statement", https：//preview. state. gov/mekong – u – s – partnership – joint – ministerial – statement/.

⑤ Mekong – U. S. Partnership, "Joint Statement on Strengthening Coordination Among the Friends of the Lower Mekong", https：//mekonguspartnership. org/2019/08/01/ joint – statement – on – strengthening – coordination – among – the – friends – of – the – lower – mekong/.

⑥ "Launch of the Mekong – U. S. Partnership：Expanding U. S. Engagement with the Mekong Region", https：//www. state. gov/launch – of – the – mekong – u – s – partnership – expanding – u – s – engagement – with – the – mekong – region/.

制，水资源管理和可持续利用一直是合作的重要内容，在 2019 ~ 2022 年合作规划中，水资源管理被列为重点加强合作的项目，强调通过开展培训和经验交流项目提升社区农业和水资源管理能力。①

制衡中国是美国在亚太地区的长期战略选择，排他性制度制衡是主要策略，在多边主义基础上建立的多层级、排他性、机制化的伙伴关系体系是其实施制衡政策的重要支撑体系。美国这种系统性的战略设计和制度安排决定了中美之间制衡与反制衡的博弈将是长期的，水资源安全问题也将会持续存在，亚太地区的水外交竞争也将是长期的。

第二节　欧盟水外交战略与中亚地区地缘政治

欧洲是一个跨国界河流丰富的区域，因跨国界水的使用而产生的国家间纠纷和冲突曾经是影响欧洲稳定与和谐的关键性问题，因此，其对于水治理的敏感性和重视程度一直较高。2013 年 7 月的《欧盟动态》报道，欧盟各成员国部长们认为，与水相关的冲突可能危及世界各地的稳定，影响欧盟的利益及国际和平与安全，而气候变化和人口发展将进一步增加解决该问题的难度，因此主张欧盟可利用其欧洲跨界水域管理的长期经验，进一步推动全球水资源合作。② 2007 年之后，中亚地区和湄公河区域就成为欧盟开展水外交，推动跨境水资源治理的重点目标区域。本书在此对欧盟在中亚地区的水外交战略与行动进行分析。

水治理正逐渐成为影响亚太国家未来可持续发展和国家安全、国际关系发展的一个"命脉"性因素，在亚太地区普遍缺乏地区水

① "Mekong – Ganga Cooperation（MGC）– UPSC Notes"，https：//byjus.com/free - ias - prep/mekong - ganga - cooperation - mgc/.

② 《欧盟各成员国外长呼吁推动水外交》，环球网，2013 年 7 月 29 日，http：//china.huanqiu.com/article/9CaKrnJBylj。

治理框架和规则的背景下，欧盟在中亚水治理领域的大力介入，不仅会对中亚国家水治理机制的建设、水安全战略的构建、水合作的开展形成很大影响，而且还会加剧水问题从一个地区和国家的内部性议题发展成一个地区性和国际性议题，水问题的"外溢性"色彩大大加重。同时，由于水是一个关系国计民生和地区发展的基础性资源，通过介入中亚地区水治理事务，可以帮助欧盟成为影响中亚乃至亚太地区事务的一个重要角色。

一 欧盟的全球水倡议与水外交战略

欧洲是最先倡导环境外交的国际行为体，其在全球尤其是发展中国家推行环境治理是其外交活动的主要内容之一。欧盟在与非加太（非洲、加勒比、太平洋地区）国家签订的第四个《洛美协定》（Lome Convention）中曾明确指出："发展应以在经济目标对环境的合理管理以及对自然资源和人力资源的改进上达成可持续的平衡为基础。""签约各方认为环境保护与自然资源保护应被给予优先考虑，从经济的和人文的观点来看，它们是可持续、平衡发展的基本条件。"同时在《科托努协定》（Cotonou Agreement）中，欧盟提出了"良好治理"的概念，意即"以公平的和可持续的发展为目的的而对人力资源、自然资源、经济资源及财政资源实行透明、负责的管理"。[①]

水是环境的一部分，欧盟的环境外交理念是水外交理念和相关政策框架制定的基础。随着水问题的日益突出，欧盟开始将水外交作为一种独立的外交方式在全球推行。在欧盟看来，水是一种基础性的自然资源，是一种关乎人类食物、健康和能源安全的跨领域要素。欧盟一直注重和强调水对于社会发展、人类安全和世界和平的重大意义，并将推动水治理确定为欧盟一项重要的发展使命和外交任务。

---

① 王前军：《论欧盟的环境外交政策》，《环境科学与管理》2007年第9期，第23页。

　　2000 年，联合国制定了千年发展目标，其中目标第 7 条是确保环境可持续，到 2015 年为止，使相当比例的人口可享用安全饮用水和基本的卫生环境。公平和可持续的水分配对于实现千年发展目标至关重要。[1] 欧盟作为国际援助框架的一部分，认为应努力推动千年发展目标的实现。2002 年，欧盟委员会开展了针对发展中国家水治理的政策和优先项的对话，逐渐通过对外合作的方式推动发展中国家的水治理。同年，为创造条件调动欧盟所有可利用的资源（人力和资金），推动在伙伴关系国内实现与水相关的千年发展目标，在约翰内斯堡可持续发展世界峰会上，欧盟发起了欧盟水倡议（The European Union Water Initiative，EUWI）[2]，将非洲、东欧、高加索和中亚、拉丁美洲四个地区确定为主要的地区合作伙伴。

　　2004 年，欧盟开始实施非洲、加勒比和太平洋地区国家集团—欧盟（ACP - EU）水便利设施项目，这一项目旨在改善这些地区的水供应设施情况与卫生环境情况。2004～2013 年，欧盟共向该项目投资 712 万欧元。2010 年，欧盟提出千年发展目标倡议（MDGs），将水与卫生作为倡议的重要内容，投入 266 万欧元用于 ACP 国家（非洲、加勒比和太平洋地区国家集团）相关基础设施建设。

　　2012 年 5 月发布的《欧洲发展报告》指出，为了包容和可持续性的增长，需要对水和能源进行治理。2012 年 6 月的"里约 + 20"和清洁发展机制交流与对话中，欧盟国家表示，要结束贫困，追求一个可持续的世界，欧盟要实施更连贯、有效的外交政策，致力于冲突预防和水外交。[3] 水外交逐渐成为欧盟外交的一个重要内容。2015 年，欧盟明确将一体化水管理在全球的推广作为水外交的核心

---

[1]　Sabine Brels et al. , "Transboundary Water Resources Management: The Role of International Watercourse Agreements in Implementation of the CBD," CBD Technical Series, No. 40, pp. 14 - 15.

[2]　"The EU Water Initiative", http: //www. euwi. net/about - euwi.

[3]　"The EU Water Development Policy and the New Framework for Action", European Commission, http: //slideplayer. com/slide/7699475/.

内容（见表 3 – 8）。

表 3 – 8　欧盟倡导的水倡议或水政策

时间	欧盟水政策或倡议
2000 年	联合国千年发展目标
2002 年	欧盟委员会水治理与优先项对话、欧盟水倡议
2004 年	非洲、加勒比和太平洋地区国家集团—欧盟（ACP – EU）水便利设施项目
2010 年	千年发展目标倡议（包含水与环境卫生目标）
2015 年	一体化水管理

资料来源：由笔者根据欧盟网站信息自制而成。

目前，欧盟已经开始在全球范围内介入发展中国家的水治理事务，与水相关的项目涉及全球 60 多个国家，2004 ~ 2013 年，共投入约 22 亿欧元用于 28 个国家的水项目，其中 65% 的项目集中在 "非加太国家"，其次是周边邻国约为 22%，其他亚洲国家为 5%，拉丁美洲为 4%，欧盟如此投入的结果是超过 7000 万人口的饮水条件和 2400 万人口的卫生环境得到改善。[①] 欧盟委员会在阐述 2015 年后目标时认为，水是一种独立优先的、跨领域的元素，需要重视水在实现基本的人类发展、包容、可持续的增长中的作用。

欧盟本身在水治理方面就有着丰富的经验，是国际水资源合作治理的先行者和积极推行者。欧盟推行水外交的主要内容就是以合作的方式，介入全球范围内的水治理事务。欧盟在《关于欧盟水外交的理事会决议》中指出，欧盟水外交的明确目标是通过促进合作和可持续性的水资源管理，积极应对跨境水资源安全的挑战；欧盟水外交要通过一致性的政策和项目，鼓励和支持地区与国际合作。同时，欧盟的水外交将基于联合国欧洲经济委员会（UNECE）制定的《跨界水道和国际湖泊的保护和利用公约》（Convention on the Protection and Use of Transboundary Watercourses and International Lakes）

---

① "The EU Water Development Policy and the New Framework for Action", European Commission, http：//slideplayer. com/slide/7699475/.

和 1997 年通过的《国际水道非航行利用法公约》（Convention on Law of Non-Navigational Uses of International Watercourses）的相关规定，推动公平、可持续和跨国界水资源的一体化管理。① 所以说，欧盟的水外交战略从总体上讲是一个兼顾政治、安全、经济的复合型整体性外交战略。

从内容上讲，欧盟的水外交战略主要有三点内容。第一，目标对象是跨国界水，根本目的是维护世界和平与安全。第二，设定优先区域，主要是四个区域，即中亚地区、尼罗河流域、湄公河流域和中东地区等。第三，注重规则和国际伙伴关系的建立。欧盟主张推动国际惯例和其他立法工具作为水治理的基础，注重推动与联合国、世界银行等国际组织及美国等国家的国际伙伴关系的建立。第四，完善行动计划，关注水安全，向世界其他地区提供技术。②

二 欧盟中亚水外交制度框架

欧洲对中亚地区水治理的介入是全方位、立体式的，包含能源、安全、价值观的"三位一体"内容，其基本路径是设置治理框架，推动治理的机制化建设。从整体上看，欧盟在中亚推行的水治理框架主要包括四个方面：一是与中亚国家建立双边或区域性水治理机制；二是与联合国相关机构联合建立水治理机制，推动欧盟水治理理念的落实；三是与其他国际组织合作建立水治理机制，共同开展水治理行动；四是与联合国、中亚国家等开展三方合作，共同建立水治理机制（见图 3-3）。

---

① Council of the European Union, "Council Conclusions on EU Water Diplomacy", http://eeas.europa.eu/archives/ashton/media/www.consilium.europa.eu/uedocs/cms_data/docs/pressdata/en/foraff/138253.pdf.

② "The EU Water Development Policy and the New Framework for Action", European Commission, http://slideplayer.com/slide/7699475/.

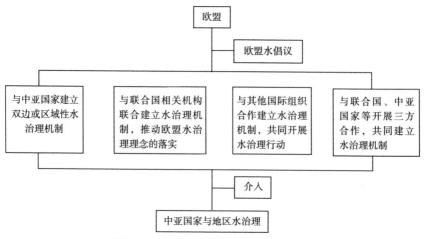

图 3-3 欧盟在中亚地区的水治理框架

资料来源：由笔者根据欧盟网站信息自制而成。

（一）欧盟与中亚国家合作建立水治理机制

2002 年，在约翰内斯堡可持续发展峰会上，欧盟水倡议开始实施并逐渐成为欧盟与中亚地区对象国建立水治理合作的主要框架。欧盟水倡议与政府、捐赠者、非政府组织和其他利益者建立伙伴关系，旨在支持与水相关的联合国千年发展目标的实现，它主要通过将可持续发展理念内化到国家政策和项目中去，来减缓环境资源的消失速度。[①]

在欧盟水倡议下，欧盟与十个东欧、中亚和外高加索地区相关国家建立了水合作治理关系，主要目标有三个。第一，水资源治理。推动水治理建设机制和规则框架的建立，通过水治理，促进水、粮食和能源安全与经济发展。第二，水供应和卫生环境投资。使用必要的基础设施是一种基本的人权，确立相关机制与法律框架，鼓励水供应和卫生环境方面的投资，保护公众健康。第三，跨国界合作。

[①] OECD, "Water Policy Reforms in Eastern Europe, the Caucasus and Central Asia", http: //www. oecd. org/env/outreach/partnership - eu - water - initiative - euwi. htm #Outcomes.

推动国家间水治理的合作，促进地区和平。目前的合作内容，主要集中在8个方面（见表3-9）

表3-9　欧盟与"东欧、中亚和外高加索地区"国家水治理合作框架

现有行动内容：工具/框架	亚美尼亚	阿塞拜疆	格鲁吉亚	哈萨克斯斯坦	吉尔吉斯斯坦	摩尔多瓦	乌克兰	俄罗斯	塔吉克斯坦	土库曼斯坦
关于一体化水管理的新水法/战略		●	●						●	●
结合欧盟水框架指令和欧盟城市污水和洪水指令	●	●	●	●	●	●	●		●	
在非洲、加勒比和太平洋地区国家集团—欧盟关于水与健康的协议下工作	●		●	●	●				●	
气候变化适应						●	●			
机制性框架		●	●							
水供应与环境卫生体系可持续经济模式						●	●			
水治理的经济工具	●			●		●		●		
在联合国欧洲经济委员会水相关会议下工作		●	●	●		●			●	●

资料来源：OECD, "Water Policy Reforms in Eastern Europe, the Caucasus and Central Asia", http://www.oecd.org/env/outreach/partnership-eu-water-initiative-euwi.htm#Outcomes。

　　虽然欧盟参加了多边水治理行动，但协调努力主要是通过双边来展开。在中亚地区，欧盟水倡议的主要协调机制是"国家政策对话"（NPD），该机制启动于2008年1月，它是建立在欧盟和"东欧、中亚和外高加索地区"（EECCA）的政府双边咨询基础之上的，主要是加强部门间的合作，提升水管理能力，从而便捷而有效地开展水部门发展援助，支持国家和地区层面的水改革。联合国欧洲经济委员会的"跨国界水道与国际湖泊保护与运用"大会秘书处是欧盟支持"国家政策对话"落实一体化水管理战略的主要伙伴，而经济合作与发展组织（OECD）是"国家政策对话"落实水供应与环境

卫生（WSS）的战略伙伴。吉尔吉斯斯坦是第一个在水倡议下实施"国家政策对话"的中亚国家，"国家政策对话"旨在推动水千年发展目标和一体化水政策网络目标在该国的实现。①

2010年，联合国欧洲经济委员会在塔吉克斯坦推动"国家政策对话"的落实，在该国开展水一体化管理（IWRM），在联合国欧洲经济委员会的指导下，塔国水资源治理部门于2013年制定了改革战略，并在下半年开始实施。2013年6月，哈萨克斯坦举行了第一届国家水政策对话，重点讨论了水与健康方面的法规、农村水供应与卫生的可持续发展经济模式。吉尔吉斯斯坦的"国家政策对话"主要推动的内容是继续支持楚河流域的发展规划。

在欧盟水倡议框架下，欧盟和中亚国家在2009年还合作建立了欧盟中亚地区环境项目（EURECA），这成为水倡议的另一个行动层面。欧盟中亚地区环境项目从四个方面推动地区水合作与伙伴关系的发展，即更紧密的地区合作，可持续使用和管理地区资源，跨国界流域管理以及提升环境认知等。②

（二）欧盟与联合国相关机构联合在中亚地区建立水治理机制

联合国相关机构对于亚太地区的水治理介入是比较早的，早在2007年12月，联合国就成立了联合国中亚地区预防性外交中心（UNRCCA），目标是通过对话和援助，与中亚国家建立互信和伙伴关系，对中亚地区可能发生的威胁和挑战做出反应，提高地区政府预防冲突的能力。联合国中亚地区预防性外交中心确定了三个在中亚的优先援助领域，其中之一是环境退化和水与能源的资源管理，

---

① Council of the Europe Union, "Joint Progress Report by the Council and the European Commission to the European Council on the Implementation of the EU Central Asia Strategy", Brussels, 2010, p. 20.

② Tatjana Lipiäinen, Jeremy Smith, "Interntional Coordination of Water Sector Initiatives in Central Asia", EUCAM Working Paper 15, 2013, p. 10, http://fride.org/descarga/EUCAM_WP15_Water_Initiatives_in_CA.pdf.

力图寻找解决水问题的办法，并为此采取了系列性行动。

基于联合国的权威性以及先期行动的良好积淀，欧盟一直注重与其开展合作，使其成为欧盟在亚太地区开展水治理行动的一个重要的支持者和联合者。比较有代表性的两家机构是联合国开发计划署和联合国欧洲经济委员会。

联合国开发计划署的主旨一直是帮助发展中国家提高其利用自然和人力资源创造物质财富的能力，其行动受到亚洲国家的普遍认同与支持。以中亚地区为例，联合国开发计划署是最受中亚国家认可的国际机构，作为"中间力量"扮演了很重要的角色。联合国开发计划署基于与当地非政府组织和国际伙伴合作的实际经验，向捐助者提供建议，并实施水相关的项目，而且它还帮助协调国家层面共享与发展相关的信息。① 欧盟向联合国开发计划署提供资金，支持其发展与水相关的项目，例如向气候变化或国际水资源项目提供资金支持，在国家层面协调中亚国家之间共享与发展相关的水信息，在地区层面开展机制性的水合作，例如，参加中亚地区风险评估（CARRA）等，讨论水相关的议题。②

联合国欧洲经济委员会虽然在亚太没有设立实体办公室，但为亚太的诸多水项目和行动提供了规范框架，并通过欧盟的"国家政策对话"实施了部分项目，联合国欧洲经济委员会在实践欧盟水与能源相关的项目中扮演了重要角色，推动了一体化水治理在中亚地区的发展。③

---

① Tatjana Lipiäinen, Jeremy Smith, "Interntional Coordination of Water Sector Initiatives in Central Asia", EUCAM Working Paper 15, 2013, p. 13, http://fride.org/descarga/EUCAM_WP15_Water_Initiatives_in_CA.pdf.

② Tatjana Lipiäinen, Jeremy Smith, "Interntional Coordination of Water Sector Initiatives in Central Asia", EUCAM Working Paper 15, 2013, p. 11, http://fride.org/descarga/EUCAM_WP15_Water_Initiatives_in_CA.pdf.

③ Bo Libert, "Water Management in Central Asia and the Activists of UNECE", edited by M. M. Rahaman & O. Varis, *Central Asian Water*, 2008, p. 39.

（三）欧盟与其他国际组织在中亚地区合作建立水治理机制

以国际危机组织、乐施会为代表的非政府组织对中亚地区的水安全问题一直非常关注，并以各种方式参与中亚地区的水治理。2014 年，国际危机组织发布了《中亚水压力》的报告，详细报道了中亚地区所面临的水安全问题及冲突的现状与根源，并向中亚五国政府以及相关国家如俄罗斯、中国等提出建议。[1]

欧盟将经济合作与发展组织和联合国欧洲经济委员会确定为欧盟水倡议在东欧、高加索和中亚的主要实施伙伴。其中，经济合作与发展组织是水供应与环境卫生投资和一体化管理的经济和财政部分的战略伙伴[2]，主要集中于水资源治理的经济维度。[3] 另外，欧盟还与国际财政机构加强合作，例如世界银行、欧洲复兴开发银行、欧洲投资银行（EIB），这些机构是欧盟解决项目实施资金问题的重要帮手。

（四）欧盟、联合国和中亚国家三方共同建立水治理机制

中亚地区的一些水治理机制是由欧盟、联合国、中亚国家三方联合建立的。比较有代表性的是中亚地区环境中心（CAREC），该中心由中亚五国、联合国开发计划署和欧盟委员会共同发起，作为一个兼具政府和非政府组织色彩的地区机构，其工作是与中亚国家政府、

---

[1] International Crisis Group, "Water Pressures in Central Asia", http://euro - synergies. hautetfort. com/archive/2014/10/26/water - pressures - in - central - asia. html.

[2] United Nations Economic Commission for Europe, "The European Union Water Initiative National Policy Dialogue: Achievements And Lessons Learned", euwi_ npd_ a- chievements_ and_ lessons_ learned_ high_ resolution_ eng_ new. pdf.

[3] OECD, "Water Policy Reforms in Eastern Europe, the Caucasus and Central Asia", http://www. oecd. org/env/outreach/partnership - eu - water - initiative - euwi. htm #Outcomes.

国际捐助者和民间社会紧密合作在地区层面上开展水相关的项目。[1]

另一个三者联合建立的水治理机制代表是"中亚跨国界河流治理"项目，它由德国联邦对外办公室发起，联合国欧洲经济委员会、五个中亚国家代表及德国国际合作机构（GIZ）共同开展，旨在加强国际拯救咸海基金会（IFAS）的机制能力，提升咸海流域水管理的科学性，这是第三个咸海流域项目。[2] 项目的起止时间是 2009 ~ 2017 年。

三　欧盟中亚水外交的主要手段与方式

欧盟中亚水外交在内容上主要涉及三方面：第一，注重改善可利用的水与环境卫生；第二，注重水与经济增长之间的关系，主要是基于水—能源—农业这一环形联系；第三，注重水治理，主要是为了地区和平与安全而对跨国界水进行管理。[3] 围绕着这三方面内容，欧盟在介入手段和方式的设计上兼顾政治手段和技术手段的平衡，充分利用经济优势，"硬件"基础设施建设和"软件"管理政策推行同时进行。

（一）政治手段和技术手段"双管齐下"

在中亚地区开展的水治理方面，欧盟并行使用政治层面和技术层面的手段，通常是技术手段先行，做"基础"和"主要内容"，政治手段"升华"，固化合作框架与关系，稳定合作关系。

在政治层面，欧盟主要开展水治理对话，建构水合作框架和机

---

[1] Tatjana Lipiäinen, Jeremy Smith, "International Coordination of Water Sector Initiatives in Central Asia", EUCAM Working Paper 15, 2013, p. 14, http：//fride.org/descarga/EUCAM_WP15_Water_Initiatives_in_CA.pdf.

[2] "Transboundary Water Management in Central Asia", https：//www.giz.de/en/worldwide/15176.html.

[3] "The EU Water Development Policy and the New Framework for Action", European Commission, http：//slideplayer.com/slide/7699475/.

制。在中亚地区，欧盟被视为公正的中立者，适合发挥"便利性"角色，针对该地区一直缺乏权威性的地区论坛的情况，欧盟在中亚地区建立了一系列的对话框架和机制。例如，意大利在地区性环境和水倡议方面发挥领导作用（共有 3 个倡议，另外 2 个涉及法律和教育）；举办高级别会议，组织和创造合作架构，如"水合作联合平台"（2010 年首次）。① 在欧盟看来，政治手段比单纯的资金提供更为重要，欧盟已在除土库曼斯坦之外的所有中亚国家设立了代表团，与 4 个中亚国家签署了伙伴关系与工作协议，与其他国际资金援助者相比，欧盟非常重视在中亚国家建立水规则和水框架。②

欧盟还通过资金援助或运作具体的技术项目，帮助中亚地区的居民提升水资源利用效率，改善水污染状况，开发利用水资源。2015 年，欧盟、联合国开发计划署、联合国欧洲经济委员会的联合项目"支持哈萨克斯坦向绿色经济模式过渡"获得欧盟 710 万欧元资金的支持，项目将根据绿色经济原则加强水资源管理，提高水资源利用效率，推进使用现代化生态管理系统。③ 2016 年，欧盟向乌兹别克斯坦提供 1200 万欧元用于改善供水状况和提高水资源管理效率。该项目执行期限为 4 年，主要内容是向乌地方政府、农场和私营企业传授先进技术，采购现代节水设备，在阿姆河和锡尔河流域修复和健全水资源供应和管理基础设施。项目执行技术顾问将由欧盟国家

① J. Boonstra, "The EU's Interests in Central Asia: Intergrating Energy, Security and Values Into Coherent Policy", http://www.edc2020.eu/fileadmin/publications/EDC_2020_Working_paper_No_9_The_EU's_Interests_in_Central_Asia_v2.pdf.

② J. Boonstra, "The EU's Interests in Central Asia: Intergrating Energy, Security and Values Into Coherent Policy", http://www.edc2020.eu/fileadmin/publications/EDC_2020_Working_paper_No_9_The_EU's_Interests_in_Central_Asia_v2.pdf.

③ 《欧盟将拨款 710 万欧元用于支持哈萨克斯坦向绿色经济过渡》，中国日报网，2015 年 6 月 5 日，http://caijing.chinadaily.com.cn/2015 – 06/09/content_20948958.htm。

政府专业水资源管理机构担任。①

在欧盟国家的双边援助中,政治和技术手段双管齐下是显著特点。以芬兰为例,2014～2017年,芬兰在中亚地区开展的合作涉及两部分,即绿色经济伙伴关系和民主支持。芬兰明确指出绿色经济项目是要在可持续利用自然资源的基础之上,推动社会平等。②在水治理方面,芬兰主要在吉尔吉斯斯坦和塔吉克斯坦实施水治理项目,包括两大内容:一是建立水资源检测系统,二是推动地方社团参与,力图通过产生和运用相关的监测数据,拓宽信息相互交换通道,为民众提供影响决策的机会,加强以可持续、公平和权力为基础的水资源治理,降低与水相关的争端和提升水的可利用率与质量。③

德国是欧洲介入中亚地区水治理行动最活跃的国家之一,德国国际合作机构④是重要的捐赠者和执行机构。一方面,德国国际合作机构在技术上,实施多样化试点项目,重置水利基础设施、在偏远地区建设小型水电站、利用地理信息系统创建数据平台和地图。另一方面,在政治层面上,通过项目实施,培育地区机制尤其是规范中亚水分配的机制,例如,"国际拯救咸海基金会"等;在地方、国家和地区层面指导法律条款和指导框架的制定,以及相关可持续发

---

① 《欧盟向乌兹别克斯坦提供1200万欧元改善供水并成立商务和投资委员会》,中国商务部网站,2016年3月15日,http：//uz. mofcom. gov. cn/article/jmxw/201603/20160301275035. shtml。

② "Finland's Development Cooperation in Eastern Europe and Central Asia, 2014 – 2017 Wider Europe Initiative", http：//formin. finland. fi/public/default. aspx? culture = en – US&contentlan = 2.

③ "Finland's Development Cooperation in Eastern Europe and Central Asia, 2014 – 2017 Wider Europe Initiative", http：//formin. finland. fi/public/default. aspx? culture = en – US&contentlan = 2.

④ 德国国际合作机构（GIZ）是一个在全世界范围内开展合作推动可持续发展的机构,其在50多个国家开展工作,工作领域涉及经济发展和雇用、能源和环境、和平与安全,主要委托方是德国联邦经济合作与发展部。参见 https：//www. giz. de/en/aboutgiz/profile. html。

展机制的发展，并努力提高机制的政治地位。①

（二）"金钱开路"，大手笔投资水基础设施

与水相关的基础设施主要包括两部分：水供应和水卫生设施。②在中亚地区，水一直是引发国家间冲突的安全性问题，水的战略性地位明显。苏联解体之后，水分配问题一直没有得到很好的解决：一方面，因为水管理不善，基础设施老化，水供应成为地区性问题，例如乌兹别克斯坦有 2890 万人、塔吉克斯坦有 805 万人、吉尔吉斯斯坦有 560 万人无法饮用干净水；另一方面，中亚国家的财政基础薄弱，无法修建水利基础设施去满足快速增长的人口用水需要，没有资金去维护已有的基础设施，致使其损坏或性能下降。所以，修建和维护基础设施是中亚地区水治理的核心问题。

欧盟依托强大的经济优势和技术优势，有针对性地援助中亚地区的水利基础设施建设，旨在提升中亚地区各国的治理能力和环保水平。2007～2013 年，欧盟共援助中亚 6738 万欧元，其中 1062 万欧元用于环境/能源/气候变化等领域，552 万欧元投给农业/农村发展相关的基础设施和民生项目。③ 2012～2015 年，欧盟向中亚地区环境项目提供了 920 万欧元的资金，以加强欧盟和中亚的跨国界水治理地区合作与伙伴关系建设，包括分享水资源治理和流域组织建设的经验，培养水资源管理方面的专业人才等。④

① "Transboundary Water Management in Central Asia", https：//www. giz. de/en/world-wide/15176. html；"France and Transboundary Waters", diplomatie. gouv. fr/en.

② Ministry for Foreign Affairs of Sweden, "Development Financing 2000：Transboundary Water Management as an International Public Good", http：//uz. mofcom. gov. cn/article/jmxw/201603/20160301275035. shtml.

③ Tatjana Lipiäinen, Jeremy Smith, "Interntional Coordination of Water Sector Initiatives in Central Asia", EUCAM Working Paper 15, 2013, p. 9, http：//fride. org/descarga/EUCAM_WP15_Water_Initiatives_in_CA. pdf.

④ "Regional Environment Program for Central Asia (EURECA)", http：//ec. europa. eu/europeaid/node/1337_en.

在中亚地区，由于 27% 的能源来自水能，所以，欧盟有针对性地帮助中亚国家进行水坝建设。2010 年 1 月，欧盟关于中亚国家及格鲁吉亚冲突问题特别代表皮埃尔·莫雷尔（Pierre Morel）表示，欧盟将拨款 6000 万美元支持塔吉克斯坦改建凯拉库姆水电站，以及在塔东部的苏尔霍布河修建数座小型水电站。① 此外，欧洲发展银行、德国发展银行（KFW），以及法国开发署（AFD），都以非常积极的态度支持欧盟成为中亚日益重要的角色。②

（三）以推行一体化管理政策作为水治理重点

一体化的水管理政策是欧盟水治理经验的核心内容。2000 年 10 月 23 日，欧盟颁布了水指令，建立了欧盟水管理框架，为保证和提高欧盟内所有水资源（河流、湖泊、地表水、过渡带和沿海地区的水）的质量制定了统一的目标和要求。③ 欧盟一直在水指令下对流域水资源实行一体化管理，强调水量和水质的统一管理，对地表水、地下水、过渡区水体和沿海水域进行统一管理。④ 其长远目标是消除主要危险物质对水资源和水环境的污染，保护和改善水生态系统和湿地，降低洪水和干旱的危害，促进水资源的可持续利用。⑤ 水指令将河流和湖泊系统作为一个整体进行管理，建立综合的监测和管理系统，而不是根据行政范围和政治边界进行管理。每一个流域地区

---

① 《欧盟将拨款 6 千万美元支持塔吉克发展水电》，北极星电力新闻网，2010 年 1 月 20 日，https：//news. bjx. com. cn/html/20100120/241337. shtml。

② Council of the Europe Union，"Joint Progress Report by the Council and the European Commission to the European Council on the Implementation of the EU Central Asia Strategy"，Brussels，2010，p. 5.

③ 王燕、施维蓉：《〈欧盟水框架指令〉及其成功经验》，《节能与环保》2010 年第 7 期，第 15 页。

④ 刘宁主编《多瑙河：利用保护与国际合作》，中国水利水电出版社，2010，第 125 页。

⑤ 〔英〕马丁·格里菲斯编著《欧盟水框架指令手册》，水利部国际经济技术合作交流中心组织翻译，中国水利水电出版社，2008，第 4 ~ 5 页。

拥有专门的管理机构，负责"河流流域管理计划"及有关条款的落实，并每6年将这一计划更新一次。

在亚太地区，欧盟认为大部分的环境挑战与水的分布、使用和保护有关，水管理是亚太地区非常敏感的环境问题，尤其是在中亚地区。因此，亚太地区需要一个一体化的水管理政策，如果管理不好，水问题将会发展成威胁地区安全的重要因素。现在，在亚太地区推行一体化的水资源管理政策逐渐成为欧盟以及其他国际行为体的一致态度，认为它是推动亚洲水资源安全的有效治理方式，能够平衡流域国之间的水资源使用情况，合理分配水资源，以满足经济发展、生态服务和多元化要求，推动健康河流的实现。[1]

在欧盟看来，水治理和许多政策相联系，一体化是推动可持续发展的唯一办法。2008年，欧盟对中亚水战略确定为：寻求一个新的国际法秩序。将"追求一个以国际法为基础的可持续合作秩序"作为中亚水外交的努力方向。[2]

欧盟所推行的一体化水管理政策是建立在水体系的自然边界基础之上的，注重"流域"的概念[3]，从2007年开始，欧盟利用"欧盟—中亚水环境"对话框架，开始在中亚地区的阿姆河等跨国界流域上大力推行水一体化管理政策，这也成为欧盟介入中亚地区水治理的主要内容。欧盟在中亚的一体化水管理政策主要包括9个方面。

（1）支持"东欧、高加索和中亚地区"国家，打造一个安全的水供应与卫生环境，全面推行一体化水资源管理；（2）推动跨国界河流治理以及在里海环境公约下的地区合作；（3）支持地表、地下

---

[1] Asian Development Bank, "Asian Water Development Outlook 2013", https://www.adb.org/publications/asian-water-development-outlook-2013.

[2] Stephen Hodgson, "Strategic Water Resources in Central Asia: In Search of a New International Legal Order", http://aei.pitt.edu/58489/1/EUCAM_PB_14.pdf.

[3] Aad Correlje et al., "Integrating Water Management and Principle of Policy: Towards an EU Framework?" *Journal of Cleaner Production*, No. 15, 2007, p. 1499.

跨国界水资源的一体化管理，包括引入更高效用水技术（灌溉和其他技术）；（4）推动便捷提供水基础设施建设资金的合作框架，包括引入国际金融机构（IFI）和公共—私人伙伴资金；（5）支持一体化水管理上的地区能力建设和水力生产；（6）气候变化合作，包括地区层面《京都议定书》（Kyoto Protocol）的实施；（7）与中亚国家合作对抗沙漠化，保护生物多样性，支持联合国公约的履行；（8）加强中亚森林和其他自然资源的可持续管理，向地区提供援助；（9）增强环境意识和鼓励环境社会组织发展，包括与中亚区域环境中心（CAREC）合作。①

四　欧盟中亚水外交的地区动因与影响

在气候变化的大背景下，水资源治理问题是中亚地区环境领域的核心问题，是影响中亚地区和平与稳定的一个重要安全性问题。欧盟的中亚战略把解决水资源问题作为推动欧盟中亚关系发展的重要手段。欧盟在中亚地区大力推动全方位水外交，将水机制建设与合作作为维护中亚地区和平与稳定的重要内容，其全方位的水治理介入行动对中亚地区环境的稳定和欧盟中亚的良性关系发展产生了积极的影响。从本质上说，欧盟对中亚水治理的介入并不单纯是对水议题这个非传统安全领域的介入，其背后有其全球战略的综合考量，是价值观外交与利益外交双重结合的结果，是欧洲国家努力在中亚地区彰显规范性力量的体现，其对地区地缘政治的影响是显著的。

（一）　实现"走向亚洲新战略"，拓展在"传统地盘"的影响力

中亚地区一直是欧盟亚太外交重视的"传统"区域。1994 年 7月，欧盟出台了《走向亚洲新战略》，正式确定了冷战结束之后欧盟的亚洲新战略，将总目标确定为：第一，增强欧盟在亚洲的经济存

---

① "The United Nation Regional Centre for Preventive Diplomacy for Central Asia", http：//unrcca. unmissions. org/Default. aspx？tabid = 9301&language = en – US.

在以保持欧盟在世界经济中的领先地位；第二，通过促进国际合作和相互理解来对亚洲的稳定做出贡献，为了实现这一目的，欧盟必须扩大和深化它与亚洲国家之间的政治经济关系；第三，促进亚洲贫困国家和地区的经济发展；第四，对亚洲的民主和法治，以及对人权和基本自由的尊重的发展与巩固做出贡献。亚洲新战略与欧盟所确立的以政治对话、经贸合作、发展援助为主要内容的全球战略目标是一致的。①

在新亚洲战略框架下，欧盟把获得介入发展中国家的机会，扩大与发展中国家的共同利益基础，作为欧盟亚太合作政策的重要内容。在新战略的实施过程中，欧盟将与亚太国家的环境合作政策从属于发展合作政策，并在《欧洲联盟条约》（Treaty of European Union）第130条第二款中规定，"共同体的发展合作政策应有助于实现民主、法制以及尊重人权和基本自由的一般目标"。这种附加规定意味着发展中国家要想获得欧盟的经济或环境援助，不仅要付出诸多经济上的让步，而且还要做出政治上的妥协。② 所以，欧盟的亚太外交政策从本质上说是价值观外交和利益外交的叠加③，其中价值观外交是基石。

欧盟认识到，中亚国家对于欧盟的重要性在不断增加，尤其是在安全、治理和能源方面。④ 2007年6月，欧盟首脑会议通过了《欧盟与中亚：新伙伴关系战略》，欧盟与中亚国家的关系进入新的发展阶段。新战略充分考虑了中亚国家的国情及实际需要，得到了中亚

---

① Commission of the European Communities, "Towards a New Asia Strategy", 1994 - 07 - 13, p. 2.

② 王淑贞:《欧盟环境外交研究》, 山东师范大学硕士学位论文, 2009, 第 19 页。

③ 潘兴明:《价值观外交与利益外交的叠加——欧盟中亚战略评析》,《欧洲研究》2013 年第 5 期, 第 91 页。

④ Council of the Europe Union, "Joint Progress Report by the Council and the European Commission to the European Council on the Implementation of the EU Central Asia Strategy", Brussels, 2010, p. 2.

国家的欢迎与肯定。①

　　新战略开始实施之后，欧盟以前所未有的热情投入到与中亚关系的发展中，在教育、法律、环境与水等这些优先领域，通过投资和分享欧盟及欧盟成员国的经验来推动与中亚友好邻居关系及改革进程。并在吉尔吉斯斯坦和塔吉克斯坦及其他几个国家的大使馆中设立欧盟代表团来增强其在中亚的存在。② 在新中亚战略中，欧盟将人权、法治、善治和民主等规范性议题确立为首要的政策目标，并提供了一系列的政策工具以引导中亚国家的政治经济转型。在对中亚的发展援助中，欧盟设置了治理专项，企图通过帮助中亚各国政府提高治理能力以增强欧盟对其的吸引力。为了打消受援国对欧盟借机干涉的疑虑，欧盟在 2005 年 12 月发布了《欧洲发展共识》（The European Consensus on Development），调整其对外援助的指导原则，突出强调了对外援助的宗旨是可持续发展，将减少贫困确立为首要的政策目标，人权、民主、善治、法治等被包裹在"发展"的大框架之下。③

　　欧盟通过实施"亚洲新战略"，以经济援助和开展对话的方式介入中亚地区事务，通过"水"这个关乎中亚命脉的议题，建构起系列性合作机制，推动了欧盟价值观外交和经济外交的双重发展，一定程度上提升了中亚国家民众对于欧盟的价值认同，加大了欧盟对于中亚地区事务的参与力度，扩大了欧盟在中亚国家内部经济与可持续发展方面的影响力，维护和拓展了在"传统地盘"上的影响力。

---

① 托马斯·伦克等《欧盟的中亚新战略》，《俄罗斯研究》2009 年第 6 期，第 53 页。

② Council of the Europe Union，"Joint Progress Report by the Council and the European Commission to the European Council on the Implementation of the EU Central Asia Strategy"，Brussels，2010，p. 4.

③ 贾文华：《欧盟官方发展援助变革的实证考察》，《欧洲研究》2009 年第 1 期，第 66 页。

（二）客观上降低地区冲突发生的风险

在中亚地区，水是事关经济和社会发展的一种战略性资源，水涉及经济和社会发展的关键领域，例如食物、燃料生产、能源生产、环境可持续性和人类安全。[①] 中亚地区水资源主要靠阿姆河、锡尔河、额尔齐斯河、伊犁河四条河流供给，跨国界水的使用一直是中亚五国之间冲突不断的主要原因之一。水损失补偿问题和水资源利用问题日益尖锐化。特殊的地缘政治环境和地理位置分布使得中亚的水资源治理问题集中在"水—粮食—能源"这一复杂的联动关系链上。欧盟在介入水治理的具体过程中，紧紧抓住了这一核心问题，通过国际合作来逐渐增强中亚国家水资源整体管理的能力。自2008年9月欧盟—中亚论坛在巴黎召开之后，水资源管理就成为欧盟对中亚政策的三个重点领域之一。"柏林进程"被视为欧盟与中亚新伙伴关系战略的组成部分，对所有参与者开放。2008年，"柏林进程"将水变成一个中亚合作的轴线。

欧盟一直认为，欧盟应充分发挥"环境和水倡议"的作用，把中亚国家带到谈判桌前，与国际伙伴致力于影响地区安全与发展的关键项目。通过改善地区问题的治理，将价值观政策（Value Policy）内化进安全与能源事务中，确定三大关键问题的优先次序——能源（包括水）、安全和价值观。[②] 欧盟通过推动"四位一体"合作治理机制的构建，拓宽了与中亚国家之间的对话和协调渠道，推动了水资源综合开发利用机制的发展，一定程度上缓解了"能源富有国"和"水资源富有国"之间不愿意合作的矛盾。

在欧盟的中亚政策中，援助一直是主要的外交手段，执行援助政策

---

① "Regional Water Intelligence Report Central Asia", http：//www. siwi. org/publica-tions/regional - water - intelligence - report - central - asia/.

② J. Boonstra, "The EU's Interests in Central Asia：Intergrating Energy, Security and Values Into Coherent Policy", http：//www. edc2020. eu/fileadmin/publications/EDC_ 2020_ Working_ paper_ No_ 9_ The_ EU's_ Interests_ in_ Central_ Asia_ v2. pdf.

的主要工具是"发展合作工具",以保证中亚受援国的发展和稳定,援助的领域集中于教育、能源、环境/水资源、运输和边界管理等。① 欧盟通过大量的发展援助,帮助中亚国家建设了一批现代化的灌溉系统,一定程度上改善了落后、老化的灌溉系统,提升了水资源利用效率,解决了诸多农村的用水问题。例如,德国国际合作机构主持开发的"中亚跨国界水治理"项目有力地改善了水的可利用率和可预测性,优化了基础设施的功能,更有效地预防自然灾害的发生,使中亚地区 50 多万依靠农业灌溉及生活在试点项目流域的民众受益。②

可以说,欧盟的介入一定程度上解决了中亚国家沟通与协商渠道狭窄、资金有限的问题,从整体上提升了中亚国家自主管理和利用水资源的能力,营造了地区和平利用与开发水资源的氛围,降低了水资源纷争和地区冲突发生的可能性,以及中亚的不稳定因素向欧洲渗透的概率,客观上有利于中亚地区的和平稳定与可持续发展。

(三) 传播欧盟水治理模式,影响地区规则建立

欧盟与其他介入中亚地区水治理的行为体的最显著区别是它的水治理模式基于水指令的水立法的原则、规则和框架。欧盟能向中亚国家提供一个如何加强水治理的地区联合的样板。③ 欧盟将亚洲水治理的主要目标确定为:推动与水指令和相关法律一致的机制和规则体系的建立,确保必要的基础设施的使用。④ 2015 年,《关于欧盟

---

① 徐刚:《欧盟中亚政策的演变、特征与趋向》,《俄罗斯学刊》2016 年第 2 期,第 11 页。

② "Transboundary Water Management in Central Asia", https：//www. giz. de/en/worldwide/15176. html.

③ Tatjana Lipiäinen, Jeremy Smith, "International Coordination of Water Sector Initiatives in Central Asia", EUCAM Working Paper 15, 2013, p. 9, http：//fride. org/descarga/EUCAM_ WP15_ Water_ Initiatives_ in_ CA. pdf.

④ Council of the European Union, "Council Conclusions on the EU Strategy for Central Asia", http：//data. consilium. europa. eu/doc/document/ST－10191－2015－INIT/en/pdf.

中亚战略的理事会决议》指出，在中亚治理跨境水资源方面，欧盟理事会强调建立地区对话框架和坚持国际公约与法律原则的重要性。① 所以欧盟在中亚地区开展的水外交，一方面在其中注入价值观外交内容，从理念上影响中亚国家的水治理理念；另一方面"推动"欧洲水治理模式和规则在中亚"生根发芽"，从根本上影响关乎中亚发展与稳定的关键领域——水领域的治理模式与规则建构，以求长远获得和提升在亚太地区的存在感和影响力，潜在影响地区格局的发展。

欧盟严重依赖外来能源，需要多渠道的能源供应政策，以提升能源安全，而中亚是欧盟获得足够能源支持的地区，欧盟在中亚地区存在巨大的政治、经济和安全利益。欧盟对于中亚地区缺乏地理优势，无法向中亚国家提供所谓直接的"安全保护"，实施直接的安全控制。所以就选择充分利用在环境治理领域的"成功经验"，抓住中亚地区水争端和潜在冲突不断上升的现实情况，通过开展水外交"潜移默化"地改善中亚地区水治理现状，避免水问题引发的地区争端，从根本上维护欧盟在中亚的根本利益。

但从总体上说，中亚国家宗教信仰多元、民族成分复杂、俄罗斯与中国的传统影响深远等，决定了欧盟对于中亚国家水治理的援助虽然受到欢迎，但不足以改变欧盟在中亚的影响力现状，还不足以推动欧盟成为中亚地区事务的"主要影响者"。

结　语

中国是亚洲地区诸多河流的上游国家，近些年，中国与周边国

---

① Council of the European Union, "Council Conclusions on the EU Strategy for Central Asia", http：//data. consilium. europa. eu/doc/document/ST – 10191 – 2015 – INIT/en/pdf.

家出现了水资源纷争，加强对跨国界水资源的制度治理已经成为亚太国家的普遍共识，但迄今为止，中国周边跨国界水治理还没有实现制度化，在治理制度缺失与需求普遍存在的情况下，水纷争成为影响中国周边关系发展的一个日渐突出的问题。美国和欧盟在亚太地区制度性、系统化地开展水外交活动，对中国周边地区的地缘政治格局产生了深远影响，对中国的周边关系和安全环境建设形成挑战。

虽然美国与欧盟的水外交名义上是为了提升亚太国家的水治理能力，推动水资源安全建设，但从根本上讲是服务于其全球外交战略目标的。抓住"水"这个命脉性的资源要素，"先发制人"，充分利用自身资金、技术、人力资源的优势，占据水利用和治理规则的制定先机和主导权，借助水议题深入介入亚洲地区内部事务，对内从资源分配利用的基础层面干预亚洲国家经济、社会和政治发展，对外影响其外交关系和发展战略的制定与实施。

随着中国的快速发展与综合国力的不断提升，借助水议题来制度性制衡中国逐渐成为美国欧盟开展亚太地区水外交的重要目标，这种趋势正随着大国竞争日渐激烈的国际局势发展而凸显。从客观上来讲，美国与欧盟的水外交影响了中国与周边国家之间水治理机制的建构，尤其是面对中美两个大国的竞争态势，以湄公河国家为代表的一些亚太国家面临着"选边站"的困境，由此不可避免地影响区域机制的发展，影响中国与周边国家自主解决双边问题，影响中国在周边地区秩序和规则构建中的作用。

从现有笔者可查询到和掌握的信息与材料来看，虽然美国和欧盟每年都会以定量数据的方式公布其"帮助"亚洲国家解决水资源利用问题所投入的资金量和人力数量、惠及人口数量、实施项目的数量与分布区域等情况，但并没有专门的机构评估这些"巨大"的投入所产生的地区性效果如何、影响何在，以及能在多大程度上促进亚太国家的经济社会发展和地区稳定。研究者只能从数据上判断美欧的投入与产出"比"，并在此基础上做出研究判断。

关于美国亚太外交的发展趋势，笔者认为其制衡中国、离间中国与周边国家关系、影响地区发展机制将会是未来较长一段时间内的主要目标。自 2021 年拜登执政以来，压制中国影响力被确定为美国在亚太地区重要的外交目标。① 利用水议题，攻击中国的水政策和对外政策，破坏中国的国际形象是美国亚太水外交的重要内容。在 2021 年 1 月首次"湄公河下游之友"政策对话会议上，美国国务院负责东亚与太平洋事务的副助理国务卿阿图尔·凯沙普（Atul Keshap）表示，美国要继续以"湄公河下游之友"为基础，推进水资源数据的"透明度"，以应对中国"不及时公布数据"的挑战。② 2021 年 2 月 24 日，美国国务院发言人内德·普赖斯（Ned Price）"代表湄公河区域"呼吁中国履行在水资源数据透明度方面的承诺。③ 同年 3 月的"湄美伙伴关系" 1.5 轨政策对话会议上，凯沙普再次代表美国政府强调，湄公河区域对美国具有重要意义，"湄美伙伴关系"将把与湄公河各国政府和志同道合的伙伴的协调放在首位和中心位置。④ 通过拜登政府密集的表态和相关行动可以看出，美国政府在水资源安全问题上的立场是一贯的，那就是将中国塑造为湄公

---

① Benjamin Zawacki, "Forecasting Biden's Foreign Policy in Southeast Asia", https：//asiafoundation. org/2021/03/31/forecasting – bidens – foreign – policy – in – southeast – asia/.

② "'Towards a Resilient and Connected Mekong'：Principal Deputy Assistant Secretary Atul Keshap's Remarks at the 2021 Friends of the Mekong Policy Dialogue", https：//mekonguspartnership. org/2021/01/25/towards – a – resilient – and – connected – mekong/.

③ "Mekong River：US Calls on China to Live up to Its Commitments on Water Data Transparency", https：//www. aninews. in/news/world/us/mekong – river – us – calls – on – china – to – live – up – to – its – commitments – on – water – data – transparency20210224085320/.

④ Atul Keshap, "Remarks at the Mekong – U. S. Partnership Track 1. 5 Policy Dialogue Opening Plenary", U. S. Department of State, https：//www. state. gov/remarks – at – the – mekong – u – s – partnership – track – 1 – 5 – policy – dialogue – opening – plenary/.

河国家水资源安全的"威胁者"。美国要利用水问题产生的矛盾和紧张关系，巩固其在东盟国家的影响力，限制中国的经济和政治影响。[①]

关于欧盟在亚太地区，尤其是中亚地区水外交的发展趋势，笔者认为其一方面会继续是亚洲新战略实施的重要内容，另一方面也会将水外交纳入绿色新政的范围，将其与气候变化治理议题更多地结合在一起。2019年12月，欧盟委员会新一任主席乌尔苏拉·冯·德莱恩（Ursula von der Leyen）发布了新一届领导层的六大施政纲领之一《欧洲绿色政纲》（European Green Deal），提出"2050年实现气候中性"（Climate Neutrality，即温室气体净零排放）目标，将数字基础设施、清洁能源、循环经济等绿色投资作为发展经济的重要抓手，期望通过绿色外交树立榜样形象，让欧盟成为应对全球气候变化的有力倡导者。在未来的中亚地区水外交中，外交的"绿色"特点将会得到更多强调。

针对美国和欧盟的水外交活动，中国更加意识到了"水"这一资源要素的战略性作用，更加重视对于水资源治理的制度性建设。现在，资源治理更多地通过规则建立、机制构建、规范国际行为体的资源利用方式等来实现。中国作为诸多跨国界河流的上游国家和综合国力相对较强的大国，日渐重视亚太国家在资源治理中自主性和主动性作用的发挥，强调流域和区域层面的制度性治理安排，注重对水资源利用和治理规则主动权和主导权建构的掌握。

在技术层面上，中国日益重视技术治理的运用。但中国目前的周边水外交，科技支撑力度远远不够，需要深入进行技术性调研。（在水分配方面）中国目前只能从对方的社会经济发展情况来估计对方对水的需求量大抵有多少，但是无法科学地从对方用水和需水过

---

① Carolyn Nash，"Countering China on the Mekong"，https：//www. diplomaticourier. com/posts/countering – china – on – the – mekong.

程中估计出对方的底牌。① 所以，要想提出可行的水治理方案，就需要像美国与欧盟那样，投入资金、人力和物力，与当地组织和机构合作，开展实际调研，根据实际情况制定计划与方案。另外，需要更加注重先进治理技术的推广和运用，将开展技术合作作为基础性内容。例如，上游国家可以帮助下游国家提高电力传输效率和水电开发效率，提高农业灌溉用水的利用效率等，提高当地居民的水供应质量与环境用水量，投入资金帮助当地改善水利基础设施等。

在水外交战略体系建设方面。2010 年之后，中国在发展稳定的战略伙伴关系的基础上，日渐重视水外交战略体系的建构和完善。在全球层面，通过"一带一路"倡议，推动中国与各共建国家在经贸、能源、交通、环保等方面的合作，带动水资源安全合作和治理，推动联合国 2030 年可持续发展目标的实现；在地区层面，中国于 2015 年 11 月倡导湄公河五国合作建立澜湄合作机制，成为第一个将水资源治理明确列为优先发展方向的地区机制，努力建立起覆盖整个跨国界河流全流域的水资源合作机制，通过水资源合作带动区域全方位合作，从根本上推动地区和平与安全。

---

① 张度：《中国周边跨界河流治理的制度缺失及其原因研究》，北京大学博士学位论文，2016，第 110 页。

> 当前，百年变局和世纪疫情交织叠加，世界进入动荡变革期……我们所处的是一个充满挑战的时代，也是一个充满希望的时代。……中国将继续做世界和平的建设者、全球发展的贡献者、国际秩序的维护者。[①]
>
> ——习近平

第四章
中国水资源合作机制与亚太地区水资源安全治理

水资源安全，是一种确保维持生命和生活用水，防范来自水的威胁，以及对水形成威胁的一种能力。水资源安全是捍卫经济发展和人类利益的关键，是一个国家力量和稳定的基础。[②] 人类社会对水的需求越来越大，而水资源分配的天然不均和后天人为因素对分配不均衡性的加剧都促使越来越多的国家将水资源纳入国家安全范畴之内，获取可以满足国家发展和人民生活的足够水资源就成为重要的国家目标之一。[③] 水资源的这种自然属性，使水资源议题成为一个复杂的社会与安全议题，涉及一国的生产方式和生活方式，以及国际合作中的分工格局与利益分配结构。现有的国际现实已经证明，

---

① 习近平：《同舟共济克时艰，命运与共创未来：在博鳌亚洲论坛 2021 年年会开幕式上的视频主旨演讲》，人民出版社，2021，第 2~8 页。

② "The Center for Water Security and Cooperation, Advancing Water Security", http://www.ourwatersecurity.org.

③ 李志斐：《水与中国周边关系》，时事出版社，2015，第 7 页。

水资源安全是和国家安全、地区与全球和平捆绑在一起的。

在水资源危机日渐显现的时代背景下，水权对整个地区权力格局的影响更加凸显。中国地处亚洲"水塔"位置，面对气候变化影响下不断加剧的亚洲和全球水资源危机，中国已经意识到，如果想提升对地区秩序建构的影响力，就必须重视对影响地区秩序建构的战略性资源的开发利用，在水这种基础性资源上加强能力建设和加大投入，从长远上加强对地区秩序建构的影响力和主导权建设。基于此，中国在国家政策和周边战略的制定与适应性调整过程中，注重对水的"战略抓手"作用的理性应用，推动水对国家发展与安全利益的维护，推动地缘政治环境向有利于自身的方向发展。本章分别在全球层面选取"一带一路"倡议、在地区层面选取澜湄合作机制作为研究对象，深度分析水对中国国家战略制定的影响，以及中国全球和地区战略的实施如何向国际社会提供更多国际类水资源公共产品，推动全球和地区水资源安全构建。

第一节　"一带一路"倡议与全球水资源安全治理

2013年9月和10月，中国国家主席习近平先后提出共建"丝绸之路经济带"和"21世纪海上丝绸之路"（以下简称"一带一路"）的重大倡议。2015年3月28日，国家发展改革委、外交部、商务部联合发布了《推动共建丝绸之路经济带和21世纪海上丝绸之路的愿景与行动》。文件指出，加快"一带一路"建设，有利于促进沿线各国经济繁荣与区域经济合作，加强不同文明交流互鉴，促进世界和平发展，是一项造福世界各国人民的伟大事业。[①]"一带一路"倡议涵盖了东亚、东南亚、南亚、中亚、中东、欧洲等全球不同区域，

---

① 《推动共建丝绸之路经济带和21世纪海上丝绸之路的愿景与行动》，《人民日报》2015年3月29日，第4版。

周边地区作为中国对外战略实施的依托地带，也是"一带一路"倡议实施的关键地区。"一带一路"倡议作为新时期中国最重要的一项对外活动举措，对周边地缘政治的影响将是深远的。在"一带一路"倡议实施的战略框架中，水作为国家和社会发展、地区稳定的基础性要素，不仅是促进区域合作的重要载体，更是区域合作的重要内容。

一　"一带一路"倡议与水资源安全问题

根据国家的统一规划，"一带一路"贯穿亚欧非大陆。"丝绸之路经济带"重点畅通中国经中亚、俄罗斯至欧洲（波罗的海）；中国经中亚、西亚至波斯湾、地中海；中国至东南亚、南亚、印度洋。"21世纪海上丝绸之路"的重点方向是从中国沿海港口经南海到印度洋，并延伸至欧洲；从中国沿海港口过南海到南太平洋。[①] 截至2022年1月，中国已与147个国家、32个国际组织签署200多份共建"一带一路"合作文件。[②] 从区域上看，"一带一路"经过的中国和欧洲之间的欧亚大陆腹地，是全球生态问题突出的地区之一，大多数国家面临着不同形式的水安全挑战。

（一）"一带一路"倡议沿线区域存在水资源安全问题

"一带一路"倡议共建国家和地区横跨的经度和纬度范围广，不同区域的水资源自然特征和水安全问题差异较大，所以国内相关研究人员以"一带一路"倡议的主体路线为依托，考虑沿线水系和行政单元的完整性，将水资源区划分为11个，其中亚洲分为东亚区、西亚区、南亚区、中亚区和东南亚区5个分区，欧洲分为东欧区、中欧区、西欧区和南欧区4个分区，非洲分为东非区和北非区2个分区

---

① 《推动共建丝绸之路经济带和21世纪海上丝绸之路的愿景与行动》，《人民日报》2015年3月29日，第4版。

② 《我国已与147个国家、32个国际组织签署200多份共建"一带一路"合作文件》，中国政府网，2022年1月19日，http：//www.gov.cn/xinwen/2022–01/19/content_5669215.htm。

（见表 4 – 1）。①

"一带一路"共建国家的水资源总量呈现"东部丰富、西部匮乏"的格局。俄罗斯水资源总量最为丰富，达 45250 亿米³，占"一带一路"共建国家水资源总量的 23.09%；中国、印度、孟加拉国、缅甸、印度尼西亚等国家的水资源总量均超过 10000 亿米³，处于较丰富水平；西亚与中东国家水资源总量一般在 1000 亿米³ 以下，水资源较为匮乏，其中科威特水资源总量最低，仅为 0.2 亿米³。就地均水资源来看，"一带一路"共建国家单位面积国土的水资源量呈现"东南部丰富、北部次之、西南部及中部匮乏"的格局，而在人均水资源占有上，共建国家的差异显著，不丹人均水资源量最多，达97773 米³，相当于世界平均水平（5919 米³）的 16.52 倍；俄罗斯、中东欧、东南亚诸国人均水资源量较为丰富，一般在 10000 米³ 以上；人均水资源量低于 1700 米³ 的国际水资源压力警戒线以下的国家有 21个，主要位于南亚的印度和巴基斯坦、西亚与中东诸国以及部分中东欧国家；人均水资源量低于 500 米³ 即处于严重缺水警戒线的国家有 13 个，集中分布在阿拉伯半岛，其中科威特人均水资源量最低，不足 5 米³。②

表 4 – 1　"一带一路"沿线部分区域的水资源安全问题

区域	水资源安全问题
东亚	水资源总量南多北少，人均水资源量较低；南方以水环境和洪涝防御安全问题为主，西北地区以水生态和供水保障安全问题为主，西南和西北地区存在跨国界水资源纷争；水环境和水生态问题突出
南亚	人均水资源短缺；河流水体水质污染较重；水域生物多样性压力较大；病原性水污染导致水传播疾病严重；气候变化加速喜马拉雅冰川融化，短期内产生洪涝灾害，长期加剧水资源危机；跨国界水纷争和冲突问题突出

---

① 左其亭等：《"一带一路"分区水资源特征及水安全保障体系框架》，《水资源保护》2018 年第 4 期，第 18 页。

② 杨艳昭等：《"一带一路"沿线国家水资源禀赋及开发利用分析》，《自然资源学报》2019 年第 6 期，第 1149～1150 页。

区域	水资源安全问题
西亚	水资源短缺；水源急速干涸，人均水资源量不断下降；水质污染；水环境和供水保障安全问题突出
中亚	水资源分配不均，国家人均水资源短缺；以咸海为典型的生态环境系统受损直接导致生物多样性的减少；河流水体水质污染严重（以阿姆河、锡尔河、巴尔喀什湖为代表）；冰川融化，加剧水资源短缺；水工程设施老化和落后；跨界水安全问题和供水保障问题突出
东南亚	极端天气导致的洪涝灾害现象多发；水域生物多样性面临较大压力；围绕水工程建设的跨国界水纷争问题突出
欧洲	中欧和西欧水资源短缺；东欧和南欧受洪灾影响较大
非洲（东非和北非）	水资源稀缺；水利基础设施严重不足；洪涝防御和供水保障能力极差；围绕跨国界水资源纷争问题突出

资料来源：李志斐《水资源安全与"一带一路"战略实施》，《中国地质大学学报》（社会科学版）2017年第3期；左其亭等《"一带一路"分区水资源特征及水安全保障体系框架》，《水资源保护》2018年第4期。

中亚地区。该地区是世界水资源安全问题的严重地区。近几十年来，由于气候干燥，降雨量稀少，咸海面积不断萎缩，生态系统受损直接导致生物多样性减少；该地区的两大主要河流阿姆河和锡尔河，以及巴尔喀什湖水体水质污染严重；由于水污染与生物污染、尾矿堆积和工业废物（塔铝）等工业污染与核废料和核污染等问题并存，中亚地区的生态受到空前破坏，对人类活动的承载力不强，已成为制约该地区发展的重要障碍。① 同时，中亚地区是对气候变化影响敏感的区域，气候变暖导致帕米尔高原的冰川冻土融化，随着人口数量的不断增长，中亚的水资源短缺现象会日益严重，水资源压力不断增大，水资源安全问题将加剧该地区尤其是中亚国家之间

① "Environmental Security in Central Asia", http://www.eucentralasia.eu/uploads/tx_icticontent/EUCAM - Watch - 13.pdf; "Addressing Environmental Risks in Central Asia", http://www.envsec.org/publications/Addressing% 20environmental% 20risks% 20in% 20Central% 20Asia_English.pdf.

业已存在的水资源冲突，并持续作为影响中亚国家之间关系的主要
原因。①

南亚地区。南亚地区是一个拥有 16 亿人口的地区，受气候变
化、人口增长、资源过度开发等因素的影响，南亚地区的环境破坏
非常严重，水资源短缺性压力非常大，同时病原性水污染导致水传
播疾病严重，水资源安全问题突出。印度 32 个城市中的 22 个面临
水资源短缺问题。在尼泊尔的首都加德满都，居民每天花费数小时
排队取饮用水，巴基斯坦的卡拉奇因电力和水源短缺而爆发抗议活
动。② 作为南亚地区重要水源的恒河、印度河与布拉马普特拉河，
因南亚国家的工业发展、城市人口增长与环境污染，加上气候变暖
加剧喜马拉雅冰川加速融化，而面临着巨大的供水压力，洪涝灾害
发生的频率上升，面临水资源短缺而导致地区冲突概率上升的
风险。

东亚地区。东亚地区主要是中国，中国虽然水资源总量丰富，
但南北分配不均，人均水资源量低，南方的洪涝灾害和西北地区的
用水保障问题都比较突出，随着气候的不断变化，与周边国家的跨
国界水资源冲突问题时有发生。水质污染和生态环境安全问题也是
水安全问题的重要内容。

东南亚地区。随着国家工业化和城市化水平的不断提高，资源
压力和环境压力巨大，很多国家的环境安全问题比较严重。受气候
变化的影响，东南亚地区的极端天气状况增多，洪涝灾害发生的频
率增加，湄公河三角洲的农业生产和柬埔寨的渔业生产都受到影响，
气候移民现象增多，等等。东南亚国家的社会治理程度整体较低，

---

① International Crisis Group, "Water Pressures in Central Asia", http：//www. crisisgr
oup. org/ ~ /media/Files/europe/central – asia/233 – water – pressures – in – central –
asia. pdf.

② Mandakini Devasher Surie, "South Asia's Water Crisis：A Problem of Scarcity Amid
Abundance", http：//asiafoundation. org/2015/03/25/south – asias – water – crisis –
a – problem – of – scarcity – amid – abundance/.

对洪涝灾害的防御能力较差。① 因水资源使用量不断增多，加上水污染扩散，东南亚地区也开始出现水资源不足的现象。② 为了满足国内电力需求，带动经济发展，湄公河流域的国家纷纷制定了大量的水电计划，大量的水坝建设不可避免地会对湄公河丰富的生物多样性和鱼类种群产生累积效应，同时国家之间的纷争也在不断增多。

　　西亚地区。该地区虽然拥有世界上最丰富的石油资源，却是地球上最干旱的地区，河流稀少，地下水资源干涸，据也门的水与环境保护机构主席施蒂瓦透露，该国主要的21处蓄水层中有19处已经失去了补给能力，因此政府正在考虑搬迁拥有200万人口的首都萨那。在约旦，其对水的需求量预计将在未来20年内翻一番，而人口增长以及与以色列长期的水资源争夺战都使它面临着严重的水资源匮乏问题。世界银行称，约旦的人均用水量将在30年内由现在的2亿立方米降至9100万立方米。蓝色和平报告称，该地区的水资源量正在加速下降。死海水位自20世纪60年代以来已经降低了46米。而伊拉克的沼泽地已经减少了90%，同时，加利利海（基尼烈湖）正面临着被其底部的咸水泉眼盐碱化变为咸水湖的危险，一旦发生就无法逆转。③ 据世界银行预测，2020～2030年整个中东地区37%的民众的水资源需求将得不到满足，到2040～2050年，这一数字将增长到51%。中东地区60%的国家将面临极大的水压力。到2050年，因为水资源短缺，中东国家的粮食生产将降低60%，GDP下降

---

①　"Environmental Challenges of Development in the East Asia and Pacific Region", http：//siteresources. worldbank. org/INTEAPREGTOPENVIRONMENT/Resources/EAP_ Env_ Strat_ Chap_ 1. pdf.

②　Matt Hershberger, "6 Environmental Challenges Facing Southeast Asia（and What You Can Do to Help）", http：//matadornetwork. com/change/6 – environmental – challenges – facing – southeast/.

③　维达·约翰：《阿拉伯世界水危机》，中外对话网，2015年5月17日，https：//www. chinadialogue. net/article/show/single/ch/4296 – When – the – Arab – world – dries – up。

6%～14%，社会结构将受到严重影响。①

欧洲地区。虽然欧洲的水资源治理水平相较于世界上其他地区较高，但区域间差距明显。中欧和西欧地区的水资源短缺问题比较突出，水需求较高。东欧和南欧受洪涝灾害的影响较为严重，洪涝防御安全问题是主要的水资源安全挑战。

非洲地区。该地区的水资源总量和人均水资源占有量都很低，水资源供给和需求严重不匹配，农业灌溉、水力发电、蓄水输水等水利基础设施不足、落后或老化现象严重，抵御洪涝等自然灾害的能力极差，保障供水安全是非洲地区可持续发展和安全面临的重要挑战。北非和东非地区的自然灾害以旱灾为主，洪灾和旱灾并存，水资源非常短缺，埃及和苏丹的旱灾比较严重，而索马里和肯尼亚的洪灾也时有发生。北非供水季节差异性比较显著，东非地区供水年际和季节变化显著，供水问题比较严重。② 在存在诸多跨国界河流的地区，上下游国家之间关于水量分配和水利开发的纷争不断，跨国界水资源冲突的发生频度和风险指数都比较高。

（二）水资源安全问题对"一带一路"倡议实施形成挑战

"一带一路"共建地区和国家存在的水资源短缺、水生态环境污染、基础设施落后和不足、洪涝灾害抵御、跨国界水资源分配等各种水资源安全问题，涉及这些国家和地区的经济、科技、政治、外交、安全等各个方面，不可避免地会对"一带一路"倡议的实施形成显著的挑战。

从现有的情况来看，"一带一路"共建国家和地区已经存在着不同程度的水资源安全冲突问题。例如在"水比油贵"的中亚地区，

---

① NSDS HUB, "Water Scarcity in the Middle East", http：//thesouthernhub. org/re-sources/site1/General/NSD－S% 20Hub% 20Publications/Water_scarcity_in_the_middle_east. pdf.

② 金辉虎、韩健：《"一带一路"建设沿线水资源安全问题及思考》，《环境科学与管理》2019 年第 2 期，第 77 页。

吉尔吉斯斯坦与塔吉克斯坦形成的"能源联盟"与乌兹别克斯坦、土库曼斯坦和哈萨克斯坦结成的"水联盟"一直针锋相对，围绕着阿姆河和锡尔河的水资源利用和水坝建设问题争论不休，互不相让。水资源安全问题一直是影响中亚地区稳定与可持续发展的一个重大问题。

在南亚地区，印度和尼泊尔、巴基斯坦、孟加拉国在马哈卡利河、印度河和恒河的用水权上矛盾尖锐，冲突不断。水资源问题一直是印巴两国在克什米尔领土问题上的潜在催化剂，乌拉尔大坝改变印度流往巴基斯坦河水量的问题是印巴两国的长期分歧。孟加拉国常年痛斥印度"以邻为壑"，修建水坝导致恒河河水进入孟加拉国的数量不断减少，2005年两国甚至在阿考拉地区大动干戈。在经济发展落后和人口密度高的南亚地区，水资源问题是极易引发国家冲突和地区动荡的高敏感性安全问题。

在西亚地区，水资源严重短缺是当地发生内战和产生难民、恐怖主义和教派冲突的重要诱因。在水资源匮乏的条件下，西亚地区国家的水资源争夺战由来已久。阿拉伯国家和以色列爆发的五次中东战争均与约旦河水源获取密切相关；巴以和谈围绕着加沙和约旦河西岸水资源的转交问题而困难重重；叙以戈兰高地之争的症结同样是水资源问题，戈兰高地是以色列赖以生存的太巴列湖水源的主要来源地，以色列要求完全控制太巴列湖，但叙利亚寸土不让。而黎以争执的根本原因是对利塔尼河和哈斯巴尼河用水的争夺。可以说，水资源安全已经是西亚地区能否实现长期和平与可持续发展的最大障碍性问题。

"一带一路"倡议的实施和具体项目的开展，其基础条件就是稳定的国家环境和地区秩序，而水资源问题所引发的地区纷争会对"一带一路"倡议的实施形成消极影响。

另外，"一带一路"项目涉及能源、资源开发、交通基础设施、经济走廊建设等诸多大型项目和经济开发活动，对于环境安全的影响巨大。"一带一路"倡议规划显示，"基础设施互联互通是'一带一路'建设的优先领域。……抓住交通基础设施的关键通道、关键节点和重点工程，优先打通缺失路段，畅通瓶颈路段，配套完善道路安全防护设施和交通管理设施设备，提升道路通达水平"。① 基础设施的门类繁多，涉及口岸、公路、铁路、能源运输、水力发电等领域，这些基础设施的建设，一方面会大量耗费水资源，需要足够的水源支撑，另一方面会产生包括水安全在内的环境安全问题。例如，水质污染，生态廊道破碎问题、生物多样性减少、废弃物排放、土地占用、水土流失、外来有毒有害物质的输入污染等。

现在，环境安全问题是西方国家和很多非政府组织攻击中国境外水电投资的一种"借口"或"由头"，使中国企业和投资者蒙受巨大损失，也使中国基础设施项目投资和实施有可能面临更多挑战。

二 "一带一路"倡议与水资源安全治理理念

"一带一路"倡议实施的目的是要与共建国家打造利益共同体、责任共同体和命运共同体。"一带一路"倡导和平合作、互利共赢的发展之路，让古代的丝绸之路焕发出新的生命活力。中国作为负责任大国努力推动与亚欧非国家的新型互利合作，携手应对和解决发展过程中的挑战，合力抓住新时代赋予的历史机遇，共同推动彼此发展。所以，从根本上来说，实现水资源安全，是中国"一带一路"倡议实施的重要内容。"一带一路"倡议在实施过程中，不仅充分重视对共建国家和地区水资源安全的推动，降低水资源纷争和冲突发生的概率，减少导致社会冲突和地区不稳定的潜在因素，还借助水资源治理，提升中国负责任地区大国的形象，提高中国的国际声誉和中国在周边地区安全治理中的话语权与影响力。

---

① 《推动共建丝绸之路经济带和21世纪海上丝绸之路的愿景与行动》，《人民日报》2015年3月29日，第4版。

（一）综合安全：水资源安全是"一带一路"倡议实施的重要目标

随着全球化的发展，气候变化、跨国犯罪、传染性疾病、恐怖主义、水资源安全问题等非传统安全威胁的挑战日渐凸显，尤其是2020年新冠肺炎疫情在全球迅速蔓延成为公共卫生危机事件，更是凸显了全球治理的赤字。"一带一路"倡议应对的是安全挑战多样化、碎片化的世界，追求的是综合安全的实现。"水"作为一种基础性、命脉性的自然资源，其安全关乎国计民生的方方面面，是实现国家生存、可持续发展和地区稳定的基础要素。因此，水资源安全的实现是综合安全实现的重要内容。

（二）发展与安全兼顾：水资源开发利用是"一带一路"倡议实施的重要内容

习近平主席在2014年的亚洲相互协作与信任措施会议第四次峰会上指出，"求木之长者，必固其根本；欲流之远者，必浚其泉源"，发展是安全的基础，安全是发展的条件。贫瘠的土地长不成和平的大树，连天的烽火结不出发展的硕果，对亚洲大多数国家来说，发展就是最大的安全，也是解决地区安全问题的"总钥匙"。[①] 国内外安全形势的新变化显示，世界上具有全局性的两大问题与其说是"和平与发展"，不如说是"安全与发展"更为贴切、全面。[②]

"一带一路"共建国家很多是亚非拉地区的发展中国家，社会发展不平衡，贫富差距巨大，发展资金短缺，基础设施建设远远滞后于社会需求，经济发展迟滞。贫困和发展是社会矛盾尖锐的根源，也是恐怖主义与极端主义泛滥、社会冲突和民族冲突频发的根源。

---

① 《习近平在亚洲相互协作与信任措施会议第四次峰会上的讲话》，中国日报网，2014年5月21日，http://www.chinadaily.com.cn/2014yaxinfenghui/2014-05/21/content_17531651_4.htm。

② 刘江永：《世界大变局与可持续安全》，《南海学刊》2019年第4期，第4~5页。

因此，以发展促安全，以安全求发展是这些国家和地区获得和平的唯一出路。中国周边地区水资源问题产生的根源归根到底还是国家和社会发展的问题。共建国家和地区的经济发展落后，水利基础设施缺乏，水源储存和供应不足，水源污染得不到有效控制和治理，水利用效率低下①等严重影响国家的和平与稳定。

"一带一路"倡议提出要加强与共建国家的发展战略对接，推动可持续安全；强调发展与安全的内在逻辑与关联，通过大量的资金和技术投入，协助周边发展中国家和新兴经济体解决经济发展中的问题，同时通过大量基础设施的投资，提高当地民众的就业率和生活水平，带动当地经济发展，减少社会贫困，维护社会稳定，缩小贫富差距和地区经济发展差距，推动国家和地区可持续增长。在此过程中，大量水利基础设施的投资与建设，就是"一带一路"倡议实践发展与安全兼顾理念的重要表现。

（三）倡导合作与共同安全："一带一路"倡议中水资源安全治理的重要路径与原则

"一带一路"倡议主张和实践的是"共商、共建、共享"的全球安全治理理念，倡导"多边主义，大家的事大家商量着办，推动各方各施所长、各尽所能"。② 其中，"共商"是各国共同协商、深化交流，加强各国之间的互信，共同协商解决国际政治纷争与经济矛盾，摒弃一些西方国家推行的霸权主义和强权政治，推动政治民主和经济民主，促进各国在国际合作中的权利平等、机会平等、规则平等。"共建"是各国共同参与、合作共建，分享发展机遇，扩大共同利益，从而形成互利共赢的利益共同体。"共享"是各国平等发展、共同分享，让世界上每个国家及人民都享有平等的发展机会，共同分享世界经济发展成果。世界的命运应该由各国人民共同掌握，

---

① Brahma Chellaney, *Water*, *Peace*, *and War*, Rowman&Littlefield, 2014, p. 286.
② 《习近平谈治国理政》第 3 卷，外文出版社，2020，第 491 页。

国际规则应该由各国人民共同书写，全球事务应该由各国人民共同治理，发展成果应该由各国人民共同分享。① "共商、共建、共享"的治理理念强调的是一个"共"字，从根本上抛弃冷战思维和"零和博弈"。正如习近平主席所说，各国都应成为全球发展的参与者、贡献者、受益者。不能一个国家发展、其他国家不发展，一部分国家发展、另一部分国家不发展。②

"一带一路"倡议倡导通过"合作"获得安全路径。合作是解决国际冲突、实现国际和平的唯一有效而理性的路径。所谓合作，就是要通过对话促进各国和本地区安全。要通过坦诚深入的对话沟通，增进战略互信，减少相互猜疑，求同存异、和睦相处。要着眼各国共同安全利益，从低敏感领域入手，积极培育合作应对安全挑战的意识，不断扩大合作领域、创新合作方式，以合作谋和平、以合作促安全。要坚持以和平方式解决争端，反对动辄使用武力或以武力相威胁，反对为一己之私挑起事端、激化矛盾，反对以邻为壑、损人利己。③

"一带一路"倡议推动的是合作安全与共同安全。"一带一路"倡导"政策沟通、设施联通、贸易畅通、资金融通、民心相通"五通建设，推动铁路、公路、水路、空路、管路、信息高速公路的互联互通路网建设，与不同区域的发展与规划对接，推动全球互联互通体系建设，促使经济要素和资源的全球流通与有效配置，推动更宽领域、更深层次、更大范围、更高水平的国家合作与区域合作。另外，以绿色"一带一路"建设为统领，统筹并充分发挥现有双边和多边国际合作机制，加强合作机制与平台建设，构建合作网络，

---

① 陈建中：《共商共建共享的全球治理理念具有深远意义》，《人民日报》2017年9月12日，第7版。
② 《习近平在联合国成立70周年系列峰会上的讲话》，人民出版社，2015，第2~3页。
③ 《习近平关于总体国家安全观论述摘编》，中央文献出版社，2018，第230~231页。

创新国际合作模式，建设政府、智库、企业、社会组织和公众参与的多元合作平台[①]，完善水资源安全治理体系。

三 "一带一路"倡议实施与水资源合作

中国地处多条重要跨国界河流的上游位置，印度著名的国际战略问题研究学者布拉马·切兰尼说："世界上没有一个国家能像中国这样掌握着如此重要的水资源大权。没有中国的参与，亚洲各国便无法建立一个统一的用水机制。"水资源合作已经成为"一带一路"倡议的重要内容。在"一带一路"倡议实施框架下的水资源合作过程中，坚持言必信、行必果，重信守诺，善始善终，不开"空头支票"，坚持发展是各国的第一要务，重视对接各国发展战略规划，积极回应发展中国家经济社会发展的优先需求，把增进各国民生福祉作为发展合作的出发点，让更多实实在在的发展成果惠及普通民众。[②]

（一）战略规划上：重视区域水发展机制和规则的主导权建设

在国际政治领域，机制和规则建设的主导权竞争，是现在国际政治中最为重要的博弈。"一带一路"倡议的实施，从根本上说是要让沿线国家和地区分享中国发展的红利，推动其发展的同时，提高中国塑造国际新秩序的影响力。在战略规划层面，中国日益重视对水资源合作机制与平台的规划与建设，一方面有效对接地方、国家、地区层面的资源使用和开发机制，以及社会政策和经济发展规划，影响一国内部的环境、经济及社会可持续发展；另一方面提升国家与区域合作的深度与广度，带动国家和地区之间的安全对话与合作，对水资源安全治理提出新思路和新方法。

---

① 《推动共建丝绸之路经济带和 21 世纪海上丝绸之路的愿景与行动》，https://www.yidaiyilu.gov.cn/wcm.files/upload/CMSydylgw/201702/20170207055019013.pdf。

② 《新时代的中国国际发展合作》，《人民日报》2021 年 1 月 11 日，第 14 版。

1. 双边层面：构建密切伙伴关系网络

双边合作是"一带一路"倡议下水资源合作的基础。2015年中国水利部编制完成《贯彻落实"一带一路"建设战略规划实施方案》，2016年颁布了《水利改革发展"十三五"规划》①，针对"一带一路"共建国家和地区的水利合作现状，结合我国自身水利技术优势，确定了水利合作的指导思想、基本原则和总体目标。②

在方案和整体规划的指导下，水利部积极加强与"一带一路"参与国的双边合作机制建设。截至2019年4月，中国与相关国家组织召开双边固定交流机制会议40多次，在防洪减灾、水电开发、灌溉排水、水文监测、水资源保护与管理、河道整治、能力建设等领域，通过政策对话、技术交流、项目合作、人才培养等方式开展交流合作。同时，中国与周边12个国家建立各种形式的跨界河流合作机制，每年开展各层级会议、专家级会晤及联合考察40余轮次，惠及跨界河流两岸各国人民，在帮助周边国家提升水资源管理水平的同时，不断增进相互了解和信任。以跨界河流为纽带，扎实做好对周边有关国家的水文报汛工作，务实推进防洪减灾技术培训，携手应对洪水、干旱、冰湖溃决等自然灾害，全力提供水利救灾应急援助，体现了负责任大国的担当和善意。③

中国通过加强高层交往提升双边合作水平，通过双边机制搭建交流合作平台，通过对外援助推动双方合作，形成了发达国家与发展中国家并重的全方位合作格局，截至2021年10月底，中国为包括

---

① 《〈水利改革发展"十三五"规划〉印发实施》，中国水利部网站，2016年12月27日，http://www.mwr.gov.cn/ztpd/2016ztbd/qgslsswgh/btxw/201612/t20161227_782944.html。

② 张宝瑞、余洋：《基于服务"一带一路"加强水资源领域合作探讨》，《中国水利》2021年第20期，第119页。

③ 《水利部：助推"一带一路"建设 已与周边12个国家建立跨界河流合作机制》，中国水利部网站，2019年4月30日，http://www.mwr.gov.cn/xw/mtzs/zyrmgbdstzgw/201904/t20190430_1132906.html。

"一带一路"共建国家在内的 112 个国家 3000 多名技术人员和政府官员提供援外培训,实现了培训地点从境内到境内外,培训形式从多边到多双边,培训语言从英语单语种到英、法、俄、越、西多语种,培训级别从技术班、研修班升级到部长级高官班等。[1] 为缅甸、马里等国家的 30 多项援外工程项目开展了勘测设计咨询服务,援助 27 个发展中国家开展水利水电建设,承包了 70 多个国家和地区的水利水电项目。这些项目极大地改善了当地人民的生活,提供了更多的就业机会,提高了技术人员能力水平,增加了当地政府的收入,也增进了我国人民同受援国人民的友好情谊。[2]

2. 多边层面:深入参与全球水资源治理

多边合作是水资源合作的重要平台,是中国深度参与全球水资源安全治理,提升中国国际形象和国际影响力的重要路径。在"一带一路"倡议框架下,中国水利国际合作部门紧紧围绕联合国 2030 年可持续发展议程制订计划,精心筹划、深入参与国际水事务和国际水规则制定,成功推动设立单独的水目标。通过多边合作,宣传中国治水成就,展示中国形象,讲述中国故事,推行中国经验,进一步推动中国治水理念走向世界,积极推动与重要国际水组织的全方位合作。[3]

中国主动倡导创建多边合作平台,打造水资源命运共同体。2015 年 11 月,在中国的推动下,澜沧江—湄公河合作机制正式建立,在政治安全、经济和可持续发展、社会人文三个重点领域开展

---

[1] 《"一带一路"建设水利合作总体进展及成效》,《中国水利报》2021 年 10 月 29 日。

[2] 《国际合作助推"一带一路"建设》,中国水利部网站,2017 年 9 月 29 日,http://www.mwr.gov.cn/ztpd/2017ztbd/dlfjshms/slyjlzcqyxjz/201709/t20170929_1001340.html。

[3] 《国际合作助推"一带一路"建设》,中国水利部网站,2017 年 9 月 29 日,http://www.mwr.gov.cn/ztpd/2017ztbd/dlfjshms/slyjlzcqyxjz/201709/t20170929_1001340.html。

合作，合理有效开发利用资源能源，实现绿色和可持续发展。① 澜湄合作机制首次将水资源合作纳入优先推进方向，中国外交部部长王毅表示，六国合作因水而生，应共同保护和利用好这一宝贵资源，通过合作促发展、惠民生。中方愿与湄公河沿岸国家加强经验技术交流，建设澜湄水资源合作中心，帮助相关国家制定水资源利用和防洪减灾规划，加强水资源开发管理能力建设，将水资源合作打造成澜湄合作机制的旗舰领域。② 经过6年多的发展，澜湄地区的水资源务实合作水平不断提升，建立了澜湄水资源合作联合工作组，制定了《澜沧江—湄公河水资源合作五年行动计划（2018—2022）》，成立了澜湄水资源合作中心，为开展合作提供技术支撑；举办澜湄水资源合作论坛等。在澜湄合作机制的推动下，澜湄地区的水资源合作的状态逐渐从机制碎片化状态向平台化转变。

中国积极推动与国际组织合作，参与多边机制发展。中国充分发挥各项优势，推动建立更加平等均衡的全球发展伙伴关系，与世界卫生组织、世界气象组织、联合国开发计划署等机构合作，积极参与联合国可持续发展议程相关目标监测和监督方法的研究与讨论。积极参与国际水治理体系的研究与讨论。利用世界水论坛、中欧水资源交流平台、澜沧江—湄公河合作机制等多边合作平台，与世界水理事会、欧盟、联合国教科文组织、联合国工业发展组织、联合国儿童基金会等国际组织开展合作，组织政策对话，介绍中国治水理念，促进共同发展。③

① 《澜沧江—湄公河合作首次外长会举行 澜湄合作机制正式建立》，中国外交部网站，2015年11月15日，https：//www.mfa.gov.cn/ce/ceasean/chn/dmjw/t1314921.htm。

② 《王毅阐述澜湄合作五个优先方向、三个重要支撑》，中国政府网，2015年11月13日，http：//www.gov.cn/guowuyuan/2015－11/13/content_2965608.htm？cid=303。

③ 《国际合作助推"一带一路"建设》，中国水利部网站，2017年9月29日，ht-tp：//www.mwr.gov.cn/ztpd/2017ztbd/dlfjshms/slyjlzcqyxjz/201709/t20170929_1001340.html。

（二）项目设计上：对接共建国家和地区水资源发展规划和需求，推动"五通"建设

"一带一路"倡议实施的重点是实现政策沟通、设施联通、贸易畅通、资金融通、民心相通（以下简称"五通"），其中政策沟通是重要保障，设施联通是优先领域，贸易畅通是重点内容，资金融通是重要支撑，民心相通是社会根基。通过加强"五通"，以点带面，从线到片，逐步形成更广泛、更深入的全球与地区合作机制。结合共建国家和地区水资源安全问题现状与特点，在项目设计上，充分对接共建国家和地区水资源发展规划和需求，加强水资源政策沟通、基础设施合作、水灾害防治合作、科技人文交流等[1]，推动水资源领域的政策沟通、基础设施联通、资金融通和民心相通建设，促进水资源安全治理。

1. 水资源政策沟通方面

政策沟通是共建"一带一路"的重要保障，是形成携手共建行动的重要先导。[2] 中国与相关国家及国际组织签署和落实合作备忘录，对接水利发展战略和规划，交流治水经验和理念等，这是水资源政策沟通实施的主要内容。截至 2021 年 10 月底，中国已与 57 个国家签署 72 份双边合作协议，建立 32 个双边固定合作交流机制，并与 8 个国际组织及相关国家签署了 10 份多边合作协议。[3] 政策方面的有效沟通，一方面使很多双边备忘录框架下的交流合作机制成为常态化工作，另一方面密切、有效地对接了倡议参与国的发展需求，使"一带一路"水资源专业领域对接合作有序、精准推进，有力地提高了工作成效。

---

① 李明亮等：《"一带一路"视角下水资源合作的机遇和挑战》，《中国水利》2018 年第 23 期，第 5 页。

② 《共建"一带一路"倡议：进展、贡献与展望》，新华网，2019 年 4 月 22 日，http：//www.xinhuanet.com/world/2019－04/22/c_1124400071.htm。

③ 《"一带一路"建设水利合作总体进展及成效》，《中国水利报》2021 年 10 月 29 日。

在政策沟通方面，中国利用在筑坝技术、小水电建设、水文、泥沙、水土保持等方面的技术优势，积极推进与水资源国际标准的对接。截至 2020 年 12 月底，水利部已经完成 38 项水利技术标准英文翻译，坝工建设、小水电等 27 项技术标准英文版已出版发行。在合作过程中，中国的相关标准得到拉美、非洲、东南亚部分国家的认可，应用于流域综合规划、工程设计、施工管理等领域。从 2018 年 9 月开始，水利部与联合国工业发展组织探讨合作制定小水电国际标准，ISO 技术管理局（TMB）会议于 2019 年 2 月投票通过《小水电技术导则：通用技术术语和设计技术导则》。[①] 2019 年 11 月，联合国工业发展组织正式发布导则全文。国际标准化组织（ISO）2021 年正式发布导则中的术语、选点规则、设计原则与要求三个 IWA33 文件，这是中国制定的第一个 ISO/IWA 标准，已通过国家标准化管理委员会，向国际标准化组织提出成立小水电技术委员会（TC）的申请。[②]

2. 基础设施联通方面

基础设施投入不足是发展中国家经济发展的瓶颈，加快设施联通建设是共建"一带一路"的关键领域和核心内容。[③] 中国对外水利投资积极对接共建国家和地区的发展规划和需求，推动当地经济社会发展，为共建国家社会民生提供保障，为共建国家经济发展注入新动能，为共建国家水资源管理贡献中国智慧。在"一带一路"倡议框架下，中国为亚非拉地区多国提供了水资源及流域综合规划、防洪规划等技术咨询，实施了大量灌溉、供水、防灾减灾、大坝安

---

① 《水利部：助推"一带一路"建设 已与周边 12 个国家建立跨界河流合作机制》，中国水利部网站，2019 年 4 月 30 日，http：//www.mwr.gov.cn/xw/mtzs/zyrmgbdstzgw/201904/t20190430_1132906.html。

② 《国际小水电联合会：推进小水电标准国际合作》，《中国水利报》2021 年 10 月 29 日。

③ 《共建"一带一路"倡议：进展、贡献与展望》，新华网，2019 年 4 月 22 日，http：//www.xinhuanet.com/world/2019－04/22/c_1124400071.htm。

全等民生水利项目，有效地改善了当地水源供给，缓解了当地供水不足和农业发展落后的问题，并大大提高了当地水旱灾害防御能力。投资和建设的一大批功能水利水电枢纽工程，发挥了发电、供水、灌溉、防洪等综合效益，有效解决了当地电力短缺问题，带动产业升级，为当地创造大量就业机会，推动当地经济发展。

通过参与"一带一路"共建国家的全国、流域、区域及专项规划，不断丰富当地水利规划实践，补充完善当地水利规划体系，带动相关设计、施工、运营、设备后续发展。同时，通过开展联合研究、示范项目等，进一步提升了当地水资源管理水平。[1]截至2018年11月，中国共参与了全球89个水电站项目，遍布全球六大洲，其中承建58个，收购1个，投资8个，与海外公司共同承建3个，投资+承建6个，租赁+承建5个，贷款+承建8个。这些水电站分布于全球六大洲，其中亚洲占比最大，投资/承建的数量有50座，占到总数的56.18%；其次是非洲，投资/承建的数量有25座，占28.09%；在南美洲投资/承建的水电站有10座，占11.23%；在欧洲投资/承建的水电站有2座，占2.25%；在北美洲和大洋洲投资/承建的水电站各1座，各占1.12%。[2]

截至2020年底，水利水电企业在全球70多个国家和地区开展项目合作，包括工程建设、规划设计、设备出口、人员培训等。中国水利水电企业参与或投资300多座水电站建设，为30多个国家和地区提供了小水电技术咨询与设备成套供货服务，参与建设的巴基斯坦风光互补项目成为"一带一路"建设第一批完工项目。2019年4月17日，中哈苏木拜河联合引水改造工程竣工，工程投入使用后将进一步改善界河沿岸两国人民的用水条件；2019年4月18日，中哈霍尔果斯河阿拉马力（楚库尔布拉克）联合泥石流拦阻坝工程正式

---

① 《"一带一路"建设水利合作 命运与共 携手向前》，《中国水利报》2021年11月19日。

② 尹富杰、邬明权等：《中国承建一带一路水电站汇总》，北极星电力新闻网，2018年11月29日，http：//news. bjx. com. cn/html/20181129/945170. shtml。

开工，工程建成后将对霍尔果斯河上下游双方重要基础设施和沿岸人民生命财产安全提供保障。①

2016年11月18日正式竣工发电的厄瓜多尔科卡科多辛克雷水电站是中资公司在海外独立设计的规模最大的水电工程，也是世界上规模最大的冲击式机组水电站之一，年发电量88亿千瓦时，满足了厄瓜多尔1/3人口的用电需求，使清洁能源的利用比例达到85%，减少了燃油发电，降低了碳排放，彻底改变当地电力需求依靠国外进口的历史，使厄瓜多尔从电力进口国变为电力出口国，实现由年进口电力费用10亿美元到年出口电力收益6亿美元的飞跃。项目建设过程中，间接创造了1.5万多个就业机会，促进多领域基础设施建设，提高了当地居民生活水平，让"一带一路"成果惠及厄瓜多尔人民。巴基斯坦卡洛特水电站，是中巴经济走廊框架下的首个水电投资项目和首个被载入中巴两国联合声明的水电投资项目，每年提供超过32亿千瓦时的清洁能源，可满足巴基斯坦200多万个家庭的用电需求，极大缓解了电力供应紧张状况，提高了清洁能源占比。该项目为当地约5000人提供了就业机会，增加了当地政府税收②，使当地民众切实感受到"一带一路"倡议所带来的效果。

另外，中国还积极推动相关基础设施的投资与建设。例如，水资源的储存和供应系统，国家内部地区之间的水分配和调水网络及输水管道，饮用水、废水和雨水基础设施，洪水控制措施（包括堤坝、水坝、防洪堤和港口等），以及洪水准备措施（例如蓄水储存）等。在尼日尔政府的多次表示下，2019年中国在"一带一路"倡议下投资尼日尔塔瓦大区、津德尔大区、阿加德兹大区9座水坝及

---

① 《水利部：助推"一带一路"建设 已与周边12个国家建立跨界河流合作机制》，中国水利部网站，2019年4月30日，http：//www.mwr.gov.cn/xw/mtzs/zyrmgbdstzgw/201904/t20190430_1132906.html。

② 《"一带一路"建设水利合作 命运与共 携手向前》，《中国水利报》2021年11月19日。

2150 公顷农田整治，以及 1 个溢流堰的建设工程。该项目是尼日尔政府 3N（粮食自给）计划 1 号主轴的重要组成部分，符合尼日尔农牧林生产国家发展战略，有助于达成"2021 年零饥饿"目标。项目实施后，可提供灌溉所需的水量，保证灌区用水需求，增强水库对洪水的天然调节作用，降低水旱灾害对当地群众的影响；大幅度提升工程实施区域内水资源利用效率，提高农、牧、林、渔的产量，增加当地居民就业数量和经济收入，逐步实现粮食自给，带动当地经济发展。①

3. 资金融通方面

资金融通是共建"一带一路"的重要支撑②，通过亚洲基础设施投资银行（AIIB）、中国气候变化南南合作基金、丝绸之路基金、亚洲区域合作专项资金、澜沧江—湄公河合作专项基金等一系列国际合作资金机制，以及中国银行、国家开发银行等金融机构，向沿线国家和地区提供水相关项目的资金支持。

根据中国各大银行公布的数据，截至 2019 年 6 月末，中国银行累计跟进逾 600 个"一带一路"沿线项目，提供授信支持超过 1400 亿美元。③ 中国进出口银行"一带一路"执行项目超过 1800 个，贷款余额超过 1 万亿元人民币，并根据不同项目的特点不断优化产品组合，不断拓展同业合作，构建多层次融资体系。如通过混合贷款、银团贷款、投贷结合、委托代理等方式与开发性和商业性金融机构开展多种业务合作，同时与世界银行、亚洲开发银行、泛美开发银行、亚洲基础设施投资银行等多边金融机构建立了良好的合作交流

---

① 《"一带一路"建设水利合作 命运与共 携手向前》，《中国水利报》2021 年 11 月 19 日。

② 《共建"一带一路"倡议：进展、贡献与展望》，新华网，2019 年 4 月 22 日，http：//www. xinhuanet. com/world/2019 – 04/22/c_1124400071. htm。

③ 《中国银行在"一带一路"授信已超过 1400 亿美元》，新华网，2019 年 8 月 30 日，http：//www. xinhuanet. com/2019 – 08/30/c_1124943441. htm。

机制，支持了一大批绿色产业项目。①

截至 2016 年底，国家开发银行在"一带一路"相关国家累计发放贷款超过 1600 亿美元，余额超过 1100 亿美元。国家开发银行发起设立上合组织银联体、中国—东盟国家银联体等多边金融合作机制，与全球几十家区域、次区域金融机构及合作国金融机构建立合作关系，开展联合融资、银团贷款、转贷款等合作，充分发挥"投贷债租证"综合金融服务优势，为"一带一路"重大客户提供全方位、一站式金融服务。②

自"一带一路"倡议实施以来，中国通过资金融通支持了全球各地一大批关乎当地国计民生和可持续发展的重大水项目。印度尼西亚的加蒂格迪大坝是印尼最大的水利项目，中国水电集团承担总工程份额的七成，总投资额 4.12 亿美元中的九成来自中国进出口银行的优惠贷款，建成后从根本上解决了爪哇省电能短缺的问题。③

2019 年 6 月，亚洲基础设施投资银行在尼泊尔进行了首次投资，提供了高达 9000 万美元的贷款，用于资助特耳苏里河上游 1 期水电项目。该水电项目总装机容量达 216 兆瓦，总投入约 6.5 亿美元，预计将使尼泊尔的发电量增加近 20%。亚洲基础设施投资银行还为拟建的塔玛科西 5 期（Tamakoshi V）水电项目提供 90 万美元的贷款，并为该项目提供了 100 万美元用于配电系统升级和扩建。④ 2018 年 7 月，乌兹别克斯坦塔什干梯级水电站 9 号电站、下博兹苏伊梯级水电站 14 号电站和沙赫里汉梯级水电站 2 号电站 3 座水电站实行现代化

---

① 《中国进出口银行："一带一路"项目余额超万亿元 "债务陷阱"为不实指责》，中国经济网，2019 年 4 月 19 日，www. ce. cn/xwzx/gnsz/gdxw/201904/19/t20190419_31893098. shtml。

② 《国开行拟三年落实 2500 亿元"一带一路"专项贷款》，中国网，2017 年 6 月 2 日，News. china. com. cn/2017 - 06/02/content_40947520. htm。

③ 高鑫：《当中国水电遇上"一带一路"（3）》，北极星水力发电网，2015 年 5 月 20 日，http：//news. bjx. com. cn/html/20150520/620801 - 3. shtml。

④ 《亚投行贷款 9000 万美元资助尼泊尔特耳苏里河水电项目建设》，北极星水力发电网，2019 年 8 月 1 日，https：//news. bjx. com. cn/html/20190801/996945. shtml。

改造，项目总金额达 7400 万美元，由中国电力股份有限公司承建，使用政府优惠出口买方信贷融资 6300 万美元。2020 年全部如期并网发电，改造完成后装机容量将至少提升 1 倍，发电量提升将超过 2 倍。①

4. 民心相通方面

民心相通是共建"一带一路"的人文基础。②"一带一路"共建国家众多，具有多种族、多宗教、多文化的特点。在"一带一路"建设的"五通"中，民心相通是一个重要的内容，能否实现"民心相通"是衡量"一带一路"建设成果和成效的主要标志。水相关基础设施项目与民众的生活质量息息相关，相关项目的开展可以有效促进"民心相通"建设。

2018 年，水利部与教育部合作启动了"'一带一路'水利高层次人才培训项目"，连续 5 年以全额奖学金形式资助"一带一路"共建国家及相关国家水利高层次人才来华攻读硕士学位，项目拟培养 150 名境外高级别人才，2018 年已成功招收来自亚洲、非洲、拉丁美洲等 16 个国家的约 30 名青年学员；水利部还与河海大学合作，向柬埔寨、老挝、缅甸、泰国、越南等湄公河沿岸国家近 60 名水利领域的政府官员或技术人员提供奖学金，资助其来华参加水文及水资源、水利水电工程等领域的研究生培训。③

2020 年水利部成立服务"一带一路"人才培养基地，以培养服务"一带一路"水利建设和具有国际视野的现代化人才为主要目标，采取"政府＋院校＋企业"人才培养模式，统筹国内和国际资源，

---

① 《中国电建承建的乌兹别克斯坦水电站项目年内如期并网发电》，中国商务部网站，2020 年 12 月 18 日，http：//www.mofcom.gov.cn/article/i/jyjl/e/202012/20201203024532.shtml。

② 《共建"一带一路"倡议：进展、贡献与展望》，新华网，2019 年 4 月 22 日，http：//www.xinhuanet.com/world/2019-04/22/c_1124400071.htm。

③ 《水利部：助推"一带一路"建设 已与周边 12 个国家建立跨界河流合作机制》，中国水利部网站，2019 年 4 月 30 日，http：//www.mwr.gov.cn/xw/mtzs/zyrmgbdstzgw/201904/t20190430_1132906.html。

联合水领域知名科研院所、高校和企业，搭建中国同"一带一路"国家水利合作人才网络，促进与"一带一路"国家民心相通和文明互鉴，推动实现国际水利人才互通和标准互认。基地成立以来，制定了人才培训课程体系方案和课程大纲，建立了人才培养师资库，邀请来自政府、智库、企业、高校等单位具有政策研究制定、国际项目管理实施和水利技术研究利用丰富经验的官员和专家授课交流。2020 年先后邀请 20 多个国家 200 多名水利技术和管理人员来华培训交流，为相关国家提升水资源管理能力，落实 2030 年可持续发展议程水目标提供了重要支持。①

以援外培训工作为支撑，水利部农村电气化研究所在巴基斯坦、埃塞俄比亚、印度尼西亚和塞尔维亚等"一带一路"共建国家建立了 4 个海外技术转移与能力建设中心，开展区域性能力建设、技术研究与示范等合作。通过合作，为当地农村能源行业和基础设施建设提供技术产品与服务，推动小水电等水利水电技术"走出去"，并在"一带一路"共建国家落地生根，切实提升当地电力供应水平、改善民生。② 新冠肺炎疫情突袭而至，中国向老挝、柬埔寨、孟加拉国等国家捐赠防疫物资，并第一时间将亚洲水理事会捐赠水利部长江水利委员会的防疫物资寄送武汉。这种技术人员的培训与交流，为共建国家培养了大量的水利技术人才，有助于共建国家的水资源管理能力的提升，同时也有效地加强了中国与共建国家的"民心相通"建设。

中国具有先进的建设经验和雄厚资金，在投资"一带一路"共建国家水相关基础设施的过程中，重视技术性因素的应用，推动水利技术标准的制定，注重分享中国经验，贡献中国智慧。中国注重

---

① 《中国同"一带一路"国家水利合作人才网络 推动实现国际水利人才互通》，宁夏新闻网，2021 年 8 月 23 日，https：//www. nxnews. net/zt/2020/xsss/wztt/202108/t20210823_7245045. html。

② 《"一带一路"建设水利合作总体进展及成效》，《中国水利报》2021 年 10 月 29 日。

加强与共建国家的技术类合作，例如在水文气象学、地理信息系统、监测控制和数据获取系统、远程感应等方面，帮助共建国家政府更好地管理水资源和水卫生体系，通过这些系统的建设，更好地收集数据，预测水资源使用战略可能带来的后果，提升水资源利用效率，协助水资源管理战略、合作管理战略和利用战略的调整和制定，从而可以更长远地影响共建国的社会发展。

（三）项目实施主体上：推动主体"多元化"，实现水资源安全合作群体广泛参与

由于水资源问题的挑战具有社会化与多层面特征，单一的政府是不能有效应对这种复合性安全挑战的。尤其是很多"一带一路"共建国家的水资源安全问题需要大量的水相关基础设施建设来缓解或解决，仅仅依靠本国政府的财力是远远无法完成的。所以，"一带一路"倡议在实施过程中，提出"共商、共享、共建"原则，聚合和调动政府、企业和民间资本等多层面力量的广泛参与，采用广泛合作的项目实施模式，发挥各渠道优势，实现共担责任和风险、共享建设和发展成果。经过多年的发展，多层面合作机制逐步建立，以 PPP 为重要内容的合作模式，在"一带一路"水资源合作中发挥了重要的作用。这种伙伴关系通常具有四个主要特征：互惠义务和问责制措施；自愿与合同制关系；投资、政治和信誉风险的分担；项目设计和实施的共同责任。广泛的合作伙伴关系建立是一种顺应市场机制选择的结果，有助于充分调动和运用社会不同领域与层面的资源，建构国家统一目标之下的政府—民众联盟，获得广泛的政治与公众支持，加快机制发展和资金流动回报。①

在政府层面，中央政府对"一带一路"倡议的实施进行了整体的战略规划与上层设计，整合了水利部、外交部、商务部、科技部

---

① Marcus Dubois King, "Water, U. S. Foreign Policy and American Leadership", https://elliott.gwu.edu/sites/elliott.gwu.edu/files/downloads/faculty/king - water - policy - leadership.pdf.

等国家政府机构，协调政府不同部门的配套政策和建立协作机制，协调与共建国家的整体关系与合作，为"一带一路"项目的实施提供政策支持。充分发挥地方优势，使之在防洪抗旱减灾、水利信息监测、水文条件变化联合研究、信息共享平台建设以及水利投资等方面与参与国开展务实合作。

在企业层面，除了国家开发银行、中国银行、丝路基金、亚洲基础设施投资银行等金融机构参与水资源国际合作之外，中国水利水电建设集团公司、中国电力建设集团有限公司等国有企业以及云南水务等地方企业，也都参与其中。在项目的实施过程中，中国企业重视水域环境保护，制定了严格的项目绿色环保标准，注重面向基层民间的交流合作，举办生物多样性和水资源保护等各类公益慈善活动，在促进沿线贫困地区生产生活条件改善的同时，重视生态文明理念的宣传，逐渐建立中国对外水合作的国际新形象。

2017 年 1 月，国家发展改革委会同外交部、交通运输部、水利部等 13 个部门和单位，共同建立"一带一路"PPP 工作机制，与共建国家在基础设施等领域加强合作，积极推广 PPP 模式，鼓励和帮助中国企业走出去，推动相关基础设施项目尽快落地。① 2018 年 12 月媒体汇总的中资企业 10 大最具代表意义的海外 PPP 项目中，有 7 个是"一带一路"倡议实施项目，主要集中在缅甸、哈萨克斯坦、乌克兰、印尼、阿联酋、老挝、柬埔寨 7 个国家。柬埔寨的甘再水电项目、额勒赛河下游水电项目、几内亚苏阿皮蒂水利枢纽项目等都是 PPP 项目实施的成功案例。"一带一路"倡议下的水利开发项目通常由企业发起，主要以 BOT 模式进行开发，核心是特许权协议。通过投资建设高速公路或水电站项目，在特许权协议期内进行运营，

---

① 《发展改革委员会同 13 个部门和单位建立"一带一路"PPP 工作机制》，中国政府网，2017 年 1 月 7 日，http：//www.gov.cn/xinwen/2017－01/07/content_5157240.htm。

以收费或售电来回收投资，实现盈利。①

以比较有代表性的柬埔寨额勒赛河下游水电项目为例，该项目位于柬埔寨戈公省额勒赛河下游，是柬埔寨已投产装机容量最大的水电站。项目由中国华电集团公司承建，总投资额为5.8亿美元，中国进出口银行提供总额70%的贷款，剩余部分来自华电自有资金。项目投产后为柬埔寨提供全国年发电量的30%，改变了柬埔寨全年缺电的局面，大大降低柬埔寨的平均居民用电价格，特别在汛期全国用电量能够完全得到有效保障，为百姓脱离贫困、提高幸福指数创造了有利条件；同时对提升工业产品竞争力、增加工业从业人员收入，缓解就业压力做出了卓越贡献。②

综上，参与"一带一路"倡议的国家和地区大多是传统安全因素和非传统安全因素聚集的地区，面临的安全风险有四大特点。一是风险形式复杂多样。局部冲突、恐怖袭击、粮食危机、巨灾等多种风险并存，风险交汇聚合更招致经济、投资风险，区域风险呈现原因错纵交织、冲突对手难觅、解决无从下手的复杂状况。二是风险因果相互关联。欧亚非地区民族成分复杂，恐怖袭击、地区冲突、难民危机、粮食问题、宗教极端主义、自然灾害等多风险并存、互为因果，具有很强的关联性。三是局部风险损失程度大、危害面广。政治风险、自然灾害风险导致巨大经济损失，人道主义危机波及全球。四是国家治理能力弱。"一带一路"共建国家多为发展中国家，政治稳定性、法律监管、金融税收管理等水平较低，政府治理能力风险突出。③"一带一路"倡议是中国为全球安全治理提供的中国智慧，是全球安全挑战应对和问题解决的"中国钥匙"。共建"一带一

① 许振威：《以PPP模式开发可持续基础设施》，新华丝路网，2019年7月12日，https://www.imsilkroad.com/news/p/377882.html。
② 《"一带一路"PPP项目案例——柬埔寨额勒赛下游水电项目》，中国PPP项目在线，2018年5月14日，http://ppp-ol.com/news/show-4632.html。
③ 李明：《"一带一路"战略与全球风险治理》，《中国经济时报》2015年11月3日，第A5版。

路"顺应了全球治理体系变革的内在要求,彰显了同舟共济、权责共担的命运共同体意识,为推动全球治理体系变革提供了新思路新方案。①

"一带一路"倡议实施过程中开拓的和平、繁荣、开放、绿色、创新、文明之路,坚持公正合理,破解世界治理赤字;坚持互商互谅,破解信任赤字;坚持同舟共济,破解和平赤字;坚持互利共赢,破解发展赤字。② 通过"五通"建设有力地推动了水资源安全合作治理,提升了水资源安全的国家与地区层面的治理能力,降低了安全冲突风险,促进了国家之间的合作共赢与共同发展,形成了新的水资源合作与治理格局,对全球和平稳定与可持续发展起到了至关重要的作用。

第二节　澜湄合作机制与亚太地区水资源安全治理

"一河连六国。"澜沧江—湄公河是连接中国和中南半岛最重要的一条跨国水系,全长 4880 千米,流域总面积 79.5 万平方千米,拥有 3.26 亿民众,是全球最具发展潜力的地区之一。2016 年 3 月 23 日,澜沧江—湄公河合作首次领导人会议在海南三亚举行,中国总理李克强、泰国总理巴育 (Prayut Chan - ocha)、柬埔寨首相洪森 (Hun Sen)、老挝总理通邢 (Thongsing Thammavong)、缅甸副总统赛茂康 (Sai Mauk Kham) 和越南副总理范平明 (Pham Binh Minh) 在启动仪式上共同将从澜沧江—湄公河途经六国不同河段采来的水注入启动台水槽,实现了"六水合一",正式宣告澜湄合作机制的诞生。经过几年的建设,澜湄合作机制由"培育期"进入"成长期",

---

① 《习近平谈治国理政》第 3 卷,外文出版社,2020,第 486 页。
② 《为建设更加美好的地球家园贡献智慧和力量——在中法全球治理论坛闭幕式上的讲话》,《中华人民共和国国务院公报》2019 年第 10 号。

"高效务实、项目为本、民生优先"的澜湄模式以及多层级的合作体系已经初步建立，澜湄水资源合作进入"快车道"。[①] 作为次区域最具活力和潜力的合作机制之一，澜湄合作机制是中国周边外交和"一带一路"倡议的具体实施内容，其发展不仅与澜湄地区和国家的中长期发展密切相关，也对中南半岛的地缘政治环境产生深远影响。澜湄国家"同饮一江水"，澜湄合作机制也"因水结缘"[②]，因水而生和因水而兴。作为第一个将水资源合作列为优先合作领域的次区域合作机制，水资源合作对澜湄合作机制发展与周边命运共同体建设具有重要的战略意义。而澜湄合作机制的建立和发展，对于缓解澜湄水资源安全压力，提升地区水资源安全治理能力，促进水资源安全具有重要的意义和价值。

一　澜湄合作机制"因水而生"

澜湄地区地处东南亚核心区域，连接南亚和东南亚，地处印太地区的关键性位置，特殊的地理位置和地缘政治环境，导致该地区存在着毒品生产贩卖、非法武器交易、人口贩卖、非法木材交易、动物产品和商品贩卖、恐怖主义、网络安全和传染病等多种非传统安全问题，这些问题错综复杂，复合联动，深刻影响地区政治经济和社会安全。[③] 水问题作为非传统安全问题之一，2010 年之后被不断地政治化、安全化和国际化，成为大国之间博弈及开展制度制衡与反制衡的一个战略性问题。澜湄合作机制正是在这种时代背景下诞生的。

---

① 王菡娟：《水利部部长李国英：澜湄水资源合作进入"快车道"》，《人民政协报》2021 年 12 月 9 日，第 6 版。

② 《李克强在澜湄合作首次领导人会议上的讲话（全文）》，中国新闻网，2016 年 3 月 23 日，http://www.chinanews.com/gn/2016/03 – 23/7809037. shtml。

③ 李志斐：《澜湄合作中的非传统安全治理：从碎片化到平台化》，《国际安全研究》2021 年第 1 期。

（一）水是澜湄地区的关键性资源

湄公河在泰国、老挝语中意为"水之母"，被老挝、柬埔寨、泰国和越南等国称为"母亲河"。老挝97%的国土面积位于湄公河流域，柬埔寨、泰国和越南分别为约86%、23%和8%。中国贡献了约16%的澜湄河流总流量和21%的流域面积，湄公河水流量的35%在老挝境内，19%在柬埔寨境内，17%在泰国境内，11%在越南境内（包括人口稀少的中央高地的一部分、中部海岸的两个小地区，以及该国东北部的奠边府的小地区）。[①] 整个澜湄流域6000多万人口依附于该河流，水资源在农业、生活、能源和经济方面的作用使该河对澜湄沿岸国家至关重要，具有重大的政治意义。[②] 柬埔寨、老挝、泰国和越南四国，高达83%的人口的经济行为与水相关。[③] 所以一旦湄公河水流量和质量出现问题，会对整个湄公河区域的粮食安全、渔业和能源安全产生显著的影响。

2010年澜湄流域爆发了严重旱灾，湄公河水位降至二十年来的最低点，部分地区水位仅有33厘米，导致泰国、老挝、越南和柬埔寨的农业灌溉、工业生产、渔业养殖、水力发电和航运都受到不同程度的冲击和影响。美国、日本等国的媒体、智库及非政府组织借此机会开始渲染"中国水威胁论"和"中国大坝威胁论"，将水资源问题塑造成一种地区范围的"存在性威胁"，并诬称是中国造成了这

① Claudia Ringler et al., "Water Policy Analysis for the Mekong River Basin", *Water International*, Vol. 29, No. 1, 2004, pp. 30 – 42.

② Jessica M. Williams, "Is Three a Crowd? River Basin Institutions and the Governance of the Mekong River", *International Journal of Water Resources Development*, Vol. 37, No. 4, 2021, pp. 720 – 740.

③ Scott William David Pearse – Smith, "The Impact of Continued Mekong Basin Hydropower Development on Local Livelihoods", *Consilience：The Journal of Sustainable Development*, Vol. 7, No. 1, 2012, pp. 73 – 86.

种"威胁"。①

（二）澜湄地区地缘政治环境复杂

从 19 世纪中叶开始，法国殖民者到达湄公河区域，湄公河作为一个区域概念进入人们的视野。② 二战期间日本为掠夺东南亚丰富的战略物资大举入侵越南、老挝等湄公河国家。二战结束后，日本军国主义被肃清，法国殖民主义卷土重来，湄公河国家内的民族独立运动兴起，直到 1954 年奠边府战役后签订《日内瓦条约》，法国殖民者才退出湄公河区域事务舞台。此后美国开始插手湄公河区域事务。冷战大幕拉开后，在以苏联为首的社会主义阵营与以美国为首的资本主义阵营对抗的背景下，越南南北分治，美国在越南南部扶植了以吴庭艳为首的"越南共和国"，对抗胡志明领导的北方政权。美国国家安全委员会 1956 年称，政府应该协助发展可行的以湄公河流域为核心的区域合作和互助机制，"抵制共产主义在该区域的影响或支配"。③ 1957 年，在联合国亚远经委会（ECAFE）的主导下，老挝、泰国、柬埔寨和越南南部政权宣布成立湄公委员会（Mekong Committee）。④ 美国深入参与了湄公委员会的建设过程，并打算将田纳西河谷发展战略应用于东南亚的"自由国家"，通过稳定该地区来对抗共产主义的威胁。在意识形态主导下，中国作为支持越南胡志明政权的社会主义阵营国家，自然是美国抵制的对象。这也是美国湄公河政策有制衡中国考虑的最早阶段。

---

① John Lee, "China's Water Grab", *Foreign Policy*, http：//www. foreignpolicy. com/articles/2010/08/23/chinas_water_grab.

② Martin Stuart - Fox, "The French in Laos, 1887 - 1945", *Modern Asian Studies*, Vol. 29, No. 1, 1995, p. 113.

③ Thi Dieu Nguyen, *The Mekong River and the Struggle for Indochina*：*Water*，*War*，*and Peace*, Westport, Conn. ：Praeger, 1994, p. 84.

④ United Nation, "ECAFE Annual Report to the Economic Social Council（29 March 1957 - 15 March 1958）", ECOSOC Official Records, https：//documents - dds - y. un. org/doc/UNDOC/GEN/B09/128/4x/pdf/ B091284. pdf? OpenElement.

1973 年 1 月 27 日，美国、越南民主共和国、越南南方民族解放联盟和越南共和国四方签署《关于在越南结束战争、恢复和平的协议》后，美国从越南撤军，越南实现统一，共产党在柬埔寨和老挝取得政权，成立社会主义国家，湄公委员会活动中止。① 美国在湄公河区域的参与度和影响力进入相对低迷阶段。1991 年 10 月 23 日在关于柬埔寨问题的巴黎会议上，包括《柬埔寨冲突全面政治解决协定》、《关于柬埔寨主权、独立、领土完整及其不可侵犯、中立和国家统一的协定》、《柬埔寨恢复与重建宣言》和《最后文件》四份文件在内的《巴黎和平协定》正式签署。② 湄公河区域持续数十年的地区动荡正式终结。

1992 年大湄公河次区域经济合作（GMS）机制建立，澜湄地区进入经济发展新时代。随着中国经济的高速发展，中国和东盟的经济、贸易与投资合作不断加深，互联互通建设日益加强，区域主义发展加速，在 2010 年中国—东盟自由贸易区成立之后，中国成为东盟最大的贸易伙伴国。中国在中南半岛和东南亚地区的政治、经济、安全领域的影响力不断上升。东盟在东南亚地区事务和亚洲地区合作中的主导意识逐渐增强，开始实施"大东盟"战略，从完全向美国"一边倒"政策发展为推行大国平衡政策。在这个背景下，美国对中国的战略认知开始发生重要转变。

中国发展壮大是影响 21 世纪以来国际政治和全球经济的最重要的现象之一，是国际社会有目共睹的现实。中国的经济实力和政治影响力已经扩散到世界的主要地区，但最重要的影响是在东南亚，由此引发了美国等国对自身在东南亚影响力存在的担忧。在美国看来，中国自信的外交不仅会"破坏地区秩序"，其日益增长的政治和

---

① United Nations, "Report of the Interim Committee for Coordination of Investigations of the Lower Mekong Basin", ECOSOC Official Records, https：//documents – dds – ny. un. org/doc/UNDOC/GEN/B17/100/28/pdf/ B1710028. pdf? OpenElement.

② 武科传：《通向和平的保证——关于柬埔寨和平协定的四个文件》，《世界知识》1991 年第 22 期，第 18 页。

经济存在也令美国的存在黯然失色，并危及其在该地区的政治和经济利益。美国认为，中国可能是 21 世纪挑战美国霸主地位的战略竞争对手，而湄公河区域是东南亚政治经济的一个关键地区。[①] 有观点认为，中国是世界上最具潜力的新兴大国，具有与美国进行军事竞争的能力，拥有颠覆性的军事技术，这些技术可以逐渐抵消美国的传统军事优势。[②] 美国认为中国既是一个地区大国，也是一个有抱负的全球大国。这一点在东南亚地区表现得最为明显，中国与东南亚诸国不断发展的贸易关系和安全关系以及就环保、禁毒和公共卫生等各种问题签署的众多合作协议，都在提示美国要警惕中国的存在和积极的行动所带来的挑战，不能对过去几十年主导东南亚政治、经济和安全关系的现状沾沾自喜。[③]

美国对中国焦虑的不断上升，直接导致中国因素成为美国亚太政策制定的重要考虑因素。[④]《美国国家安全战略（2020）》明确表示，美国要主导建立"公正和可持续的国际秩序"[⑤]，旨在防止中国等新兴经济体的挑战，维护全球霸权。冷战结束后的三十余年时间里，美国在确认中国的崛起成为一种"安全威胁"之后，选择通过开展硬制衡与软制衡相结合的方式平衡中国的影响，一方面加强其在亚太地区现有的联盟和安全伙伴关系，从 2013 年 3 月开始将印度拉入"再平衡"战略体系，追求实现"印太"再平衡，在发

---

① Hidetaka Yoshimatsu, "The United States, China, and Geopolitics in the Mekong Region", *Asian Affairs: An American Review*, Vol. 42, No. 4, 2015, pp. 173 – 194.

② Biwu Zhang, "Chinese Perceptions of US Return to Southeast Asia and the Prospect of China's Peaceful Rise", *Journal of Contemporary China*, Vol. 24, No. 91, 2015, pp. 176 – 195.

③ Elizabeth Economy, "China's Rise in Southeast Asia: Implications for the United States", *Journal of Contemporary China*, Vol. 44, No. 14, 2005, pp. 409 – 425.

④ Biwu Zhang, "Chinese Perceptions of US Return to Southeast Asia and the Prospect of China's Peaceful Rise", *Journal of Contemporary China*, Vol. 24, No. 91, 2015, pp. 176 – 195.

⑤ Australian Strategic Policy Institute, "Southeast Asia Pattern of Security Cooperation", Sept., 2020.

展美国联盟体系中将共同的目标对准中国，通过所谓的小多边结构实现双边主义和多边主义的融合；① 另一方面通过制度对中国进行软制衡。

湄公河区域连接南亚和东南亚，地处印太地区的关键性位置。美国奥巴马政府"重返亚洲"的战略出台之后，湄公河区域为美国制衡中国提供了新的战略和地缘空间，在美国外交政策中的地位开始上升。在硬制衡方面，美国维持和加强与新加坡、马来西亚、菲律宾等海上国家的传统安全关系；在软制衡方面，则是不断加大对湄公河国家战略资源投放力度，加强排他性制度建设，以制衡和"对冲"中国影响力和维护美国主导地位作为最主要的战略考量，将湄公河区域变成美国重返亚洲的战略支点和遏制中国的重要伙伴支撑。美国在《自由和开放的印度—太平洋：共同愿景的推进》报告中，17 次提到湄公河区域，反复强调湄公河区域是美国制衡中国的重要地区。② 从 2009 年的"重返亚洲"战略框架下的"湄公河下游倡议"到 2020 年"印太战略"重要组成内容的"湄美伙伴关系"，两者从本质上说，都是美国对中国崛起而在东南亚地区扮演日益重要角色的直接回应③，是实施制度制衡战略的重要载体。

美国选择并实施对中国的制度制衡战略时，首先有意识地将水资源问题"安全化"，作为其介入湄公河区域事务与制衡中国的"引子"问题。美国首先利用发生自然灾害的契机，联合智库、媒体等进行宣传造势，将水资源问题塑造成一种地区范围的"存在性威

---

① Lai – Ha Chan, "Soft Balancing Against the US' Pivot to Asia': China's Geostrategic Rationale for Establishing the Asian Infrastructure Investment Bank", *Australia Journal of International Affairs*, Vol. 71, No. 6, 2017, p. 571.

② U. S. Department of State, "A Free and Open Indo – Pacific Advancing a Shared Vision", https: //www. state. gov/wp – content/uploads/2019/11/Free – and – Open – Indo – Pacific – 4Nov2019. pdf.

③ Weifeng Zhou& Mario Esteban, "Beyond Balancing: China's Approach Towards the Belt and Road Initiative", *Journal of Contemporary China*, Vol. 27, No. 112, 2018, pp. 487 – 501.

胁",并诬称中国是这种威胁的"制造者"。① 美国利用公共问题"安全"效应外溢的特点,主导推动水资源问题安全化,一方面使其他国家认同水资源安全问题是一种必须解决的、关乎生存与发展的安全威胁的价值理念,接受和支持美国提出的必须遏制中国所谓的"水霸权"行为的方案,为美国介入湄公河区域水资源等事务"创造""合理性"借口;另一方面有利于美国打造"统一阵线",广纳支持资源,采取联合行动共同制衡中国。

(三) 澜湄国家之间的水电开发纷争日趋激烈

澜湄河流水电蕴藏量丰富,自 20 世纪 90 年代以来,中国、泰国、越南和柬埔寨等国不约而同地制定了规模不等的水电开发规划,资源开发纷争开始层出不穷。一方面,湄公河国家将气候变化引发的极端天气状况归结为中国在澜沧江上修建大坝,认为其影响了下游的供水安全和农业、渔业生产。另一方面,湄公河五国之间因为水电开发而矛盾不断。例如泰国民众认为,泰国从老挝进口电力的政策鼓励了老挝的水电开发,这反过来又影响了泰国东北部和所有其他下游国家民众的生活和渔业安全。② 越南认为干流水电开发会引发盐水倒灌,对湄公河三角洲的水稻、水果和渔业生产造成威胁,影响国内 1/4 的民众的基本生存。③ 缅甸近 60% 的水稻种植在伊洛瓦

---

① John Lee, "China's Water Grab", *Foreign Policy*, http://www.foreignpolicy.com/articles/2010/08/23/chinas_water_grab.

② WWF, "Mekong River in the Economy", http://d2ouvy59p0dg6k.cloudfront.net/downloads/mekong_river_in_the_economy_final.pdf.

③ Nadia Dhia Shkara, "Water Conflict on the Mekong River", *International Journal of Contemporary Research and Review*, Vol. 9, Issue 6, 2018, pp. 20472 – 20477; David Hutt, "Water War Risk Rising on the Mekong", *Asia Times*, https://asiatimes.com/2019/10/water – war – risk – rising – on – the – mekong/; European Parliament, "Water Disputes in the Mekong Basin", https://www.europarl.europa.eu/RegData/etudes/ATAG/2018/620223/EPRS_ATA (2018) 620223_EN.pdf; Nhat Anh, "The Mekong Conflict on the Mekong", Mekong Eye, https://www.mekongeye.com/2016/06/08/the – water – conflict – on – the – mekong/.

底江三角洲和邻近的海岸线上。①在越南，湄公河三角洲仅占国土面积的12%，却生产了全国50%以上的水稻、60%的水果和50%的海洋产品。近1/4的人口靠这些资源谋生。因此，河流水量和水温的变化都会直接影响依赖它们的人类和生态系统。②

在澜湄合作机制建立之前，虽然该地区存在诸多合作机制，但都没能平息和减少水电开发的争议。相较于湄公河五国，地处上游的中国在水利基础设施建设与水电投资方面优势明显，水议题是攻击中国的话题。对于澜湄地区存在的水资源争议，中国一方面坚决反对对中国的不实报道和攻击性言论，用强有力的事实和数据证明中国的水利开发和投资的合理性与科学性；另一方面坚持共商、共建、共享的合作理念，主张通过加强政策对话、技术交流、项目合作，提高应对气候变化挑战的能力，推动澜湄地区的可持续发展与确保共同安全。

（四）中国推动水资源安全问题的解决和澜湄命运共同体的实现

基于特殊的地理位置，澜湄地区地缘政治环境复杂，内乱外战影响深远，湄公河国家经济现代化、工业化和信息化的发展程度还处于较低水平。冷战结束以后，澜湄国家普遍将发展作为国家的中心任务，军事威胁不再是主要的安全问题和紧急事态。现在，影响澜湄国家可持续发展与安全的"存在性威胁"大多属于非传统安全问题，它们涉及经济、社会、文化、人口与环境等各个领域和层面。对中国来说，水资源安全问题已经不仅是一个单纯的环境和资源问题，更是一个影响中国周边环境建构的政治性与安全性问题。③ 水资

---

① Open Development Mekong, "Climate Change", https：//opendevelopmentmekong. net/topics/climate – change/.

② "Environmental Threats to the Mekong Delta", https：//journal. probeinternational. org/ 2000/02/17/environmental – threats – mekong – delta/.

③ Selina Ho, "River Politics：China's Policies in the Mekong and the Brahmaputra in Comparative Perspective", *Journal of Contemporary China*, Vol. 23, No. 85, 2014, pp. 1 – 20.

源问题的产生也使中国开始重视"水与中国周边关系"之间的内在关系，意识到河流政治对外交关系产生的潜在负面影响，从而开始实施更积极、更具预防性的水文政治战略①，重视水外交的开展，提升水资源合作在周边政策中的地位。

2016 年中国牵头建立澜湄合作机制新倡议，从一定程度上说这是因"水"议题而推动的区域合作新政策，中国新澜湄政策更强调经济议程与水资源管理相关的新合作领域②，注重从澜湄国家的实际需求出发，以发展阶段为导向，在澜湄合作机制框架下推动水资源的合作治理③，通过水资源合作机制的不断完善，从根本上提升整个地区的水资源治理能力，推动水资源安全问题的解决和澜湄命运共同体的实现。④ 另外，澜湄合作机制推动了水资源合作的深度和广度，提升国家和地区两个层面的水资源安全治理能力，降低资源冲突风险，提升中国在水资源安全领域的话语权和整个地区的影响力，通过加强制度性的区域合作来回应和反击美国的制衡策略，维护中国周边地区环境的稳定。

二 澜湄合作机制与地区水资源安全合作

作为首个由流域六国共同创建的新型次区域合作机制，澜湄合作机制"因水而兴"。2016 年 3 月，澜湄合作机制首次领导人会议发

---

① Sebastian Biba, "China's 'Old' and 'New' Mekong River Politics: the Lancang – Mekong Cooperation from a Comparative Benefit – sharing Perspective", *Water International*, Vol. 43, No. 5, 2018, pp. 620 – 641.

② Carl Middleton and Jeremy Allouche, "Watershed or Powershed? Critical Hydropolitics, China and the 'Lancang – Mekong Cooperation Framework'", *The International Spectator*, Vol. 51, No. 3, 2016, pp. 100 – 117.

③ 屠酥:《澜湄水资源安全与合作：流域发展导向的分析视角》,《国际安全研究》2021 年第 1 期, 第 63 ~ 89 页。

④ 张励:《水资源与澜湄国家命运共同体》,《国际展望》2019 年第 4 期, 第 61 ~ 78 页; 屠酥、胡德坤:《澜湄水资源合作：矛盾与解决路径》,《国际问题研究》2016 年第 3 期, 第 51 ~ 63 页; 吴浓娣:《以水资源合作为纽带促进澜湄流域共同发展》,《世界知识》2019 年第 18 期, 第 29 ~ 31 页。

布的《三亚宣言》，将政治安全、经济和可持续发展、社会人文等列
为澜湄务实合作的三大支柱，互联互通、产能合作、跨境经济合作、
水资源合作及农业和减贫合作等被列为澜湄合作机制初期的五个优
先领域，宣言还指出要加强澜湄国家水资源可持续管理及利用方面
的合作。[①] 2018 年 1 月，李克强总理在澜湄合作机制第二次领导人会
议上强调的五个重点合作领域中，水资源合作被列为澜湄合作机制
的首要重点领域。[②] 在澜湄合作机制的发展历程中，澜湄水资源合作
深度和广度不断深化与拓展，澜湄国家的水资源安全治理能力不断
提升，地区水资源安全治理成效显著。

（一）水资源合作的目标和维度

澜湄地区的水资源议题具有明显的三个特点。第一，水资源议
题与其他安全议题存在着"错综复杂"的联系，复合化与联动性的
结构特征明显。水资源安全问题涉及的不是单纯的水问题，还要考
虑到气候变化、能源、环境等其他领域。第二，发展是澜湄国家面
临的第一要务，水资源合作能大大推动澜湄国家的经济与社会发展，
提高民众生活质量，体现澜湄合作机制的"务实"特点。第三，水
资源开发是澜湄国家之间争论最激烈的问题，所以澜湄合作机制一
方面要推动水利合作开发，促进水电可持续发展，另一方面要增进
各国在跨国界河流问题上的互信。为此，澜湄合作机制在水资源的
合作目标和内容的规划上，要充分考虑该地区地缘政治环境和水资
源议题的特殊性。

2018 年 1 月在澜湄合作机制第二次领导人会议上，六国领导人
审议通过了《澜沧江—湄公河合作五年行动计划（2018—2022）》，
确定了未来五年在澜湄水资源合作上的努力方向，将澜湄水资源合

---

① 《澜沧江—湄公河合作首次领导人会议三亚宣言（全文）》，新华网，2016 年 3
月 23 日，http：//www. xinhuanet. com/world/2016 - 03/23/c_1118422397. htm。

② 《澜沧江—湄公河合作五年行动计划（2018—2022）》，中国政府网，2018 年 1
月 11 日，http：//www. gov. cn/xinwen/2018 - 01/11/content_5255417. htm。

作总体目标明确为：通过水资源可持续利用、管理和保护，来促进各成员国社会经济可持续发展并造福人民。根据总体目标列出了四项具体目标：加强国际水资源交流与合作、提升水资源管理能力、促进水利基础设施建设、推动涉水民生发展。[①]

在水资源合作具体内容的设定上，2018～2022 年澜湄水资源合作重点强调了水资源与绿色发展、气候变化、水利产能、能源安全和基础设施建设五个维度的关系，确立了六个具体领域，并列出了具体议题，同时遵循澜湄合作机制"开放"的原则，在六个领域之外，列出了农业、林业、涉水旅游业、水环境保护、卫生与健康、减贫等其他可以协同增效的领域（见表 4 - 2）。

表 4 - 2　澜湄合作机制中的水资源合作内容

合作领域	合作目标与内容	具体议题
水资源—绿色发展	推动水资源高效利用与保护，加强水资源保护，促进水资源开发利用与生态保护协调发展，为各成员国水安全与生态安全做出贡献，推动绿色发展	河湖健康评价、水土保持、小流域综合管理、公众水安全意识教育等
水资源管理—应对气候变化	推进水资源综合管理，提升水资源治理能力，加强水资源战略交流，共同研究分析气候变化对各成员国水资源领域的影响，提高各成员国应对气候变化的能力，特别是管理洪水和干旱等涉水灾害的能力	水资源综合管理、水资源法律与标准（包括规范与导则）、水资源管理与气候变化适应、洪水与干旱等涉水灾害的管理（包含台风）等
水利产能合作—互利共赢	在水利基础设施规划、勘测、设计、融资、建设、运行及评价等方面开展合作，促进六国水资源可持续发展。支持企业与政府部门之间开展水利设施建设合作，实现合作共赢，为各成员国人民提供更多公共产品和更好的水公共服务	水资源规划、水利产能合作需求分析与政策研究、水利产能合作技术与标准研究、水电站、水库、灌溉工程、防洪项目、河岸管理、饮水工程等水利设施建设，技术推广等

---

① 《澜沧江—湄公河合作五年行动计划（2018—2022）》，中国政府网，2018 年 1 月 11 日，http://www.gov.cn/xinwen/2018 - 01/11/content_5255417.htm。

续表

合作领域	合作目标与内容	具体议题
农村地区水利—民生改善	推动饮水工程和灌溉工程建设，改善农村地区居民的生活	农村地区安全饮水，灌区规划、设计与节水改造等
水电可持续发展—能源安全	将加强合作，推动水电以社会公平和环境友好的方式得到发展，支撑本地区能源安全	水电可持续性评价、水电站调度与灾害管理、绿色水电开发、水库大坝安全、水—粮食—能源纽带关系
跨界河流合作—信息共享	将加强跨界河流领域合作，推进水文信息和相关发展信息的共享，共同应对气候变化下的涉水挑战	成员国之间的水资源合作、澜沧江—湄公河洪水与干旱紧急状况下的信息共享、跨界河流管理知识共享、跨界影响评估等

资料来源：《澜沧江—湄公河合作五年行动计划（2018—2022）》，中国政府网，2018年1月11日，http：//www.gov.cn/xinwen/2018－01/11/content_5255417.htm。

（二）水资源合作的项目实施与管理能力建设

对澜湄水资源合作的结果与效果，中国水利部部长李国英总结为，澜湄国家水利部门积极落实领导人达成的合作共识，"心往一处想，劲往一处使，加强政策对话与技术交流，加快流域信息共享进程，提高防洪抗旱应对能力，发挥民生保障工程效益，推动澜湄水资源合作进入'快车道'，增进了流域各国民生福祉"。[①]

澜湄合作机制从建立之初就坚持"以项目为主导，着重抓好落实"的理念，"以项目说话，给民众带来看得见、摸得着的好处"，通过具体项目的开展来推动具体问题的解决。几年的发展历程中，澜湄六国水利部门聚焦数据收集与共享、大坝安全、农业灌溉、综合管理、人才培养、发展规划等领域，实施了一批惠

---

① 王菡娟：《水利部部长李国英：澜湄水资源合作进入"快车道"》，《人民政协报》2021年12月9日，第6版。

民项目，为当地百姓带来实实在在的利益①，推动了澜湄合作机制的不断深化。

1. 数据收集与共享：加强数据共享，提升数据收集和分析能力

澜湄合作机制注重加强澜湄水资源信息共享、经验共享和能力共享建设。从 2020 年 11 月 1 日开始，中国水利部正式开始向湄公河国家提供澜沧江旱季水文信息，将信息共享时段从汛期扩展至全年，2020 年 11 月 30 日，澜湄水资源合作信息共享平台网站正式开通，推动澜湄六国水资源领域数据、信息、知识、经验和技术的全面共享，为澜湄流域水资源综合管理和合理开发利用保护提供决策依据和技术支持。②

除了在整个流域上加强水资源数据的运用能力建设之外，中国还运用先进的信息技术，帮助老挝和柬埔寨开展水数据的收集和分析等工作，提升其水资源综合利用、抗灾减灾的能力。2017 年习近平主席和时任老挝国家主席本扬·沃垃吉（Boungnang Vorachith）共同见证了《中老水利项目合作谅解备忘录》的签署，中老联合建设老挝国家水资源信息数据中心，该中心包括水资源信息数据库、计算机局域网和会商展示系统等中心站及 25 个自动监测站。2018 年 2 月老挝国家水资源信息数据中心正式投入运行。项目由水利部长江水利委员会实施，采用先进的设计理念和中国发达的信息技术，特别是利用物联网、中国北斗卫星通信技术以及气象水文相结合的预警预报模型，实现信息自动采集传输和互联互通，提升老挝水文水资源监测预报预警能力和水平，为老挝防洪抗旱减灾、水资源综合

---

① 《澜湄水资源合作中心：同饮一江水 澜湄一家亲——2021 年水资源领域"澜湄周"活动成功举办》，澜湄水资源合作信息共享平台，2021 年 4 月 30 日，http://cn.lmcwater.org.cn/dynamic_news/202104/t20210430_164282.html。

② 《水利部鄂竟平部长在澜湄水资源合作信息共享平台网站开通仪式上的致辞》，澜湄水资源合作信息共享平台，2020 年 11 月 30 日，http://cn.lmcwater.org.cn/coop-erative_achievements/major_events/launching_ceremony/remarks/202012/t20201229_163776.html。

利用提供决策支持与技术保障。①

2020 年开始实施的"老挝、柬埔寨水文信息监测与传输技术示范"项目,对湄公河流域水文关键要素如流量、水位、雨量、风速、风向、温度、湿度等的在线自动测报技术进行示范建设,根据老挝和柬埔寨两国不同河流地理及气候特点,采用不同的水位、流量传感器进行示范区建设以及相应技术培训,提升湄公河流域各国水文数据采集和传输的监测能力及人员技术水平,为流域防洪减灾及水资源利用提供技术支撑。②

2. 大坝安全:加强水利基础设施安全保障与管理能力建设

水库大坝在国民经济建设中发挥重大作用的同时,也可能会产生溃坝风险,给相关地区带来潜在的安全隐患,对人类的生命财产构成威胁。大坝溃决,给上下游环境带来影响,使得社会环境安全也受到威胁;水库的水污染与水质劣化,直接影响到饮水安全。③澜湄国家水坝数量众多,确保水坝安全,直接关乎澜湄国家民众的生命财产安全和发展安全。2018 年 12 月,澜湄合作机制第四次外长会明确提出,"在大坝安全等领域实施一批新项目",增进民众福祉。④

2019 年,中国水利部大坝安全管理中心牵头申报了澜湄合作机制专项基金项目——"澜湄大坝健康体检"行动计划(2020～2021年)。项目旨在分享中国先进实用的大坝安全健康体检技术与经验,

① 《中国政府援助老挝国家水资源信息数据中心正式投入运行》,中国水利部网站,2018 年 2 月 3 日,http://www.mwr.gov.cn/xw/slyw/201802/t20180203_1026885.html。

② 《老挝、柬埔寨水文信息监测与传输技术示范》,澜湄水资源合作信息共享平台,2020 年 1 月 31 日,http://cn.lmcwater.org.cn/cooperative_achievements/collaborative_projects/2020/202007/t20200712_162210.html。

③ 肖丹:《大坝风险管理:为大坝上一道"安全阀"》,《中国水利报》2005 年 12 月 26 日。

④ 《澜湄合作第四次外长会联合新闻公报(全文)》,中国政府网,2018 年 12 月 18 日,http://www.gov.cn/xinwen/2018-12/18/content_5349782.htm。

协助老挝、越南和泰国制定与编制符合本国特点的法规文件《大坝安全鉴定办法》和技术标准《大坝安全评价导则》,建立健全管理法规制度与技术标准体系。针对 6 座示范工程,在大坝防洪能力、渗流安全、结构安全、抗震安全、金属结构安全以及运行管理能力等方面开展分析评价工作,明确大坝安全性态与级别,提出安全管理意见建议。同时加强澜湄国家水库大坝安全管理人才培训与能力建设,提升澜湄国家大坝安全管理人员现场巡视检查与隐患无损检测示范应用能力。通过典型大坝安全健康体检项目的示范应用,老挝、泰国和越南水库大坝安全管理水平显著提升,澜湄国家在大坝安全领域的合作进一步增强。[1]

3. 农业灌溉:提升农业灌溉用水效率和供水安全

澜湄国家基本上都属于农业国家,农业灌溉用水是主要的用水内容,但由于技术和基础设施落后、气候变化影响等因素,保障农业灌溉用水是湄公河国家面临的重要问题之一。中国充分发挥技术、人才和资金方面的优势,输出水利技术,加强农村供水基础设施的"硬联通"和政策、管理、技术体系的"软联通",努力提升澜湄国家农村供水工程建设水平和供水安全保障能力,缩小区域发展差异,将农村安全供水合作打造成澜湄合作机制的新亮点,以增进澜湄国家人民福祉,实现互利共赢,促进本区域各国经济社会的健康、稳定、可持续和共同发展。[2]

澜湄水资源合作联合工作组第三次会议确定了"农村安全供水"这一水资源合作重点方向,澜湄合作机制专项基金项目设置了"澜湄国家农村供水安全保障技术示范"项目。项目由中国水利水电科

---

① 《"澜湄大坝健康体检"行动计划(2020—2021 年)》,澜湄水资源合作信息共享平台,2020 年 6 月 25 日,http://cn. lmcwater. org. cn/cooperative_ achievements/collaborative_ projects/2020/202007/t20200711_ 162030. html。

② 《澜湄甘泉行动——澜湄国家农村供水安全保障技术示范》,澜湄水资源合作信息共享平台,2020 年 6 月 24 日,http://cn. lmcwater. org. cn/cooperative_ a-chievements/collaborative_ projects/2020/202007/t20200713_ 162247. html。

学研究院承担，针对澜湄国家不同水源类型（河流、湖库等地表水，井水等地下水），不同供水方式（小型集中式和分散单户式），提出解决农村供水安全面临的突出的工程型缺水和水质型缺水等典型问题的系统方案，合作开展农村饮水安全保障技术示范，初步建立适合当地的农村供水技术体系和法规框架，显著提升了农村供水工程建设管理能力。通过联合研究、典型区域技术推广与示范研究，既解决当地居民的饮水安全问题，改善示范区农村居民饮水卫生条件，又可以促使农村地区和其他关键利益相关者团体参与农村供水工作，提升当地居民和利益相关者对农村饮水健康因素的认识和重视，提高其技术及管理水平。同时以点带面，在整个区域铺开，为澜湄地区的农村供水安全工作提供典型经验和技术支撑。[1]

4. 综合管理：提升流域综合管理能力

2018 年《澜湄水资源合作五年行动计划（2018—2022）》明确提出了未来五年在澜湄水资源合作的努力方向是"水资源保护与绿色发展"及"小流域综合管理"。流域的综合管理涉及生态环境保护、气候变化应对、绿色发展、水与卫生设施改善、自然灾害防御等诸多方面的内容，切实关乎当地可持续发展与安全。

2019 年在澜湄合作机制专项基金的支持下，"澜湄国家典型小流域综合治理示范（一期）"开始实施。依托中国在小流域综合治理中取得的绿色发展成功经验，结合老挝经济社会发展需求，选择老挝居民生活亟待提高、生态环境保护迫切、山洪灾害严重的南欧江支流南里河流域，开展澜湄国家典型小流域综合治理示范项目，制定小流域综合治理实施方案；建设试点示范区，通过在示范区实施生态环境修复、饮用水源和人居环境改善、生态文明村建设、水土流失防治、山洪灾害防御体系巩固提升建设等综合治理项目，建立绿

---

① 《澜湄甘泉行动——澜湄国家农村供水安全保障技术示范》，澜湄水资源合作信息共享平台，2020 年 6 月 24 日，http://cn.lmcwater.org.cn/cooperative_achievements/collaborative_projects/2020/202007/t20200713_162247.html 日。

色发展样板工程；进行小流域综合治理经验交流。① 项目的实施不仅推动了小流域综合治理方案的制定和落实，使当地民众切实感受到澜湄合作机制的"惠民"性，同时对联合国 2030 年目标的实现具有重要的促进意义。

5. 人才培养：注重水资源管理和技术人才的培养

在全球气候变暖、湄公河国家不同程度地面临水问题挑战、水治理能力有待提高的背景下，对水利技术与管理人才的培养至关重要。2016 年 3 月，澜湄合作机制首次领导人会议通过《三亚宣言》，明确提出多项深化人力资源开发的合作措施，中方承诺未来 3 年向湄公河国家提供 1.8 万元/（人·年）的奖学金和 5000 个来华培训名额，用于支持澜湄国家间加强合作。②

2017 年起，在中国水利部支持下，澜湄水资源合作中心与河海大学联合向教育部申报"澜湄合作机制"水资源高层次人才计划（简称"澜湄项目"），并成功获批"丝绸之路"中国政府奖学金，用于招收湄公河国家水利相关部门的高层次人才。"澜湄项目"创建了校、政、企密切合作的国际人才培养新模式，以"培养湄公河国家高层次水利青年人才"为目标，以明确"一体化发展、趋同化培养、规范化管理"为主线；构建了"高校＋政府（国内外）＋企业（国内外）"多元主体协同的合作平台，"生源质量＋培养质量"双重质量体系的支撑平台，"中国国情教育＋澜湄特质教育＋专业理论教育＋实践实训教育"四大教育模块的提升平台；实现了培育国际学生"情怀＋格局＋知识＋能力"综合素养的教育理念。③ 截至

---

① 《澜湄兴水惠民行动——澜湄国家小流域综合治理示范（一期）》，澜湄水资源合作信息共享平台，2020 年 6 月 23 日，http：//cn. lmcwater. org. cn/cooperative_ achievements/collaborative_ projects/2020/202007/t20200711_ 162075. html。

② 《澜沧江—湄公河合作首次领导人会议三亚宣言（全文）》，中国政府网，2016 年 3 月 24 日，http：//www. gov. cn/xinwen/2016 – 03/24/content_5057018. htm。

③ 《"澜湄合作"水资源高层次人才计划简介》，澜湄水资源合作信息共享平台，2021 年 3 月 1 日，http：//cn. lmcwater. org. cn/cooperative_ achievements/major_ events/master_ program_ fosters/about_ program/202107/t20210714_ 164554. html。

2020 年 7 月，共有约 100 名来自缅甸、老挝、柬埔寨、泰国、越南的青年官员、教师和学生，在河海大学攻读水利工程、环境科学与工程、土木工程等专业的硕士学位，学习中国水资源管理、水利工程建设、防洪减灾领域的先进经验和技术。[①]

6. 发展规划：制定和完善国家水资源开发利用规划

湄公河国家的发展程度和水利需要侧重点不同，中国根据不同国家经济社会所处的发展阶段、发展特征、发展格局，客观分析和评价水利基础设施建设能力和综合管理水平现状，帮助湄公河国家制定和完善灌溉、供水、防洪、水力发电、水资源保护等与水相关的发展规划，规范涉水行为，推动澜湄国家水资源安全治理和保障经济社会可持续发展。

2016 年 1 月"柬埔寨国家水资源综合规划纲要"项目开始实施，主要内容是分析柬埔寨水资源开发利用保护现状及存在的主要问题，研究柬埔寨经济社会发展对水资源的需求，制定包括灌溉、供水、防洪、水力发电、水资源保护等在内的总体规划。2018 年 12 月项目完成，编制了《柬埔寨水资源及其开发利用评价报告》和《柬埔寨国家水资源综合规划纲要》，规范涉水行为，统筹协调柬埔寨全国水资源的开发利用与保护工作，解决柬埔寨水问题，保障水安全，支撑柬埔寨国家"四角战略"，保障经济社会可持续发展。[②]

缅甸是农业国家，全国 70% 的就业依赖农业，伊洛瓦底江三角洲耕地面积占缅甸全国的 15%，但由于常年内乱，经济发展落后，水利基础设施不足，缅甸粮食安全指数在全世界处于落后水平，稳

[①] 《"澜湄合作"水资源高层次人才计划》，澜湄水资源合作信息共享平台，2020年 7 月 10 日，http：//cn. lmcwater. org. cn/cooperative_ achievements/collaborative_ projects/2020/202007/t20200711_ 162074. html。

[②] 《柬埔寨国家水资源综合规划纲要》，澜湄水资源合作信息共享平台，2016年 12 月 30 日，http：//cn. lmcwater. org. cn/cooperative_ achievements/collaborative_ projects/2016/202007/t20200713_ 162245. html。

定粮食生产和实现经济增长对水利的支撑和保障作用提出了更高要求。澜湄合作机制于 2018 年设立了"缅甸粮食主产区灌溉发展规划"项目，针对缅甸三角洲地区水资源开发、治理与保护中的突出水问题，立足于改善民生，确立三角洲地区灌溉发展目标，以发展灌溉促进农业生产为重点，统筹防洪减灾体系与城乡供水设施配套建设，保障粮食安全、防洪安全、供水安全，努力为三角洲健康高效可持续发展提供基础支撑。项目编制完成了《缅甸粮食主产区灌溉发展规划》，规划实施后可有效增加旱季灌溉面积，改善种植结构，提升农业产量，促进农产品出口，增加农民收入。灌溉水源工程同时也是灌区内城乡供水的来源，对于保障饮水安全意义重大。在三角洲中上部，从外江引水至圩垸内部河流，可改善圩垸内水生态环境状况。在三角洲下部，从咸水入侵线以外引清洁淡水，可改善灌区内部咸水入侵情况，改善水生态环境和人居环境。降低洪涝灾害损失，保障农业生产，保障三角洲地区灌区防洪安全与粮食安全，为经济社会可持续发展保驾护航。①

2017 年 1 月到 2019 年 12 月实施的"老挝境内重点河流综合规划"项目，在分析南乌河、南屯河等重点流域水资源治理、开发与保护现状及存在问题的基础上，以改善流域民众的生产生活条件为目标，坚持民生优先、绿色可持续发展的治水理念，明确了流域治理开发与保护的主要任务，结合水土资源条件和流域经济社会可持续发展需求，统筹协调了南乌河、南屯河等重点流域的水资源开发、利用与保护工作，制定了水力发电、防洪、供水、灌溉、航运、水资源保护等综合治理方案和老挝南乌河、南屯河流域治理、开发与保护的综合规划方案，提出了流域水利基础设施网络建设计划，为提高流域防洪抗旱防灾能力、促进流域水土资源有序开发和水资源

---

① 《缅甸粮食主产区灌溉发展规划》，澜湄水资源合作信息共享平台，2019 年 12 月 31 日，http：//cn. lmcwater. org. cn/cooperative _ achievements/collaborative _ projects/2018/202007/t20200711_162028. html。

保护、保障流域经济社会可持续发展提供了技术支撑。①

三 澜湄水资源合作机制建设与地区新规制构建

水资源安全问题涉及个人、地方、国家和地区等多个层面，澜湄合作机制统一协调澜湄六国的政府政策和区域治理理念，确立了平等协商与共建共享、统筹考虑与协调发展、政府引导与多方参与的合作原则，以及政府引导、多方参与和项目为本的运作方式，通过水资源合作框架、合作机制的建立，推动水资源管理新规制的构建。

（一）水资源合作框架的建立与完善

合作机制建立和高效运转的基础是框架平台的搭建。自 2016 年 3 月首次领导人会议之后，澜湄合作机制在发展过程中逐步形成了 "3 + 5 + X" 的合作框架，形成了由领导人会议、外长会议、高官会议、外交和各领域联合工作组会议组成的多层次机制框架。② 领导人会议每两年举行一次，提出合作新倡议，引领合作的主要方向。外长会议每年举行一次，推动合作倡议的落地；高官会议和各联合工作组会议根据实际情况不定期举行，落实和推进合作共识。中国还倡导六国成立澜湄合作机制国家秘书处（协调机构），承担规划机制建设和务实合作；协调联络相关部门、地方政府和湄公河国家，并推进其合作；推动合作项目落实和舆论宣传等任务。在工作组级别，逐步建立互联互通、产能、跨境经济、水资源、农业和减贫六个联合工作组，并成立了水资源合作中心、环境合作中心和全球湄公河研究中心，在政策对话、人员培训、项目合作、联合研究等方面提

---

① 《老挝境内重点河流综合规划》，澜湄水资源合作信息共享平台，2017 年 5 月 31 日，http：//cn. lmcwater. org. cn/cooperative _ achievements/collaborative _ projects/2017/202007/t20200711 _ 162029. html。

② 《澜沧江—湄公河合作五年行动计划（2018—2022）》，中国政府网，2018 年 1 月 11 日，http：//www. gov. cn/xinwen/2018 – 01/11/content_5255417. htm。

供有力支撑。多层次合作框架的建设从体系上保证了澜湄合作机制从上层政策设计到具体项目实施的贯通性和高效性。

现在，澜湄水资源合作已经形成了部长级会议——政策对话、水资源联合工作组——执行落实、澜湄水资源合作论坛——技术交流、澜湄水资源合作中心——综合支撑的框架体系。各平台的运作也都逐步实现机制化，合力推动和保障澜湄水资源合作的不断深化。

澜湄水资源合作部长级会议的主要功能是推动落实澜湄合作机制领导人会议共识，开展六国顶层水资源政策对话，加强六国政策协调和机制对接，指导澜湄六国的水资源合作方向、步骤和具体目标的阶段性实现，对水资源合作深化提出建设性建议。2019年12月20日在澜湄水资源合作部长会议上，与会各方听取了澜湄水资源合作联合工作组的工作报告，发布了《澜湄水资源合作部长级会议联合声明》和《澜湄水资源合作项目建议清单》，签署了《澜湄水资源合作中心与湄公河委员会秘书处合作谅解备忘录》①，就采取共同行动，特别是通过政策对话、信息交流、经验分享、能力建设、伙伴关系发展等深化澜湄水资源合作提出建议。②

澜湄水资源合作联合工作组和澜湄水资源合作中心是开展澜湄水资源合作最关键的两个机构。澜湄水资源合作联合工作组是澜湄水资源合作决策的协调机构，成立于2017年2月，负责在水资源领域合作开展顶层设计，由来自各成员国水利主管部门、外交部和其他相关机构的代表组成，就各成员国开展的水利技术交流、联合研究、防灾减灾管理、信息技术交流、管理能力建设等事宜进行联络、协商、决策，规划并督促具体合作项目的实施与开展。《澜湄水资源合作五年行动计划（2018—2020年）》《在澜湄水资源合作联合工作

---

① 《澜湄水资源合作部长级会议在北京召开》，中国日报网百度百家号，2019年12月19日，https://baijiahao.baidu.com/s? id = 1653346493901147212&wfr = spider&for = pc。

② 《澜湄水资源合作部长级会议联合声明》，中国水利网，2019年12月23日，ht-tp://www.chinawater.com.cn/ztgz/hy/2019lmhy/4/201912/t20191223_742574.html。

组机制下中方向其他五个成员国提供澜沧江全年水文信息的谅解备忘录》《建设澜湄水资源合作信息共享平台意向书》① 等重要共识和行动方案的制定，一般都由联合工作组召开会议来审议或签署。联合工作组通常每年举行一次例会，会议设置双主席，由中国和东道国联合主持。

澜湄水资源合作中心于2017年6月在中国北京成立，是澜湄合作机制成员国之间加强技术交流、能力建设、洪旱灾害管理、信息交流、联合研究的平台，中心积极支撑澜湄水资源合作联合工作组工作，在推进技术交流、能力建设、合作项目等方面发挥桥梁作用。② 中心承担与澜湄合作机制相关的水资源合作战略研究，为涉外事务提供技术支撑；承担澜湄合作机制下水资源领域对外联系与协调；承担澜湄合作机制下水资源领域的技术交流、人员培训、舆情分析和对外宣传以及承担与澜湄合作机制相关的水资源合作项目建议和具体组织实施等。③

澜湄水资源合作论坛，是为澜湄合作机制六个成员国的政府、企业、科研教育机构、民间团体及国际组织打造的进行水资源政策对话、技术交流和经验分享的平台，以丰富澜湄合作机制建设和务实合作。2018年2月首届澜湄水资源合作论坛在云南昆明召开，此次论坛发表了《昆明倡议》，建议发挥澜湄水资源合作论坛的协同效应，加强澜湄合作机制成员国中央政府、地方政府和流域机构的水治理能力建设，通过政策改进与制度创新，促进利益相关方合作以及信息和经验交流与分享，推动澜湄国家水治理决策的科学性、透

---

① 《澜湄水资源合作联合工作组2020年第二次视频会议召开》，《中国水利报》2020年9月25日。
② 《澜沧江—湄公河合作五年行动计划（2018—2022）》，中国政府网，2018年1月11日，http://www.gov.cn/xinwen/2018－01/11/content_5255417.htm。
③ 任俊霖等：《澜湄水资源合作机制》，《自然资源学报》2019年第2期，第254页。

明性、有效性和包容性。①

(二) 水资源合作机制与地区规制建构

澜湄地区复合化的安全特征客观上要求安全治理的地区性和复合化，但现实情况是，虽然在澜湄地区存在着诸多多边合作机制，呈现出"机制拥堵"特征，但这些合作机制基本上都属于"碎片化"的治理模式，治理理念和治理机制的碎片化，治理主体能力的参差不齐，导致政策、资金、技术、人力和物力的投入分散和非持久性，尤其是在澜湄地区，"一个特定问题领域涉及的行为体越多，责任认定越复杂，解决方式越不确定，该问题领域的碎片化程度也就越深"。②

澜湄国家之间的经济发展、国家和社会治理能力、法律法规和政策等方面都存在着巨大的差异，国家需求各有不同，加上长期的国内和国家间冲突的影响，澜湄地区缺乏共同的安全治理理念。很多安全问题涉及深层次的社会治理层面，治理的成本较高，周期长，很多情况下治理效果和对成本的预期并不相符，甚至可能在短期内经济上会有损失，因此有些国家在某些议题的合作中不愿意让渡必要的所谓"主权"，不愿意承担治理成本。例如"金三角"毒品经济的危害性虽然有目共睹，但由于具有较高的经济收益，某些机构不愿意"痛下决心"彻底整治。在流域联合执法安全机制上，虽然联合巡逻执法已经机制化和常态化，执法的范围也囊括了毒品贩卖、人口走私、恐怖主义等跨国犯罪活动，但目前这种安全合作仍停留在联合执法船和四国人员的简单组合上，基本上属于操作层面的合作，没有形成正式的条约，执法行动还不具强制性，对于实际存在的安全威胁不能形成足够的威慑，也缺乏与威胁程度相当的应对

---

① 《澜湄六国通过〈昆明倡议〉共同推进水资源合作》，中国政府网，2018 年 11 月 3 日，http://www.gov.cn/xinwen/2018 – 11/03/content_5337094.htm。

② 李慧明：《全球气候治理制度碎片化时代的国际领导及中国的战略选择》，《当代亚太》2015 年第 4 期，第 129 页。

能力。

水资源安全问题对澜湄国家的政治、经济、社会和安全等各个领域都造成影响，水资源安全治理事关澜湄整个地区的稳定、安全与可持续发展。在澜湄合作机制建立之前，澜湄地区存在着众多域内、域外国家建立的多边合作机制（见表4-3），但机制的主导者各不相同，涉及议题各有侧重，功能低效重复，彼此之间缺乏机制化的协调渠道，很多所谓的决议和讨论结果不能真正落实到具体层面，或者上升为具体国家的政治层面，澜湄地区存在的很多安全问题难以得到根本治理，包括水资源安全问题。

表4-3　澜湄流域多边合作机制与非传统安全合作

机制名称	成立时间	成员国	运行机制	主要涉及领域
大湄公河次区域经济合作	1992年	中、老、越、泰、缅、柬、亚洲开发银行	最高决策机构是领导人会议；部长级会议，下设专题论坛和工作组	能源、交通、环境、卫生防疫、生物多样性、经济、人力资源等
湄公河委员会	1995年	老、越、泰、柬、中（对话伙伴）、缅（对话伙伴）、	三个常设机构：理事会、联合委员会和秘书处（负责日常管理）	综合开发利用、水资源管理、环境保护、防灾减灾、航运安全
东盟—湄公河流域开发合作（AMBDC）	1996年	东盟十国	部长级会议，会议期间由成员国派司局级官员举行指导委员会会议	交通、能源、经济、农业、科技、人力资源等
湄美伙伴关系（前身为湄公河下游倡议）	2020年（2009年）	美、缅、老、越、柬、泰	"湄公河下游之友"	农业、水资源管理、环境保护、卫生、教育、非传统安全、健康等
日本—湄公河地区伙伴关系计划（Japan – Mekong Region Partnership Program）	2009年	日、柬、老、缅、泰、越	首脑会议、外长会议	能源、环境气候变化、科技、人力资源等

机制名称	成立时间	成员国	运行机制	主要涉及领域
湄公河—韩国合作（Mekong – Republic of Korea Cooperation）	2011 年	韩、柬、老、缅、泰、越	外长会议、高官会议	能源、信息科技、环境保护、水资源保护、人力资源等
湄公河—恒河合作	2000 年	印、柬、老、缅、泰、越	外长会议、高官会议、工作小组	交通、科技、旅游、人力资源等
澜沧江—湄公河合作机制	2015 年	中、柬、老、缅、泰、越	领导人会议、外长会议、联合工作组	经济、互联互通、水资源、环保、林业、信息通信、公共卫生、金融、跨境犯罪等

资料来源：由笔者根据新华网、中国政府网公布的信息自制而成。

湄公河委员会的主要议题是水资源保护与发展，以及相关的衍生议题，例如环境保护等，但大部分的资金来源于西方国家，且中国、缅甸不是正式成员，其权威性有限，职能范围局限在水文信息提供和交流、技术咨询等范围，缺乏全流域协调水资源利用的能力。

1. 澜湄合作机制的组成和主导国都是六个流域国家

在成员构成和主导性上，澜湄合作机制是整个地区唯一一个由流域六国组成的合作机制。其他现存的合作机制，都仅包括了部分域内国家，甚至还有其他国际组织和域外国家的参与，主导者也多为域外国家或组织机构，因此无法代表本流域的整体利益。

"大湄公河次区域经济合作"是在日本的积极推动下，由亚洲开发银行牵头建立的。从资金的注入看，亚洲开发银行对于该机制以及湄公河五国的资金注入在 2011 年之前一直呈增长态势，其后开始急剧下降，到 2017 年已跌破近十年的新低。"大湄公河次区域经济合作"在推动大湄公河区域经济发展方面功不可没，但主导者并不是澜湄国家。"东盟—湄公河流域开发合作"只包括了湄公河区域五国，中国并不包括在内。关于湄公河委员会，中国和缅甸以对外伙伴的身份进行有限参与，并不是正式成员，导致湄公河委员会的权威性不足，项目开展和机制实施的有效性欠缺。

湄公河区域是沟通东亚、南亚和东南亚的桥梁地带和交通要道，战略位置重要而关键，加上该地区丰富的人力资源和经济发展潜力，美、日、韩、印等域外国家纷纷联合湄公河国家建立合作机制。日本实施"日本—湄公河地区伙伴关系计划"，印度倡行"湄公河—恒河合作"，韩国启动"湄公河—韩国合作"项目，这些项目的主导者都是日本、印度、韩国等域外国家，它们将澜湄流域的整体性进行"人为切割"，把中国有意排除在机制之外，只"收纳"五个湄公河国家，通过成员限定、议程设置和制度激励，来影响湄公河五国的立场与政策，一方面不断扩大在湄公河区域的影响，以获取长期稳定的经济利益，另一方面通过不断诋毁中国的区域贡献和治理理念，来试图改变中国影响下的区域治理进程，降低中国的影响力。

美日韩印主导的湄公河合作机制的第二大显著特点是：通过小多边主义机制来重构规则和观念，在议题设置、内容与路径选择、资金分配等机制建设上具有决定性的主导地位，湄公河国家则处于被动的依附和从属地位，其权益获取的多少由这些域外国家决定。它们主导建立的机制结构是一种中心—外围式的等级制权力结构，呈现大国中心、强者治理、权力中心、自上而下等治理属性。因此这些合作机制旨在谋求在湄公河区域实现霸权利益，而非为了湄公河国家和民众的生存与发展利益。

澜湄流域是一个整体，只有流域内的所有国家共同参与才能真正实现全流域的有效治理和资源保护。地区合作机制的建立，只有囊括了所有的利益攸关方才能建立起系统的综合管理和治理框架，制定有效的安全治理措施和政策，解决当前面临的地区安全挑战和问题。在澜湄合作机制建立之前，澜湄地区并没有一个统筹整个地区政治经济安全治理的综合性、复合化的多边合作机制。澜湄合作机制建立的基础是六国历史、地理和文化的紧密相连性，安全与发展利益的紧密相连性①，国家和地区命运的紧密相连性。澜湄合作机制强调的合作理念是共商、共建、共享，成员国之间的权利平等、机会平等、规则平等，力图通过水资源命运共同体建设来真正推动澜湄国家的经济可持续发展，提高澜湄国家民众的生活水平与质量。

2. 澜湄合作机制推动全方位、多维度、综合性的水资源合作

从关注的议题来看，"大湄公河次区域经济合作"机制更多地集中于与经济发展相关的议题上，主旨是推动区域内国家投资和贸易自由化，即经济一体化。②虽然其涵盖了环境保护、水利开发、生物多样性维护、卫生防疫等诸多水相关类安全议题，但其推动的合作多局限于就某一领域或某一问题进行协商，缺乏水资源安全治理的投入、统筹和整合，合作层面也多停留在论坛讨论、发表宣言和对话上。"东盟—湄公河流域开发合作"更倾向于交通、能源、经济等领域。

湄公河委员会是泰、柬、越、老四个湄公河国家合作建立的专业性水资源类政府间国际组织，专注于湄公河流域的水资源开发利用与综合管理，其合作机制和协议对成员国缺乏约束力和强制执行权，加上上游国家中国和缅甸都仅仅作为观察员国而非成员国，大大限制了其对流域水资源安全治理的成效。阻碍湄公河委员会发挥其功能的另一重要原因是其单纯的"以水论水"，将水资源领域的合作与政治、经济和安全等其他领域的合作割裂开来。湄公河委员会没有认识到水资源领域，尤其是跨界水资源的问题，必须要以超越水的视角来解决，要充分考虑水资源安全问题的经济、社会、政治与安全的维度，否则只能是零和博弈，这也是湄公河委员会难以发

---

① 《李克强在澜沧江—湄公河合作首次领导人会议上的讲话（全文）》，中国政府网，2016年3月23日，http://www.gov.cn/guowuyuan/2016-03/23/content_5056927.htm。

② 罗仪馥：《从大湄公机制到澜湄合作：中南半岛上的国际制度竞争》，《外交评论》（外交学院学报）2018年第6期，第128页。

挥协调水冲突和矛盾的主要原因。①

美国 2009 年主导提出了"湄公河下游倡议"和 2020 年升级成的"湄美伙伴关系",它们的合作内容包括基础设施和能源投资、水安全与跨境河流管理、人力资本投资等,但其重点在于通过推动功能性合作来对湄公河国家进行"民主改造",实现所谓"自治"和"善治",提升美国在湄公河区域的战略影响力,挤压与遏制中国。日本与韩国在湄公河区域实施的"日本—湄公河地区伙伴关系计划"和"湄公河—韩国合作"项目虽然都涉及水资源管理和保护等相关内容,但重点在于基础设施、政府开发援助、绿色经济、人才培养等,另外在水电开发方面,日本则是与美国合作,通过建立日本—美国—湄公河电力伙伴关系和日本—美国清洁能源伙伴关系来进军湄公河区域的电力市场,促进跨境电力贸易和能源一体化发展。而韩国则是在技术上与美国合作开展水数据利用平台原型与能力建设联合项目②,使用先进卫星技术防灾减灾,降低洪涝干旱的损失。③印度建立的"湄公河—恒河合作"项目涉及教育、文化、交通、水资源等多个领域,水资源管理和利用被列为重要合作内容,在2019～2022 年三年合作规划中,水资源管理被列为重点加强合作的项目,印度和湄公河国家计划通过人才和技术培训项目,交流社区农业和水资源管理经验与最佳做法。④

---

① 任俊霖等:《澜湄水资源合作机制》,《自然资源学报》2019 年第 2 期,第 253 页。

② Mekong – U. S. Partnership,"Joint Statement on Strengthening Coordination Among the Friends of the Lower Mekong",https：//mekonguspartnership. org/2019/08/01/ joint – statement – on – strengthening – coordination – among – the – friends – of – the – lower – mekong/.

③ U. S. Department of State,"Opening Remarks at the Lower Mekong Initiative Ministe-rial",https：//asean. usmission. gov/opening – remarks – at – the – lower – mekong – initiative – ministerial/.

④ "Mekong – Ganga Cooperation(MGC)– UPSC Notes",https：//byjus. com/free – ias – prep/mekong – ganga – cooperation – mgc/.

所以，除了澜湄合作机制之外，澜湄地区现在的其他合作机制存在水资源合作议题狭窄、项目设计具有局限性、成员国欠缺资金和技术、被域外国家限制等问题，无法满足澜湄国家对于跨国界水资源水电开发利用、农业灌溉、渔业生产、航道安全、生态环境保护、气候变化应对的综合性需求，无法有效地协调不同国家之间的水资源分歧和矛盾，更无法满足澜湄国家可持续性发展和安全需求。因此，建构由域内国家主导的、各国全部参与的、符合地区发展需求和现实情况的综合性水资源合作机制，是澜湄国家的共同愿望。

澜湄合作机制充分考虑了水资源与社会、经济、气候、环境、政治与安全等领域的复合性关系特点，推动全方位、多维度、综合性水资源合作的开展，将其纳入经济、社会、生态等整个地区系统中进行综合考量，并通过常态化的机制，实施阶段性总结和反馈，不断"因地制宜""因时制宜"地改进水资源合作内容与方式，提升水资源合作的广度、深度与层次，真正使水资源成为推动地区合作与共同发展的资源性要素。

3. 澜湄合作机制确定了政府主导、多方参与、项目为本的合作模式

合作模式直接关乎合作机制开展的可持续性和有效性。澜湄合作机制针对澜湄地区特殊的地理位置和天然的环境要素，结合澜湄国家的现实需求，在平等、民主、协商的基础上确立了政府主导、多方参与、项目为本的合作模式。

澜湄合作机制是澜湄六国领导人积极引领和推动成立的区域合作机制。一般的区域合作多以规则制定为导向，一旦合作协议达成，政府部门基本上退到二线，企业和资本开始在市场和规则的引导下开展合作。但对于经济发展整体相对落后，特别是在基础设施瓶颈尚未打破的澜湄地区，项目建设的针对性更强，更适于在领导人的引领下对发展中面临的问题各个击破，取得实效。[①] 澜湄合作机制推

---

① 王玉主：《澜湄合作：以区域合作新模式打造命运共同体》，人民网，2018 年 1月 10 日，http：//opinion. people. com. cn/n1/2018/0110/c1003 – 29757430. html.

出伊始就建立了"领导人引领、全方位覆盖、各部门参与"的合作格局,六国政府合作进行上层设计,确定了领导人会议、外长会议、高官会、工作组会的层次化组织架构,制定了明确的水资源合作目标,建立了完善的水资源合作框架平台以及中长期的水资源合作重点和实现路径,为宽领域、多层次、立体式、可持续性的水资源合作奠定了坚实的基础。

澜湄合作机制建构了多方参与的支撑体系,为澜湄合作机制的持续性开展提供有力的人员、资金和技术支持。在资金支撑上,协调政府、企业、社会组织和个人参与,积极争取亚洲基础设施投资银行、丝路基金、亚洲开发银行等金融机构的支持,发挥社会市场资源作用,打造立体化、全方位的金融支撑体系;在智力支撑上,探索官、产、学一条龙合作模式,建立澜湄合作机制二轨团队和智库网络;在监督机制上,利用民间专业机构的资源,发挥第三方监督作用。① 在国际合作方面,澜湄合作机制积极与湄公河委员会等其他次区域合作机制,以及世界银行、亚洲开发银行、国际水资源管理研究所和全球水伙伴等国际机构开展合作。最具代表性的是澜湄水资源合作中心与湄公河委员会秘书处在 2019 年 12 月签署了合作谅解备忘录,推动在水资源及相关资源开发与管理的经验分享、数据与信息交流、监测、联合评估、联合研究、知识管理和相关能力建设等方面开展合作。②

澜湄地区命运共同体是澜湄合作机制的根本目标和"终点","以人民为中心"则是澜湄合作机制实施的"起点"。一切以人民的利益为中心和根本,以人民的需求为导向,是澜湄合作机制的核心理念。澜湄合作机制从建立之初就坚持"以项目为主导,着重抓好落实"的理念,"以项目说话,给民众带来看得见、摸得着的好处",

---

① 《澜沧江—湄公河合作五年行动计划 (2018—2022)》,中国政府网,2018 年 1 月 11 日,http://www.gov.cn/xinwen/2018-01/11/content_5255417.htm。

② 《澜湄水资源合作中心与湄委会秘书处合作谅解备忘录》,中国水利网,2019 年 12 月 23 日,http://www.chinawater.com.cn/ztgz/hy/2019lmhy/4/201912/t20191223_742573.html。

通过具体项目的开展来推动具体问题的解决。

根据可查询到的公开数据，截至 2021 年 3 月，澜湄合作基金支持开展了 500 多个惠民项目，"太阳村"项目为柬埔寨和缅甸村庄引入太阳能光伏技术和设备，核能培训项目为越南、老挝等国青年提供核电站、核医疗等民用技术培训，"油茶良种选育研究"项目从广西引种油茶到泰国和老挝山区，"咖啡增产项目"已培训超过 1.1 万名缅甸咖啡农，助力缅甸咖啡豆产量翻番。"本草惠澜湄""中医针灸进澜湄"项目积极推广传统医药合作，贫困社区综合发展、"澜湄'半边天'行动"等项目促进区域减贫和妇女事业发展等。澜湄合作机制还支持湄公河国家开展柬埔寨暹粒新国际机场、老挝万象电网改造、越南永新燃煤电厂等 40 多个重大基建项目，把中国和湄公河国家的经济互补性转化为发展互助力。① 这些具体项目的实施有力地推动了澜湄合作机制水资源合作目标和内容的规划落实。相较于域外国家主导的合作机制开展的水资源合作项目"雷声大、雨点小"，投入有限、缺乏可持续性、缺少务实合作的特点，澜湄合作机制的早期项目成果丰富，"每月都有新成果、每年都上新台阶"，示范效应已经逐步显现，合作的制度性和规划性不断增强，不仅为湄公河国家民众带来福音，更加深了各国之间的经济相互依赖程度，推动了区域合作的深化与拓展。

（三）澜湄水资源安全合作对接全球治理

作为内生动力型的次区域合作机制，澜湄合作机制深化澜湄六国睦邻友好和务实合作，促进沿岸各国经济社会发展，打造澜湄流域经济发展带，建设澜湄国家命运共同体。② 澜湄合作机制在推动次区域内部合作与问题治理的同时，在地区层面对接《东盟 2025：携

---

① 王毅：《奋楫五载结硕果，继往开来再扬帆——纪念澜沧江—湄公河合作启动五周年》，《人民日报》2021 年 3 月 23 日，第 6 版。

② 《关于澜沧江—湄公河合作》，澜湄合作中心网站，2021 年 2 月 26 日，http：//www.lmcchina.org/2021-02/26/content_41448184.htm。

手前行》、《东盟互联互通总体规划2025》和其他地区机制，助力东盟共同体建设和地区一体化进程；在全球层面对接"一带一路"倡议和联合国2030年可持续发展议程（以下简称"2030年议程"）。澜湄合作机制提出了新的合作治理范式，为推进南南合作和落实2030年议程做出贡献，共同维护和促进地区持续和平与发展繁荣。

2030年议程自2016年1月1日进入具体落实阶段后，全球可持续发展和治理正式迈入新时代。2030年议程制定了17个可持续发展目标和169项具体指标，涵盖经济、环境和社会三个维度，是一个推动全球可持续发展治理体系建设的综合性议程，为未来15年各国的发展和国际发展合作指明了方向。2030年议程制定的可持续目标中，水治理是一个极为重要的内容，目标6是为所有人提供水和环境卫生服务并对其进行可持续管理，其中包括8个具体目标：饮用水的公平安全获得、环境卫生的保证、水质的改善、用水效率的提高、水资源综合管理的实施、水相关生态系统的保护与恢复、国际合作和能力建设、地方社区参与。水治理所涉及的内容不局限在水与环境卫生领域，还与粮食安全、健康生活、能源安全、性别平等、气候变化、防灾减灾能力提升等内容密切相关，这些内容也包括在2030年议程的其他目标中。水治理是2030年议程的关键内容之一，水治理的成效直接关乎2030年目标的实现。

对2030年议程，中国政府持积极的支持态度。2016年4月，中国政府发布了《落实2030年可持续发展议程中方立场文件》，表明中国高度重视2030年议程，未来将认真落实习近平主席出席联合国成立70周年系列峰会期间宣布的各项务实举措，从资金、技术、能力建设等多个方面为发展中国家提供支持，为全球发展事业提供更多有益的公共产品。① 外交部于2016年牵头成立了落实2030年议程

---

① 《中国发布〈落实2030年可持续发展议程中方立场文件〉》，中国外交部网站，2016年4月22日，http://switzerlandemb.fmprc.gov.cn/wjb_673085/zzjg_673183/gjjjs_674249/xgxw_674251/201604/t20160418_7661318.shtml。

部级协调机制，统筹推进国内落实工作和相关国际合作。①

澜湄合作机制各成员国都是发展中国家，各国农村地区目前不同程度地缺乏安全清洁的饮用水以及农田灌溉基础设施，水资源利用效率较低，饮水与卫生和粮食安全问题突出。在气候变暖的影响下，极端天气增多，洪涝灾害频发，农业安全和公共卫生安全受到严重影响。另外，电力供应落后于社会经济快速发展需求，能源开发已是减贫的重要内容。针对澜湄地区存在的这些可持续性发展问题，澜湄水资源合作明确集中在 5 个具体领域，将水能资源开发确立为发展清洁可再生能源的重要内容，推动水电可持续发展，合理建设水利设施，改善水资源条件，在促进区域绿色发展，助力就业减贫，支撑成员国国民经济发展的同时，提升应对气候变化对水资源管理能力和水平带来的挑战的能力。澜湄水资源合作的开展过程，也是中国积极落实 2030 年议程，追求实现水治理目标 6 以及其他目标的过程。

从根本上说，澜湄合作机制的目标与 2030 年议程的目标是一致的，即促进澜湄国家经济社会发展，增进各国人民福祉，使民众拥有安全的饮用水和良好的环境卫生，平等享有卫生保健和社会保障以及身心健康和社会福利，以及享有充足、安全、价格低廉和营养丰富的粮食的世界。一个安全、充满活力和可持续的人类居住地的世界和一个人人可以获得价廉、可靠和可持续能源的世界。②

四 澜湄合作机制与中国周边水资源安全格局

澜湄六国"同饮一江水，亲如一家人"，是事实上的命运共同

---

① 《外交部召开落实 2030 年可持续发展议程部级协调机制第二次会议》，中国外交部网站，2019 年 6 月 12 日，https：//www.fmprc.gov.cn/web/wjbxw_673019/t1671577.shtml。

② 《变革我们的世界：2030 年可持续发展议程》，中国外交部网站，2016 年 1 月13 日，https：//www.fmprc.gov.cn/web/ziliao_674904/zt_674979/dnzt_674981/qtzt/2030kcxfzyc_686343/t1331382.shtml。

体，中国作为上游国家，积极扮演负责任地区大国的角色，充分考虑下游国家关切，通过平台搭建、机制建构和项目推动，不断提升水资源合作治理的水平，以实际行动为下游国家的经济与可持续发展、政治安全维护、社会人文交流等做出应有的贡献。澜湄合作机制框架下的水资源合作已经成为中国积极经略周边的重要手段，对中国周边安全格局产生了深远的影响。

（一）推动地区互利共赢合作，降低国际冲突风险

1. 澜湄合作机制在亚太地区树立了新的合作理念

自成立至今，澜湄合作机制一直秉持发展为先、平等协商、务实高效、开放包容、互利合作的理念，发挥地缘毗邻、经济互补优势，坚持政治安全、经济和可持续发展、社会人文三大支柱协调发展，创造了"天天有进展、月月有成果、年年上台阶"的澜湄速度，弘扬了"平等相待、真诚互助、亲如一家"的澜湄文化，推动澜湄合作机制不断发展壮大。新的合作理念使澜湄六国的地理相近、人缘相亲、文化相通的天然优势转变为澜湄国家共建命运共同体、打造区域合作新模式、建设发展繁荣新高地的核心引导因素。

2. 澜湄合作机制在亚太地区建立了新的合作模式和格局

发展中国家之间，特别是在基础设施互联互通方面落后的发展中地区，需要一种适合地区发展阶段的合作模式。澜湄合作机制建立之前，东盟自贸区以及后来的共同体建设虽然在很大程度上帮助中南半岛落后国家经济走向繁荣，但没能有效解决东盟新老成员的贫富差距问题。中国与东盟之间的自贸区安排虽然带来了双边关系的不断深化，但在产能不足、地区生产网络不完善、基础设施互联互通瓶颈突出的发展中地区，以拆除贸易、投资的制度障碍为重点的自由化、便利化合作模式很难释放出更好的福利效应。澜湄合作机制建立了"高效务实、项目为本、民生优先"的合作模式和"领导人引领、全方位覆盖、各部门参与"的合作格局。这区别于东南

亚地区其他的地区合作机制，澜湄合作机制在合作模式和格局上，一是从注重效益到突出效率；二是从规则制定转向项目推动；三是从追求区域一体化转向打造命运共同体。①

在创新型的合作模式下，澜湄合作机制从六国的发展阶段、现实需求等实际情况出发，从项目推动和建设入手，通过持续性投资，更直接、高效地对接澜湄国家的国家发展战略，介入湄公河国家的基础设施建设与资源开发利用，将合作关怀直接对准民众，强调民生优先，合作内容的每个方面都和普通民众生活息息相关，让老百姓从合作中获利，使老百姓直接感受到合作机制的福音。正是因为合作模式与地区发展需求的高"匹配"度，短短几年时间，在经历了培育期、快速拓展期之后，澜湄合作机制进入了全面发展新阶段，为各国发展持续注入"源头活水"。

3. 澜湄合作机制取得了卓越的区域合作成果和成绩

湄公河区域贫困人口众多、基础设施薄弱、资金缺口较大，实现发展与繁荣任重道远。澜湄合作机制通过吸纳各方资源，构建了多层次合作网络，聚焦务实合作，取得了"看得见"的发展成果。中方贷款支持湄公河国家开展公路机场、电站电网、产业园区等40多个重大基建项目，中越、中老、中缅等方向公路、铁路、电网、油气管道、光缆等基础设施互联互通项目迅速推进，2021年12月3日，全长1035公里的中老昆万铁路顺利通车②，标志着中南半岛南北大动脉顺利打通。2021年，中国同湄公河国家贸易额高达3980亿美元，同比增长23%。中国企业在当地投资屡创新高，带动纺织、电子、农业产业园区等合作更加深入，正在成为中国与湄公河国家

---

① 王玉主：《澜湄合作：以区域合作新模式打造命运共同体》，人民网，2018年1月10日，http：//opinion. people. com. cn/n1/2018/0110/c1003 - 29757430. html。

② 《激动！中老铁路，正式通车！》，新华网，2021年12月3日，http：//www. news. cn/world/2021 - 12/03/c_1128129113. htm。

经贸关系的新支柱。① 中国是越南、柬埔寨、缅甸、泰国的最大贸易伙伴，老挝的第二大贸易伙伴，越南一跃成为中国第四大国别贸易伙伴。

澜湄合作机制利民惠民，推动了区域治理，树立了国际抗疫合作的标杆。截至 2021 年底，中国通过援助等方式共向湄公河五国提供约 1.9 亿剂疫苗，并多批次捐赠检测试剂、口罩、防护服等防疫物资。② 澜湄合作机制专项基金在教育、卫生、妇女、减贫等领域支持了 500 多个项目，中方还专门成立澜湄职业教育培训基地，帮助湄公河国家开发人力资源。几年来，中国政府奖学金资助了 3 万余名湄公河五国学生来华学习。面对洪旱灾害、气候变化、非传统安全等挑战，澜湄合作机制搭建了首个由流域国家共同参与的水资源合作平台，举办了首届水资源合作部长级会议，实施大坝安全、农村供水、绿色水电等合作项目。中方充分照顾下游国家合理关切，多次应需要提供应急补水，2020 年开始分享澜沧江全年水文信息，制定了《澜湄环境合作战略》，加快落实"绿色澜湄计划"，联合打击恐怖主义、网络赌博、电信诈骗、人口贩卖等跨国犯罪活动，有力维护了地区安宁与稳定。③

4. 澜湄合作机制降低了地区水资源冲突发生的风险

澜湄合作机制通过树立新合作理念，创新合作模式，全面深化水资源、农业、公共卫生、环境、民生等各领域的合作，加速了海陆空互联互通建设，推动了国家之间的互利共赢合作关系发展，促进了安全合作治理，大大降低了国家之间冲突发生的风险。在水资源领域，澜湄水资源领域合作步入快车道，机制建设日趋完善、务

---

① 《中国参与澜湄及湄公河次区域合作 2021 年度十大新闻》，中国网，2022 年 1 月 27 日，http://news.china.com.cn/2022 - 01/27/content_78015472.htm。

② 《中国参与澜湄及湄公河次区域合作 2021 年度十大新闻》，中国网，2022 年 1 月 27 日，http://news.china.com.cn/2022 - 01/27/content_78015472.htm。

③ 《澜湄合作越五载，砥砺前行绘新篇——王毅国务委员兼外长在澜湄合作启动五周年暨 2021 年"澜湄周"招待会上的讲话》，国家国际发展合作署网站，2021 年 4 月 14 日，http://www.cidca.gov.cn/2021 - 04/14/c_1211110348.htm。

实项目接连实施、信息交流更加顺畅、人员交往不断密切,进一步提升了各国水资源科学管理水平和防洪减灾能力,为流域水资源安全和各国经济社会可持续发展提供了重要保障。中国与湄公河国家的水资源合作,受到了湄公河国家的认可与肯定,对于缓解中国与湄公河国家之间的水资源矛盾和分歧具有积极效果,显著降低了未来水资源冲突发生的概率和风险。

澜湄合作机制建立之初,西方学者曾普遍对澜湄合作机制中水资源合作持怀疑态度,认为中国利用水电发展成为湄公河国家核心叙事话题的时机,通过推动澜湄合作机制宣示了中国对源头的控制权,使其单边水电建设"合法化",水电项目对湄公河的负面影响在未来可能会加剧。[1] 还有国外学者认为,虽然澜湄合作机制将水资源合作放在优先地位,中国也有能力帮助改善澜湄地区的跨境资源管理[2],但中国主动提升水管理能力的意愿较低,并且由于权力不对称日益加剧,湄公河国家越来越难以对中国的行动加以限制,澜湄合作机制并不能真正促进水资源的安全治理。[3] 但经过几年的发展,澜湄地区的水资源合作水平得到显著提升,合作广度和深度进一步提升,通过务实合作,澜湄合作机制在防洪抗旱减灾、水利信息监测、水文条件变化联合研究和信息共享平台充实等多方面取得了质的进展,有力地反击了国际上关于"中国不尽力"的舆论,中国用实际行动推动了"发展为先、务实高效、项目为本"模式在水资源合作领域的实践,改善了中国在地区和全球水资源治理领域

---

① Jessica M. Williams, "Is Three a Crowd? River Basin Institutions and the Governance of the Mekong River", *International Journal of Water Resources Development*, Vol. 37, No. 4, 2021, pp. 720 – 740.

② Malcolm F. McPherson, "China's Role in Promoting Transboundary Resource Management in the Greater Mekong Basin (GMB)", Harvard Kennedy School, https://ash.harvard.edu/files/ash/files/300675_hvd_ash_chinas_role.pdf.

③ Selina Ho, "River Politics: China's Policies in the Mekong and the Brahmaputra in Comparative Perspective", *Journal of Contemporary China*, Vol. 23, No. 85, 2014, pp. 1 – 20.

的国际形象。

（二）美国强化制度制衡中国策略，加剧大国地区竞争

澜湄合作机制是第一个由中国发起的新型周边次区域合作机制，在衔接"一带一路"倡议在中南半岛地区的发展与稳定方面发挥更大作用。在澜湄合作机制框架下，中国积极地发挥资金、市场、技术、产能等方面的优势，加速实现与其他五国的互联互通。美国从 2020 年开始加强在湄公河区域的制度建设，扩大合作范围，与澜湄合作机制形成竞争态势，试图压制中国在湄公河区域的战略影响力，制衡中国的"有所作为"。大国竞争和博弈的日趋激烈，会增加地区的不稳定系数，不利于和平稳定的周边安全环境的构建。

1. 介入亚太地区事务力度增大，加大对中国的制度制衡

2010 年之后，湄公河区域就成为美国制衡中国的新战略地缘空间。水资源作为该地区命脉性的自然资源，演变成了一种影响地区政治发展的权力资源。水资源安全化成为美国制衡中国战略的切入点和重要内容。澜湄合作机制成立之后，美国对湄公河外交进行制度升级，以制衡"中国的经济和政治影响力顺着湄公河流入东南亚地区"。[①] 针对澜湄合作机制将水资源安全放在优先位置的情况，2018 年 8 月，在第十一次"湄公河下游倡议"部长会议上，美国和湄公河国家将水资源议题也放在合作议题的第一位，签署了《2016—2020 年湄公河下游倡议总体行动计划》，着重强调了"湄公河水资源数据倡议"的推进实施。[②] 面对国内外关于美国与中国在湄公河区域加强竞争，尤其是美国在水资源管理方面的优势渐失的质

---

① Sebastian Strangio, *In the Dragon's Shadow*: *Southeast Asia in the Chinese Century*, New Haven, CT: Yale University Press, 2020, p. 57.

② U. S. Department of State, "Joint Statement on the Eleventh Ministerial Meeting of the Lower Mekong Initiative", https: //www. state. gov/joint - statement - on - the - e-leventh - ministerial - meeting - of - the - lower - mekong - initiative/.

疑与讨论①，特朗普政府在其执政后期的 2020 年 12 月，将"湄公河下游倡议""升级换代"为"湄美伙伴关系"，并通过制度建构、规则重建等手段，加强与中国的博弈和对中国的制衡。

2. 打造针对中国的伙伴关系网络

美国国务院 2020 年 5 月 19 日发布了《美国对中华人民共和国的战略方针》（United States Strategic Approach to the People's Republic of China），清晰阐述了美国对中国的战略定位的变化过程。其中称，自 1979 年中美建立外交关系以来美国希望通过深化接触来促进中国经济和政治开放，"但 40 多年后发现，中国在经济、价值观和安全方面都对美国形成了挑战，损害了美国的重要利益，美国政府应该采取竞争策略，提高美国机构、联盟和伙伴关系的弹性，以战胜中国带来的挑战，同时迫使北京停止或减少有损美国至关重要的国家利益以及美国的盟友和伙伴利益的行动"。②

从历史的视角看，美国一直将东南亚地区视作资本主义与共产主义意识形态对立的"前线"，中南半岛在冷战时期一度属于"冷战前沿阵地"，是美苏两个超级大国博弈的主战场之一。冷战结束之后，美国通过加强对东盟的影响，发展与东盟国家的安全防务关系来影响东南亚地区事务。2008 年以来，美国为应对中国的持续崛起，开始全面介入东亚尤其是东南亚地区安全事务。美国在 2018 年生效的相关法案里指出，美国治下的国际体系"正受到包括中国在南海建设军事化人工岛礁等行为的挑战"。美国为应对该"挑战"，主动拉拢东盟国家，声称其在涉及中国和部分东盟国家的海洋争端上的

---

① Kay Johnson, Panu Wongcha - um, "Water Wars: Mekong River Another Front in U. S. - China Rivalry", Reuters, https://www.reuters.com/article/us - mekong - river - diplomacy - insight - idUSKCN24P0K7? taid = 5f1ac05e68ab86000188b147&utm_campaign = trueAnthem%3A + Trending + Content&utm_medium = trueAnthem&utm_source = twitter.

② The White House, "United States Strategic Approach to the People's Republic of China", https://www.whitehouse.gov/wp - content/uploads/2020/05/U. S. - Strategic - Approach - to - The - Peoples - Republic - of - China - Report - 5. 24v1. pdf.

立场没有改变，企图"通过强调东盟的中心地位，获取东盟国家的支持"。特朗普上台之后，开始在东南亚地区打造针对中国的网络化区域伙伴关系，除了菲律宾和泰国两个盟国，也积极与其他东南亚国家加强发展伙伴关系。"印太战略"实施之后，美国建立和更新已有的联盟体系和伙伴关系，合作形式多为双边军事合作，还有战略性的多边安全合作，如美日韩三边安全合作，尤其看重美、澳、印、日四边安全对话机制，用于处理印太地区最为紧迫的安全挑战。更重要的是美国给予东盟一定的重视，看重东盟的整体性力量，主张"应该将美国与东盟的关系提高到战略伙伴关系的层次"。① 美国在湄公河区域的制度建设以及与其他制度的对接，正是亚太战略的实施内容之一。澜湄合作机制的产生和发展，一定程度上刺激美国加速打造反华、制华阵线的"急迫性"和"坚定决心"。

澜湄合作机制建立之后，为了更好地开展与中国的制度竞争和对中国实施制衡战略，美国除了加固与湄公河五国的关系以及传统军事盟国的关系之外，还广泛"纳友"，将"五眼联盟""印太联盟"的成员英国、印度等国纳入湄美伙伴关系的合作阵营当中，将"湄公河下游之友"，升级为"湄公河之友"（FOM），并增设湄公河委员会秘书处、东盟秘书处等，力图形成"一致对华"的阵营。2021 年 7 月东盟—美国外长特别会议（the Special ASEAN – U. S. Foreign Ministerial Meeting）召开期间，美国国务卿布林肯（Antony John Blinken）强调美国将与东南亚站在一起应对中国影响，支持打造自由开放的湄公河区域。② 在 8 月 4 日的第 11 届东亚峰会（East Asia Summit）外长会议期间，布林肯再次强调美国对建设自由

---

① 范斯聪：《美国印太战略的东南亚化及对东盟的影响》，《亚太安全与海洋研究》2020 年第 5 期，第 111～113 页。

② U. S. Department of State，"Secretary Blinken's Meeting with ASEAN Foreign Ministers and the ASEAN Secretary General"，https：//www. state. gov/secretary – blinkens – meeting – with – asean – foreign – ministers – and – the – asean – secretary – general/.

开放的湄公河区域的重视与承诺。① 从目前拜登政府的湄公河区域政策发展趋势来看，美国将在未来较长一段时间内通过加大介入力度、加强机制建构与机制间联动、议题设置等方式，离间中国和湄公河五国之间的关系，干扰甚至割裂澜湄合作机制下的合作，推动湄公河国家形成联合抗华的"阵营"。未来较长一段时间内，澜湄地区的地缘政治环境会持续面临大国博弈、竞争、制衡所带来的不稳定的挑战与动荡风险。

结　语

"一带一路"倡议和澜湄合作机制的提出，是中国在全球和地区两个层面实现中华民族伟大复兴中国梦的具体行动，是中国与其他国家共享发展红利，共谋和平发展与共同繁荣之路的有益路径，是中国梦与世界梦的有机衔接。"一带一路"倡议和澜湄合作机制的推进，将优势互补转化为务实合作，实践了中国共商、共建、共享的合作理念，传递了团结互信、平等互利、包容互鉴、合作共赢的合作精神，增进了中国与合作国家关系，促进国家、地区和全球经济的繁荣与持续发展，使数十亿老百姓安居乐业，地缘政治的稳定性提高，"利益共同体"和"命运共同体"逐渐得以建构。

水资源安全是"沁入"一国和地区生存与发展的"骨髓"之中的基础性议题。中国周边地区既有发展中国家，又有最不发达国家，经济发展、民族、语言、文化和宗教差异明显，政治、经济和社会制度各不相同，水资源安全治理存在巨大挑战。水资源，作为一种资源性因素，在"一带一路"倡议和澜湄合作机制的实施中，既是

---

① U. S. Department of State, "Secretary Blinken's Participation in the East Asia Summit Foreign Ministers' Meeting", https：//www. state. gov/secretary – blinkens – partici-pation – in – the – east – asia – summit – foreign – ministers – meeting/.

合作的重要依托基础，又是合作的重要载体，更是影响地缘政治和格局的重要媒介。

"一带一路"倡议和澜湄合作机制的实施，一方面重视水资源安全问题的解决和治理，例如水质保护、水量分配和水利开发，提升国家、地区和全球层面的水资源安全治理能力；另一方面重视与水资源安全相关联的经济、社会、文化、环境等其他领域，从立体和复合化的视角推动更广范围和更深层次的合作，在合作机制的构建过程中，推动水资源安全从"碎片化"治理模式向"平台化"治理模式演进和发展。

在新冠肺炎疫情和世界百年未有之大变局叠加影响的时代背景下，水对于公共卫生安全、可持续发展和全球治理的重要影响和意义更加凸显。"一带一路"倡议和澜湄合作机制框架下的水资源合作，通常会带来两个客观结果。第一，实现"水善利万物而不争"的局面，使水成为促进国家和地区合作的积极媒介和因素，降低国家和地区冲突发生的风险，促进地区稳定与和平；第二，水成为南南合作与2030年议程实施的重要组成部分，助推全球可持续发展目标的实现。中国的"一带一路"倡议和澜湄合作机制是中国积极向国际社会和人类提供国际公共产品的明证，是中国打造政治互信、经济融合、文化包容的利益共同体、命运共同体和责任共同体的具体体现。正如习近平主席所强调的，中国是"世界和平的建设者、全球发展的贡献者、国际秩序的维护者"[1]，中国坚守和"弘扬和平、发展、公平、正义、民主、自由的全人类共同价值"[2]，把本国人民利益同世界各国人民利益统一起来，推动各国加强协调和合作，朝着构建人类命运共同体的方向前行。

---

[1]　习近平：《在纪念辛亥革命110周年大会上的讲话》，人民出版社，2021，第10页。

[2]　习近平：《在中华人民共和国恢复联合国合法席位50周年纪念会议上的讲话》，人民出版社，2021，第5页。

参考文献

中文参考文献

〔加〕阿米塔·阿查亚：《建构安全共同体：东盟与地区秩序》，王正毅、冯怀信译，上海人民出版社，2004。

〔美〕彼得·卡赞斯坦主编《国家安全的文化：世界政治中的规范与认同》，宋伟、刘铁娃译，北京大学出版社，2009。

薄义群、卢锋等：《莱茵河：人与自然的对决》，中国轻工业出版社，2009。

陈玉刚、陈晓翌：《欧洲的经验与东亚的合作》，《世界经济与政治》2006年第5期。

达瓦次仁：《全球气候变化对青藏高原水资源的影响》，《西藏研究》2010年第4期。

董斯扬、薛娴、徐满厚、尤金刚、彭飞：《气候变化对青藏高原水环境影响初探》，《干旱区地理》2013年第5期。

董哲仁主编《莱茵河——治理保护与国际合作》，黄河水利出版社，2005。

杜群、李丹：《〈欧盟水框架指令〉十年回顾及其实施成效述评》，《江西社会科学》2011年第8期。

哈里·费尔赫芬：《中国改变尼罗河流域力量格局》，中外对话网，2013年7月4日，https：//www.chinadialogue.net/article/show/single/ch/6178 – China – shifts – power – balance – in – the – Nile – river – basin。

韩秀丽：《中国海外投资中的环境保护问题》，《国际问题研究》2013 年第 5 期。

何艳梅：《国际河流水资源分配的冲突及其协调》，《资源与产业》2010 年第 4 期。

胡文俊、陈霁巍、张长春：《多瑙河流域国际合作实践与启示》，《长江流域资源与环境》2010 年第 7 期。

贾文华：《欧盟官方发展援助变革的实证考察》，《欧洲研究》2009 年第 1 期。

金新、张梦珠：《澜湄水资源治理：域外大国介入与中国的参与》，《国际关系研究》2019 年第 6 期。

赖斯·克桑：《埃塞俄比亚积极推动大坝工程》，中外对话网，2010 年 5 月 6 日，https：//www. chinadialogue. net/article/show/single/ch/3602 – Ethiopia – s – push – for – mega – dams。

《澜沧江—湄公河合作首次领导人会议三亚宣言（全文）》，新华网，2016 年 3 月 23 日，http：//www. xinhuanet. com/world/2016 – 03/23/c_1118422397. htm。

《澜沧江—湄公河合作五年行动计划（2018—2022）》，中国政府网，2018 年 1 月 11 日，http：//www. gov. cn/xinwen/2018 – 01/11/content_5255417. htm。

《澜湄水资源合作部长级会议联合声明》，中国水利网，2019 年 12 月 23 日，http：//www. chinawater. com. cn/ztgz/hy/2019lmhy/4/201912/t20191223_742574. html。

《澜湄水资源合作再上新台阶》，中国经济网，2019 年 12 月 23 日，http：//views. ce. cn/view/ent/201912/23/t20191223_33949745. shtml。

《澜湄水资源合作中心与湄委会秘书处合作谅解备忘录》，2019 年 12 月 23 日，http：//www. chinawater. com. cn/ztgz/hy/2019lmhy/4/201912/t20191223_742573. html。

莉达：《中亚水资源纠纷由来与现状》，《国际资料信息》2009 年第 9 期。

《李克强在澜湄合作首次领导人会议上的讲话（全文）》，中国新闻网，2016 年 3 月 23 日，http：//www. chinanews. com/gn/2016/03 - 23/7809037. shtml。

李巧媛：《不同气候变化情境下青藏高原冰川的变化》，湖南师范大学博士学位论文，2011。

李志斐：《美国对亚太地区水援助之分析及启示》，《太平洋学报》2019 年第 4 期。

李志斐：《澜湄合作中的非传统安全治理：从碎片化到平台化》，《国际安全研究》2021 年第 1 期。

李志斐：《水与地区秩序变化：内在推动与多重影响》，《国际政治科学》2018 年第 3 期。

李志斐：《水与中国周边关系》，时事出版社，2015。

刘江永：《世界大变局与可持续安全》，《南海学刊》2019 年第 4 期。

刘宁主编《多瑙河：利用保护与国际合作》，中国水利水电出版社，2010。

刘若楠：《中美战略竞争与东南亚地区秩序转型》，《世界经济与政治》2020 年第 8 期。

娄伟：《观念认同与地区秩序建构——兼谈中国新安全观在建构东亚秩序中的作用》，《东南亚研究》2012 年第 1 期。

〔英〕马丁·格里菲斯编著《欧盟水框架指令手册》，水利部国际经济技术合作交流中心组织翻译，中国水利水电出版社，2008。

毛维准：《大国海外基建与地区秩序变动——以中国—东南亚基建合作为案例》，《世界经济与政治》2020 年第 12 期。

毛维准：《大国基建竞争与东南亚安全关系》，《国际政治科学》2020 年第 2 期。

门洪华：《地区秩序建构的逻辑》，《世界政治与经济》2014 年第 7 期。

潘兴明：《价值观外交与利益外交的叠加——欧盟中亚战略评

析》,《欧洲研究》2013年第5期。

《水利部鄂竟平部长在澜湄水资源合作信息共享平台网站开通仪式上的致辞》,澜湄水资源合作信息共享平台,2020年11月30日,http: //cn. lmcwater. org. cn/cooperative _ achievements/major _ events/launching_ ceremony/remarks/202012/t20201229_ 163776. html。

谭伟:《〈欧盟水框架指令及其启示〉》,《法学杂志》2010年第6期。

屠酥:《澜湄水资源安全与合作:流域发展导向的分析视角》,《国际安全研究》2021年第1期。

屠酥、胡德坤:《澜湄水资源合作:矛盾与解决路径》,《国际问题研究》2016年第3期。

托马斯·伦克等:《欧盟的中亚新战略》,《俄罗斯研究》2009年第6期。

王联:《论中东的水争夺与地区政治》,《国际政治研究》2008年第1期。

王明国:《从制度竞争到制度脱钩——中美国际制度互动的演进逻辑》,《世界经济与政治》2020年第10期。

王前军:《论欧盟的环境外交政策》,《环境科学与管理》2007年第9期。

王淑贞:《欧盟环境外交研究》,山东师范大学硕士学位论文,2009。

王燕、施维蓉:《〈欧盟水框架指令〉及其成功经验》,《节能与环保》2010年第7期。

维达·约翰:《阿拉伯世界水危机》,中外对话网,2015年5月17日,https: //www. chinadialogue. net/article/show/single/ch/4296 - When - the - Arab - world - dries - up。

吴浓娣:《以水资源合作为纽带促进澜湄流域共同发展》,《世界知识》2019年第18期。

习近平:《积极树立亚洲安全观 共创安全合作新局面》,《人民日报》2014年5月22日。

习近平：《决胜全面建成小康社会 夺取新时代中国特色社会主义伟大胜利——在中国共产党第十九次全国代表大会上的报告》，中国政府网，2017年10月27日，http：//www. gov. cn/zhuanti/2017 - 10/27/content_5234876. htm。

习近平：《齐心开创共建"一带一路"美好未来：在第二届"一带一路"国际合作高峰论坛开幕式上的主旨演讲》，新华网，2019年4月26日，http：//www. xinhuanet. com/2019 -04/26/c_1124420187. htm。

《习近平的外交义利观》，中国日报网，2016年6月19日，http：//cn. chinadaily. com. cn/2016xivisiteeu/2016 -06/19/content_25762023. htm。

《习近平谈治国理政》，外文出版社，2014。

《习近平谈治国理政》第3卷，外文出版社，2020。

《习近平谈治国理政》第2卷，外文出版社，2017。

《习近平致信祝贺第二次青藏高原综合科学考察研究启动》，新华网，2017年8月19日，www. xinhuanet. com/politics/2017 -08/19/c_1121509916. htm。

《现代汉语词典》第6版，商务出版社，2012。

《〈新时代的中国国际发展合作〉：助力共建"一带一路"国际合作》，中国一带一路网，2021年1月11日，https：//www. yidaiyilu. gov. cn/xwzx/gnxw/161049. htm。

徐刚：《欧盟中亚政策的演变、特征与趋向》，《俄罗斯学刊》2016年第2期。

徐秀军：《地区主义与地区秩序构建：一种分析框架》，《当代亚太》2010年第2期。

《亚投行贷款9000万美元资助尼泊尔特耳苏里河水电项目建设》，北极星水力发电网，2019年8月1日，https：//news. bjx. com. cn/html/20190801/996945. shtml。

阎学通：《无序体系中的国际秩序》，《国际政治科学》2016年第1期。

《央广网：水利部：助推"一带一路"建设 已与周边 12 个国家建立跨界河流合作机制》，中国水利部网站，2019 年 4 月 30 日，http：//www. mwr. gov. cn/xw/mtzs/zyrmgbdstzgw/201904/t20190430_1 132906. html。

殷之光：《伊斯兰的瓦哈比化：ISIS 的不平等根源与世界秩序危机》，爱思想网，2015 年 2 月 6 日，http：//www. aisixiang. com/data/83686. html。

张建国、陆佩华、周忠浩、张位首：《西藏冰冻圈消融退缩现状及其对生态环境的影响》，《干旱区地理》2010 年第 5 期。

张励：《水资源与澜湄国家命运共同体》，《国际展望》2019 年第 4 期。

赵玉明：《中亚地区水资源安全问题：美国的认知、介入与评价》，《俄罗斯东欧中亚研究》2017 年第 3 期。

《中国电建承建的乌兹别克斯坦水电站项目年内如期并网发电》，中国商务部网站，2020 年 12 月 18 日，http：//www. mofcom. gov. cn/article/i/jyjl/e/202012/20201203024532. shtml。

周琪、李枏、沈鹏：《美国对外援助：目标、方法与决策》，中国社会科学出版社，2014。

英文参考文献

Aad Correlje, Delphine Francois, Tom Verbeke, "Integrating Water Management and Principle of Policy: Towards an EU Framework?" *Journal of Cleaner Production*, No. 15, 2007.

ADB (Asian Development Bank), "Asian Water Development Outlook 2016: Strengthening Water Security in Asia and the Pacific", www. adb. org/publications/asian － water － development － outlook － 2016.

"Addressing Environmental Risks in Central Asia", http：//www. envsec. org/publications/Addressing% 20environmental% 20risks% 20in% 20Central% 20Asia_ English. pdf.

Adelphi, "Insurgency, Terrorism and Organised Crime in a Warming Climate", https: // www. climate − diplomacy. org/publications/insurgency − terrorism − and − organised − crime − warming − climate.

Alan D. Ziegier, Trevor Neil Petney, "Dams and Disease Triggers on the Lower Mekong River", *PLOS Neglected Tropical Diseases*, Vol. 7, Issue 6, 2013.

Alex Chapman, Van Pham Dang Tri, "Climate Change is Driving Migration from Vietnam's Mekong Delta", https: // www. climatechangenews. com/ 2018/01/11/climate − change − driving − migration − vietnams − mekong − delta/.

Ann Florini, "The Evolution of International Norms", *International Studies Quarterly*, Vol. 40, No. 3, 1996.

"Annual Freshwater Withdrawals, Agriculture (% of total freshwater withdrawal)", https: // data. worldbank. org/indicator.

Arivind Panagariya, "Climate Change and India: Implications and Policy Options", Meeting Paper, New Delhi, Jul. 14 −15, 2009.

Arpita Bhattacharyya and Michael Werz, "Climate Change, Migration, and Conflict in South Asia", https: // www. americanprogress. org/wp − content/uploads/2012/11/ClimateMigrationSubContinentReport_ small. pdf.

Asian Development Bank, "Asian Water Development Outlook 2013", https: // www. adb. org/publications/asian − water − development − outlook −2013.

Asian Development Bank, "Energy Outlook for Asia and the Pacific", https: // www. adb. org/publications/energy − outlook − asia − and − pacific −2013.

Bill Frist, E. Neville Isdell, "A Report of the CSIS Global Water Futures Projects: Declaration on U. S. Policy and the Global Challenge of Water", Washington D. C: Center for Strategic & International Studies, Mar. 17, 2009.

Biswajyoti Das, "India Struggles to Control Ethnic Violence in Assam", Reuters, https://www. reuters. com/article/2012/07/24/us－indiaviolence－idUSBRE86N0W820120724.

Biwu Zhang, "Chinese Perceptions of US Return to Southeast Asia and the Prospect of China's Peaceful Rise", *Journal of Contemporary China*, Vol. 24, No. 91, 2015.

"Blue Gold from the Highest Plateau: Tibet's Water and Global Climate Change", https://www. savetibet. org/wp－content/uploads/2015/12/ICT－Water－Report－2015. pdf.

Brahma Chellaney, *Water, Peace, and War*, Rowman & Littlefield, 2014.

Brahma Chellaney, *Water: Asia's New Battleground*, Georgetown University Press, 2011.

Brain Eyler, "Science Shows Chinese are Devastating the Mekong", *Foreign Policy*, https://foreignpolicy. com/2020/04/22/science－shows－chinese－dams－devastating－mekong－river/.

Bree Dyer, "USAID Changed Its Water and Sanitation Priorities and It Makes a lot of Sense", Global Citizen, https://www. globalcitizen. org/en/content/usaid－announces－priority－countries－for－water－and－s/.

Carl Middleton and Jeremy Allouche, "Watershed or Powershed? Critical Hydropolitics, China and the 'Lancang－Mekong Cooperation Framework'", *The International Spectator*, Vol. 51, No. 3, 2016.

C. Battistuzzi, S. Buenrostro Mazon, N. Edwards, G. Gostlow, I. Jeba Raj, "Quantifying Climate Change Induced Effects upon Glaciers and Their Impact on Ecosystem Services", http://www. helsinki. fi/henvi/teaching/Reports_16/02_Climate_Change_Impacts_studentreport_to_Rachel_Warren. pdf.

Cécile Levacher, "Climate Change in the Tibetan Plateau Region: Glacial Melt and Future Water Security", http://www. futuredirections. org. au/pub-

lication/climate −change −in −the −tibetan −plateau −region −glacial −melt −
and −future −water −security/.

Cecilia Han Springer and Dinah Shi, "Rising Tides of Tension: Asses-
sing China's Hydropower Footprint in the Mekong Region", https://
www. bu. edu/gdp/2020/10/13/rising − tides − of − tension − assessing −
chinas −hydropower −footprint −in −the −mekong −region/.

C. K. Jain, "A Hydro Chemical Study of a Mountains Watershed: The
Ganga, India", *Journal of Water Resources Research*, Vol. 36, 2002.

Claudia Ringler, Joachim Von Braun & Mark W. Rosegrant, "Water
Policy Analysis for the Mekong River Basin", *Water International*, Vol. 29,
No. 1, 2004.

"Commission to the European Council on the Implementation of the
EU Central Asia Strategy", Brussels, Jun. 28, 2010.

Council of the European Union, "Council Conclusions on EU Water Di-
plomacy", http://eeas. europa. eu/archives/ashton/media/www. consilium.
europa. eu/uedocs/cms_ data/docs/pressdata/en/foraff/138253. pdf.

Council of the European Union, "Council Conclusions on the EU
Strategy for Central Asia", http://data. consilium. europa. eu/doc/docu-
ment/ST −10191 −2015 −INIT/en/pdf.

David Eckstein, Vera Kunzel, Laura Schafer, Maik Winges, "Global
Climate Risk Index 2020: Who Suffers Most from Extreme Weather E-
vents? Weather −Related Loss Events in 2018 and 1999 to 2018", https://
germanwatch. org/sites/germanwatch. org/files/20 − 2 − 01e% 20Global%
20Climate% 20Risk% 20Index% 202020_ 14. pdf.

David Hutt, "Water War Risk Rising on the Mekong", *Asia Times*,
https://asiatimes. com/2019/10/water − war − risk − rising − on − the −
mekong/.

David Reed, "In Search of a Mission", edited by David Reed, *Water,
Security and U. S. Foreign Policy*, Routledge, 2017.

David Reed, *Water, Security, and U. S. Foreign Policy,* Routledge, 2017.

DIA, "Mission Area", http://www. dia. mil/Careers/Mission − Areas/.

D. John and Catherine T. MacArthur Foundation, "The Himalayan Challenge Water Security in Emerging Asia", http://www. bipss. org. bd/images/pdf/Bipss% 20Focus/The% 20Himalayan% 20Challenge. pdf.

D. Phil Turnipseed, "Forecast Mekong", https://pubs. usgs. gov/fs/2011/3076/.

East − West Center, "Asia Matters for America", https://asiamattersforamerica. org/uploads/publications/2018 − Asia − Matters − for − America. pdf.

Elizabeth Economy, "China's Rise in Southeast Asia: Implications for the United States", *Journal of Contemporary China*, Vol. 44, No. 14, 2005.

"Environmental Challenges of Development in the East Asia and Pacific Region", http://siteresources. worldbank. org/INTEAPREGTOPENVIRONMENT/Resources/EAP_ Env_ Strat_ Chap_ 1. pdf.

"Environmental Security in Central Asia", http://www. eucentralasia. eu/uploads/tx_ icticontent/EUCAM − Watch − 13. pdf.

"Environmental Threats to the Mekong Delta", https://journal. probeinternational. org/2000/02/17/environmental − threats − mekong − delta/.

Erika Weinthal, Farah F. Hegazi, and Lesha B. M. Witmer, "Development and Diplomacy: Water, the SDGs, and U. S. Foreign Policy", edited by David Reed, *Water, Security and U. S. Foreign Policy*, Routledge, 2017.

Erwin Rose, "The ABCs of Governing the Himalayas in Response to Glacial Melt: Atmospheric Brown Clouds, Black Carbon, and Regional Cooperation", *Climate Law Reporter*, Vol. 12, 2012.

European Parliament, "Water Disputes in the Mekong Basin", https://www. europarl. europa. eu/RegData/etudes/ATAG/2018/620223/

EPRS_ATA(2018)620223_E. N. pdf.

EU Water Initiative, "Annual Report 2014", European Union, 2014.

Evelyn Goh, "China in the Mekong River Basin: The Regional Security Implications of Resource Development on the Lancang Jiang", RSIS, https://dr. ntu. edu. sg/bitstream/10220/4469/1/RSIS –WORKPAPER_73. pdf.

EXAM, "Annual Report 2015", http://www. exim. gov/sites/default/files/reports/annual/EXIM –2015 – AR. pdf.

"Finland's Development Cooperation in Eastern Europe and Central Asia, 2014 –2017 Wider Europe Initiative", http://formin. finland. fi/public/default. aspx? culture = en – US&contentlan = 2.

GEO, "GEO Global Water Sustainability (GEOGLOWS) ", https://www. earthobservations. org/activity. php? id = 54.

Glen Hearns, "Dammed if You do and Damned if You don't: Afghanistan's Water Woes, " edited by David Reed, ed. , *Water, Security and U. S. Foreign Policy*, Routledge, 2017.

Global Water Challenge, "Our Story", http://www. globalwaterchallenge. org.

GPO, "Department of State and Other International Programs", https://www. gpo. gov/fdsys/pkg/BUDGET – 2016 – APP/pdf/BUDGET – 2016 –APP –1 –17. pdf.

H. Gwyn Rees & David N. Collins, "Regional Differences in Response of Flow in Glacier – fed Himalayan Rivers to Climatic Warming", *Hydrological Process*, 2006.

Hidetaka Yoshimatsu, "The United States, China, and Geopolitics in the Mekong Region", *Asian Affairs: An American Review*, Vol. 42, No. 4, 2015.

Hongzhou Zhang & Mingjiang Li, "China's Water Diplomacy in the Mekong: A Paradigm Shift and the Role of Yunnan Provincial Government", *Water International*, Vol. 45, No. 4, 2020.

Imad Antoine Ibrahim, "Water Governance in the Mekong after the Watercourses Convention 35th Ratification: Multilateral or Bilateral Approach?" *International Journal of Water Resources Development*, Vol. 36, No. 1, 2020.

Intelligence Community Assessment, "Global Water Security", https://www. dni. gov/files/documents/Special% 20Report_ICA% 20Glob al% 20Water% 20Security. pdf.

Intergovernmental Panel on Climate Change (IPCC), "Working Group I Contribution to the IPCC Fifth Assessment Report, Climate Change 2013: The Physical Science Basis", http://www. climatechange 2013. org/ images/report/WG1AR5_ALL_FINAL. pdf.

International Crisis Group, "Water Pressures in Central Asia", http:// euro － synergies. hautetfort. com/archive/2014/10/26/water － pressures － in － central － asia. html.

International Crisis Group, "Water Pressures in Central Asia", http:// www. crisisgroup. org/ ～ /media/Files/europe/central － asia/233 － water － pressures － in － central － asia. pdf.

"International Program Annual Reports", https://www. nrcs. usda. gov/ wps/portal/nrcs/detailfull/national/programs/alphabetical/international/?cid = nrcs143_008249.

International River Network, "Chinese Overseas Dams List", https://www. internationalrivers. org/resources/china － overseas － dams － list － 3611.

International Rivers, "Mekong Mainstream Dams: Threatening Southeast Asia's Food Security", https://ideas. repec. org/p/ess/wpaper/id3049. html.

International Rivers Network, "The New Great Walls: A Guide to China's Overseas Dam Industry", https://www. globalccsinstitute. com/

archive/hub/publications/162708/new − great − walls − chinas − overseas − dam − industry. pdf.

Jaap Evers, Assela Pathirana, "Adaptation to Climate Change in the Mekong River Basin: Introduction to the Special Issue", *Climatic Change*, No. 149, 2018, https://link. springer. com/article/10. 1007/s10584 −018 − 2242 −y? shared − article − renderer#Tab1.

J. Boonstra, "The EU's Interests in Central Asia: Intergrating Energy, Security and Values Into Coherent Policy", http://www. edc2020. eu/fileadmin/publications/EDC_ 2020_ Working_ paper_ No_ 9_ The_ EU's_ Interests_ in_ Central_ Asia_ v2. pdf.

Jessica M. Williams, "Is Three a Crowd? River Basin Institutions and the Governance of the Mekong River", *International Journal of Water Resources Development*, Vol. 37, No. 4, 2021.

J. Fasman, "The Mekong: Requiem for a River", http://www. economist. com/news/essays/21689225 − can − one − world − s − great − waterways − surviveits − development.

Joakim Öjendal, Stina Hansson, Sofie Hellberg Edit, *Politics and Development in a Transboundary Watershed : The Case of the Lower Mekong Basin*, Springer Dordrecht Heidelberg London New York, 2012.

John Lee, "China's Water Grab", *Foreign Policy*, http://www. foreignpolicy. com/articles/2010/08/23/chinas_ water_ grab.

John Vidal, "China and India ' Water Grab' Dams put Ecology of Himalayas in Danger", https://www. theguardian. com/global − development/2013/aug/10/china − india − water − grab − dams − himalayas − danger.

"Joint Statement to Strengthen Water Data Management and Information Sharing in the Lower Mekong", https://www. mekongwater. org/about.

Jonathan E. Hillman and Erol Yayboke, "The Higher Road: Forging a

U. S. Strategy for the Global Infrastructure Challenges", https://csis - website - prod. s3. amazonaws. com/s3fs - public/publication/190423 _ Hadley% 20et% 20al_ HigherRoads_ report_ WEB. pdf.

Jonathan L. Chenoweth, Member IWRA, and Eran Feitelson, "Analysis of Factors Influencing Data and Information Exchange in International River Basins can Such Exchanges be used to Build Confidence in Cooperative Management?" *Water International*, Vol. 26, No. 4, 2001.

Joseph Yun, "Challenge to Water and Security in Southeast Asia", U. S. Department of State, https://2009 -2017. state. gov/p/eap/rls/rm/ 2010/09/147674. htm.

Kennth Pomeranz, Jennifer L. Turner, Susan Chan Shifflett, Robert Batten, etc. "Himalayan Water Security: The Challenges for South and Southeast Asia", *Filozofska Istrazivanja*, Vol. 31, 2011, http://www. files. ethz. ch/ isn/167852/Asia_ Policy_16_ WaterRoundtable_July2013. pdf.

Kishan Khoday, "Himalayan Glacial Melting and the Future of Development on the Tibetan Plateau", May 2007, https://www. academia. edu/ 22752478/ Climate_Change_and_the_Right_to_Development_Himalayan_ Glacial_Melting_and_the_Future_of_Development_on_the_Tibetan_Plateau.

Lai - Ha Chan, "Soft Balancing Against the US' Pivot to Asia': China's Geostrategic Rationale for Establishing the Asian Infrastructure Investment Bank", *Australia Journal of International Affairs*, Vol. 71, No. 6, 2017.

"Launch of the Mekong -U. S. Partnership: Expanding U. S. Engagement with the Mekong Region", https://www. state. gov/launch - of - the - mekong -u -s -partnership -expanding -u -s -engagement -with -the -mekong -region/.

Leona D. Agnes, "Adapting to Water Stress and Changing Hydrology in Glacier -dependent Countries in Asia: A Tool for Program Planner and

Designers", Coastal Resources Center, https://www. researchgate. net/ publication/273797826_ Adapting_ to_ Water_ Stress_ and_ Changing_ Hydrology_ in_ Glacier −Dependent_ Countries_ in_ Asia_ A_ Tool_ for_ Program_ Planners_ and_ Designers.

Madhav Karki, "Climate Change in the Himalayas: Challenges and Opportunities", https://nepalstudycenter. unm. edu/MissPdfFiles/DrKarkiICIMODPresentation_ UNM_ May_ 2010PDF. pdf.

Malcolm F. McPherson, "China's Role in Promoting Transboundary Resource Management in the Greater Mekong Basin (GMB)", Harvard Kennedy School, https://ash. harvard. edu/files/ash/files/300675_ hvd_ ash_ chinas_ role. pdf.

Mandakini Devasher Surie, "South Asia's Water Crisis: A Problem of Scarcity Amid Abundance", http://asiafoundation. org/2015/03/25/south − asias − water − crisis − a − problem − of − scarcity − amid − abundance/.

Marcus DuBois King, "Water, U. S. Foreign Policy and American Leadership ", https://elliott. gwu. edu/sites/elliott. gwu. edu/files/downloads/faculty/king − water − policy − leadership. pdf.

Marcus Dubois King, "Water, U. S. Foreign Policy and American Leadership ", https://elliott. gwu. edu/sites/elliott. gwu. edu/files/downloads/faculty/king − water − policy − leadership. pdf.

Martin Stuart − Fox, "The French in Laos, 1887 − 1945", *Modern Asian Studies*, Vol. 29, No. 1, 1995.

Matti Kummu, Olli Varis, "Sediment − related Impacts due to Upstream Reservoir Trapping, the Lower Mekong River", *Geomorphology*, Vol. 85, 2007.

Mayank Singh, "Water Becomes a Weapon in China's Geopolitical Chess", https://www. fairobserver. com/region/asia _ pacific/mayank − singh − china − water − wars − dam − building − india − asia − pacific − world − news −67914/.

"Mekong – Ganga Cooperation (MGC) – UPSC Notes", https://byjus. com/free – ias – prep/mekong – ganga – cooperation – mgc/.

Mekong – US Partnership, "About: Mekong – US Partnership", http://mekonguspartnership. org/zhout/.

Mekong – U. S. Partnership, "Joint Statement on Strengthening Coordination Among the Friends of the Lower Mekong", https://mekonguspartnership. org/2019/08/01/joint – statement – on – strengthening – coordination – among – the – friends – of – the – lower – mekong/.

"Mekong Dam Monitor", https://www. stimson. org/project/mekong – dam – monitor/.

"Mekong Infrastructure Tracker Dashboard", https://www. stimson. org/2020/mekong – infrastructure – tracker – tool/.

"Mekong Project Impact Screener", https://www. stimson. org/2020/mekong – project – impact – screener/.

"Mekong Water", http://data. mekongwater. org/.

"Mekong Water Data Initiative (MWDI)", https://mekonguspartnership. org/projects/mekong – water – data – initiative – mwdi/.

"Melting Glaciers Bring Energy Uncertainty", *Nature*, Vol. 502, 2013, https://www. nature. com/news/climate – change – melting – glaciers – bring – energy – uncertainty – 1. 14031.

Mervyn Piesse, "US Launches Mekong Partnership as Chinese Debt Trap Closes on Laos", *Future Directions International*, https://www. futuredirections. org. au/publication/us – launches – mekong – partnership – as – chinese – debt – trap – closes – on – laos/.

Michael D. Izard – Carroll, "U. S. Army Corps of Engineers Interagency & International Services Program Provides Specialized Services Around the World", http://www. usace. army. mil/Media/News – Archive/Story – Article – View/Article/1065067/us – army – corps – of – engineers – interagency – international – services – program – provides/.

Michael R. Pompeo, "Remarks on ' America's Indo − Pacific Economic Vision'", Washington DC: U. S. Chamber of Commerce, https://asean. usmission. gov/sec −pompeo −remarks −on −americas −indo −pacific −economic −vision/.

Ministry for Foreign Affairs of Sweden, "Development Financing 2000: Transboundary Water Management as an International Public Good", http://uz. mofcom. gov. cn/arti cle/jmxw/201603/20160301275035. shtml.

Ministry of Foreign Affairs of Japan, "Second Friends of the Lower Mekong Initiative (LMI) Ministerial Meeting − Overview", https://www. mofa. go. jp/region/asia −paci/mekong/lmi_1207. html.

Moore Scott, "Climate Change, Water, and China's National Interest," *China Security*, May. , 2009.

MRC, "Agriculture and Irrigation Programme: 2011 − 2015 Programme Document", https://www. mrcmekong. org/assets/Publications/Programme −Documents/AIP −Pogramme −Doc −V4 −Final −Nov11. pdf.

"Myanmar Dam Breach Floods 85 Villages, Thousands Driven from Homes", https://www. reuters. com/article/us −myanmar −dam −idUSK CN1LF06Q.

N. Kliot and D. Shmueli, "Building Institutional Frameworks for the Common Water Resources: Israel, Jordan, and the Palestinian Authority", Haifa, Israel: Technion Israel Institute of Technology, 1997.

Nadia Dhia Shkara, "Water Conflict on the Mekong River", *International Journal of Contemporary Research and Review*, Vol. 9, Issue 6, 2018.

NASA, "NASA Earth Science Applied Sciences Program 2015 Annual Report", https://appliedsciences. nasa. gov/system/files/docs/AnnualReport 2015. pdf.

NASA, "SERVIR −Eastern −Southern Africa: Challenging Drought, Famine and Epidemics From Space", https://www. nasa. gov/mission_ pages/servir/africa. html.

NASA, "SERVIR – Himalaya", https://www. nasa. gov/mission_ pages/servir/himalaya. html.

NASA, "SERVIR – Mekong", https://www. nasa. gov/mission_ pages/servir/mekong. html.

National Intelligence Council, "Global Trends: Paradox of Progress", DNI, https://www. dni. gov/files/images/globalTrends/documents/GT – Main – Report. pdf.

National Science Foundation, "INFEWS/T1: Increasing Regional to Global – scale Resilience in Food – Energy – Water Systems Through Coordinated Management, Technology, and Institutions", https://www. nsf. gov/awardsearch/showAward? AWD_ID =1639458 & HistoricalAwards =false.

National Science Foundation, "INFEWS/T3: Rethinking Dams: Innovative Hydropower Solutions to Achieve Sustainable Food and Energy Production, and Sustainable Communities", https://www. nsf. gov/awardsearch/showAward? AWD_ID =1639115&HistoricalAwards =false.

National Science Foundation, "Innovations at the Nexus of Food, Energy and Water Systems (INFEWS)", https://www. nsf. gov/funding/pgm_ summ. jsp? pims_ id =505241&org =OISE&from =home.

"New: Mekong Dam Monitor Brings Unprecedented Transparency to Basin – wide Dam Operations", https://www. stimson. org/2020/new – mekong – dam – monitor – brings – unprecedented – transparency – to – base – wide – dam – operations/.

Nhat Anh, "The Mekong Conflict on the Mekong", Mekong Eye, https://www. mekongeye. com/2016/06/08/the – water – conflict – on – the – mekong/.

NOAA, "Climate", https://www. nesdis. noaa. gov/content/climate.

NOAA, "Environment", https://www. nesdis. noaa. gov/content/environment.

Nora Hanke, "East Africa's Growing Power: Challenging Egypt's Hydropolitical Position on the Nile?" http://scholar. sun. ac. za/handle/10019. 1/80202.

NTDTV, "Bangladesh Migrants Detained in Tripura, India", http://english. ntdtv. com/ntdtv_ en/news_ asia/2011 − 03 − 17/bangladesh − migrants − detainedin − tripura − india. html.

Open Development Mekong, "Climate Change", https://opendevelopmentmekong. net/topics/climate − change/.

OPIC, "By the Numbers: OPIC's Far − reaching Impact", https://www. opic. gov/blog/impact − investing/by − the − numbers − opics − far − reaching − impact.

OPIC, "PAMIGA: Finance for Micro − irrigation and Home Solar Kits", https://www. opic. gov/opic − action/featured − projects/sub − saharan − africa/pamiga − finance − micro − irrigation − and − home − solar − kits.

Partnership with the EU Water Initiative (EUWI) , "Water Policy Reforms in Eastern Europe", the Caucasus and Central Asia (EECCA) , http://www. oecd. org/env/outreach/partnership − eu − water − initiative − euwi. htm#Outcomes.

Patrick J. Dugan, Chris Barlow, Angelo A. Agostinho, Eric Baran, Glenn F. Cada, Daqing Chen, Ian G. Cowx, John W. Ferguson, Tuantong Jutagate, Martin Mallen − Cooper, Gerd Marmulla, John Nestler, Miguel Petrere, Robin L. Welcomme, Kirk O. Winemiller, "Fish Migration, Dams, and Loss of Ecosystem Services in the Mekong Basin", *AMBIO*, No. 4, Vol. 39, 2010, http://aquaticecology. tamu. edu/files/2012/07/2010 − Dugan − et − al. − Fish − migration − dams − and − loss − of − services − in − the − Mekong. pdf.

"Perspectives on Water and Climate Change Adaptation: Introduction, Summaries and Key Messages", http://www. gwopa. org/en/resources − library/perspectives − on − water − and − climate − change − adaptation – introduction – summaries – and – key – messages.

Peter Engelke and David Michel, "Toward Global Water Security", http://www. atlanticcouncil. org/images/publications/Global _ Water _ Security_ web_0823. pdf.

Peter H. Gleick, "An Introduction to Global Fresh Water Issues", *Water in Crisis: A Guide to the World's Fresh Water Resource*, New York: Oxford University Press, 1993.

"Pew Center on Global Climate Change: Climate Change Mitigation Measures in India", https://www. pewclimate. org/node/6204.

Philip Citowicki, "China's Control of the Mekong", https://thediplomat. com/2020/05/chinas – control – of – the – mekong/.

"Prime Minister of Australia, Joint Statement of the Governments of Australia, Japan, and the United States of America on the Trilateral Partnership for Infrastructure Investment in the Indo – Pacific", https://www. pm. gov. au/media/joint – statement – governments – australia – japan – and – united – states.

P. R. Khanal, "Water, Food Security and Asian Transition: A New Perspective Within the Face of Climate Change", https://www. congress. gov/109/plaws/publ121/PLAW –109publ121. pdf.

"Public Law 113 –289 – Dec. 19, 2014", https://www. congress. gov/113/plaws/publ289/PLAW –113publ289. pdf.

Rafik Hirji, Alan Nicol, and Richard Davis, "South Asia Climate Change Risks in Water Management: Climate Risks and Solutions – Adaptation Frameworks for Water Resources Planning, Development, and Management in South Asia", Rafik Hirji et al. , "South Asia Climate Change Risks in Water Management: Climate Risks and Solutions – Adaptation Frameworks for Water Resources Planning, Development, and Management in South Asia", https://reliefweb. int/sites/reliefweb. int/files/resources/124894 –WP –P153431 – PUBLIC – Climate – Change – and –

WRM – Summary – Report – FINAL – web – version. pdf.

Rajya Sabha Secretariat, "Climate Change: Challenges to Sustainable Development in India", *Occasional Paper*, http://www. indiaenvironmentp ortal. org. in/files/climate_ change_2008. pdf.

Rawia Tawfik, "Revisiting Hydro – hegemony from a Benefit – Sharing Perspective: The Case of the Grand Ethiopian Renaissance Dam", https://www. die – gdi. de/uploads/media/DP_5. 2015. pdf.

R. Cronin, C. Weatherby, "Letters from the Mekong: Time for a New Narrative on Mekong Hydropower", https://www. stimson. org/wp – content/files/file – attachments/Letters_from_ the_ Mekong_ Oct_2015. pdf.

R. Cronin, T. Hamlin, "Mekong Turning Point: Shared River for a Shared Future", https://www. stimson. org/2012/mekong – turning – point – shared – river – shared – future/.

"Regional Water Intelligence Report Central Asia", http:// www. siwi. org/publications/regional – water – intelligence – report – central – asia/.

Reiner Wassmann, Nguyen Xuan Hien, Chu Thai Hoanh, To Phue Tuong, "Sea Level Rise Affecting the Vietnamese Mekong Delta: Water Elevation in the Flood Season and Implications for Rice Production", *Climactic Change*, 2004.

"Renewable Internal Freshwater Resources Per Capita (Cubic Meters)", https://data. worldbank. org/indicator/ER. H2O. INTR. PC? locations = SY.

"Report of Water Sector Activities, Fiscal Year 2015: Safeguarding the World's Water", https://www. usaid. gov/sites/default/files/documents/1865/safeguard_2016_ final_508v4. pdf.

Richard Cronin, "Mekong Dams and the Perils of Peace", *Survival*, Vol. 51, No. 6, 2009.

Richard L. Armstrong, "The Glaciers of the Hindu Kush – Himalayan

Region: A Summary of the Science Regarding Glacier Melt/Retreat In the Himalayan", https://www. mendeley. com/research − papers/glaciers − hindu −kushhimalayan −region/.

Robert Costanza et al. , "Planning Approaches for Water Resources Development in the Lower Mekong Basin", https://pdxscholar. library. pdx. edu/cgi/viewcontent. cgi? article ＝1006&context ＝iss_ pub.

Robert G. Wirsing, Daniel C. Stoll and Christopher Jasparro, "International Conflict Over Water Resource in Himalayan Asia", *Palgrave*, 2014.

Sabine Brels, David Coates and Flavia Loures, "Transboundary Water Resources Management: The Role of International Watercourse Agreements in Implementation of the CBD", *CBD Technical Series*, No. 40.

Sahil Nagpal, "ABVP Students Protest in Kolkata Against Bangladeshi Immigrants", http://www. topnews. in/abvpstudents − protest − kolkata − against −bangladeshi − immigrants −266037.

Scott William David Pearse − Smith, "The Impact of Continued Mekong Basin Hydropower Development on Local Livelihoods", *Consilience*: *The Journal of Sustainable Development,* Vol. 7, No. 1, 2012.

Sebastian Biba, "China's ' Old' and ' New' Mekong River Politics: the Lancang − Mekong Cooperation from a Comparative Benefit − sharing Perspective", *Water International*, Vol. 43, No. 5, 2017.

Sebastian Biba, "Desecuritization in China's Behavior Towards Its Trans − boundary Rivers: The Mekong River, the Brahmaputra River, and the Irtysh and Ili Rivers", *Journal of Contemporary China*, Vol. 23, No. 85, 2014.

Sebastian Strangio, "US Official Attacks China's ' Manipulation' of the Mekong", https://thediplomat. com/2020/09/us − official − attacks − chinas − manipulation − of −the − mekong/.

"Secretary Clinton Delivers Remarks on World Water Day at the National Geographic Society", https://rmportal. net/library/content/tran-script − remarks − on − world − water − day.

Selina Ho, "River Politics: China's Policies in the Mekong and the Brahmaputra in Comparative Perspective", *Journal of Contemporary China*, Vol. 23, No. 85, 2014.

Seungho Lee, "Benefit Sharing in the Mekong River Basin", *Water International*, Vol. 40, No. 1, 2015.

Shang − su Wu, "Lancang − Mekong Cooperation: The Current State of China's Hydro − politics, in Minilateralism in the Indo − Pacific", edited by Bhubhindar Singh and Sarah Teo, London and New York: Routledge Taylor & Francis Group, 2020.

Stephen Hodgson, "Strategic Water Resources in Central Asia: in Search of a New International Legal Order", http://aei. pitt. edu/58489/1/EUCAM_ PB_ 14. pdf.

Strategic Studies Institute Report, "Taking up the Security Challenge of Climate Change", https://www. strategicstudiesinstitute. army. mil/pdf-files/ PUB932. pdf See page 23.

Suhardiman Diana et al. , "Review of Water and Climate Adaptation Financing and Institutional Frameworks", Colombo, Sri Lanka: International Water Management Institute (IWMI) , 2017.

Sung Chul Jung, Jaehyon Lee, and Ji − Yong Lee, "The Indo − Pacific Strategy and US Alliance Network Expandability: Asian Middle Powers' Positions on Sino − US Geostrategic Competition in Indo − Pacific Region", *Journal of Contemporary China*, Vol. 30, No. 127, 2021.

Swedish International Development Cooperation Agency, "Water and Violence: Crisis of Survival in the Middle East", http://www. strategicfo resight. com/publication_ pdf/63948150123 − web. pdf.

"Taking the Higher Road: U. S. Global Infrastructure Strategy One Year Later", https://www. csis. org/analysis/taking − higher − road − us −

global－infrastructure－strategy－one－year－later.

Tatjana Lipiäinen, Jeremy Smith, "International Coordination of Water Sector Initiatives in Central Asia", EUCAM Working Paper 15, 2013, http://fride. org/descarga/EUCAM_WP15_Water_Initiatives_in_CA. pdf.

Terri Moon Cronk, "U. S. Military Concludes Haiti Post－Hurricane Humanitarian Effort", http://www. southcom. mil/MEDIA/NEWS－ARTICLES/Article/985642/us－military－concludes－haiti－post－hurricane－humanitarian－effort/.

"The EU Water Framework Directive", https://publications. europa. eu/en/publication－detail/－/publication/ff6b28fe－b407－4164－8106－366d2bc02343.

"The EU Water Initiative", http://www. euwi. net/about－euwi.

"The United Nation Regional Centre for Preventive Diplomacy for Central Asia", http://unrcca. unmissions. org/Default. aspx? tabid＝9301& language＝en－US.

The U. S. Water Partnership, "U. S. Water Partnership Adds Values to Your Organization", http://www. uswaterpartnership. org.

The White House, "United States Strategic Approach to the People's Republic of China", https://www. whitehouse. gov/wp－content/uploads/2020/05/U. S.－Strategic－Approach－to－The－Peoples－Republic－of－China－Report－5. 24v1. pdf.

Thi Dieu Nguyen, *The Mekong River and the Struggle for Indochina: Water, War, and Peace*, Westport, Conn. : Praeger, 1994.

Thomas F. Homer－Dixon, "Environmental Scarcities and Violent Conflict: Evidence from Case", *International Secutity*, Vol. 19. No. l, 1994.

Thomas Fingar, "Statement for the Record Before the Permanent Select Committee on Intelligence", House of Representatives, http://globalwarming. markey. house. gov/tools/2q08materials/ files/0069. pdf.

Timor Menniken, "China's Performance in International Resource

Politics: Lessons from the Mekong", *Contemporary Southeast Asia*, Vol. 29, No. 1, 2007.

"Transboundary Water Management in Central Asia", https://www. giz. de/en/worldwide/15176. html.

UN Disaster Risk Management Team, "Vietnam is Recovering from its Strongest Ever Drought and Saltwater Intrusio", https://reliefweb. int/sites/reliefweb. int/files/resources/Recovery% 20draft% 20Sep% 202016_final% 20(2). pdf.

UNEP Global Environmental Alert Service (GEAS), "Measuring Glacier Change in the Himalayas", https://library. wmo. int/opac/index. php? lvl = notice_ display&id =13360# WrRMp5POXBI.

UNESCO, "United Nations World Water Day Development Report 2016: Water and Jobs", http://www. unesco. org/new/en/natural − sciences/environment/water/wwap/wwdr/2016 − water − and −jobs/.

United Nation, "ECAFE Annual Report to the Economic Social Council (29 March 1957 −15 March 1958)", ECOSOC Official Records, https://documents − dds − y. un. org/doc/UNDOC/GEN/B09/128/4x/pdf/ B091284. pdf? OpenElement.

United Nation, "The United Nations World Water Development Report 2020: Water and Climate Change", https://www. unwater. org/world − water − development − report −2020 − water − and − climate − change/.

United Nations, "Report of the Interim Committee for Coordination of Investigations of the Lower Mekong Basin", ECOSOC Official Records, https://documents − dds − ny. un. org/doc/UNDOC/GEN/B17/100/28/pdf/B1710028. pdf? OpenElemen.

United States Government Accountability Office, "Rebuilding IRAQ: U. S. Water and Sanitation Efforts Need Improved Measures for Assessing Impact and Sustained Resources for Maintaining Facilities", http://www. gao. gov/new. items/d05872. pdf. UN Water, "World Water Development Report: Managing Water under Uncertainty and Risk", http://www. unwater. org/publications/publications − detail/en/c/202715/.

USACE, "Environment Program", http://www. usace. army. mil/Missions/Environmental. aspx.

USDA, "Developing Global Partnerships", https://nifa. usda. gov/developing − global − partnerships.

U. S. African Development Foundation, "Agency Overview", http://www. foreignassistance. gov/agencies/USADF.

USAID, "Country Development Cooperation Strategy (4/2013 − 4/2018)", https://www. usaid. gov/sites/default/files/documents/1861/CDCS_Philippines_ Public_ Version_2013 − 2018_ as_ of_June_2017. pdf.

USAID, "Report of Water Sector Activities: Safeguarding the World's Water(Fiscal Year 2015) ", https://www. usaid. gov/sites/default/files/documents/1865/safeguard_ 2016_final_508v4. pdf.

USAID, "Report of Water Sector Activities: Safeguarding the World's Water(Fiscal Year 2013) ", https://www. usaid. gov/documents/2151/safeguarding − worlds − water − fy2013.

USAID, "Report of Water Sector Activities: Global Water and Development ", https://www. usaid. gov/sites/default/files/documents/1865/Global − Water − and − Development − Report − reduced508. pdf.

USAID, "The SERVIR − Mekong Project, " https://servir. adpc. net/about/about − servir −mekong.

USAID, "USAID Report of Water Sector Activities: Safeguarding the World's Water, 2015 Fiscal Year", https://www. usaid. gov/sites/default/files/documents/1865/safeguard_ 2016_ final_ 508v4. pdf.

USAID, "Water and Conflict: Key Issues and Lessons Learned", https://rmportal. net/library/content/tools/water − and − fresh − water − resource − management − tools/toolkit − water − and − conflict − 04 − 04 − 02. pdf/view? searchterm =fuels.

USAID, "Water and Development Strategy (2013 −2018)", http://www. usaid. gov/what − we − do/water − and − sanitation/ water − and − development − strategy.

USAID, "Water and Development Strategy: Implementation Field Guide", https://www. usaid. gov/sites/default/files/documents/1865/Strategy_Implementation_ Guide_ web. pdf.

USAID Mekong ARCC, "Climate Change in the Lower Mekong: An Analysis of Economic Values at Risk", https://data. opendevelopment mekong. net/dataset/7182efcb − c4c7 − 47f3 − b1b4 − 03e60616c2cc/resource/b79f6bfe − 22a5 − 4cbf − ae95 − 6dddca83cca0/download/usaidmarc-cvaluesatriskreportwithexesum − revised. pdf.

USBR, "International Affairs", https://www. usbr. gov/international/index. html.

USDA, "Israel − Binational Agricultural Research and Development (BARD) Fund", https://www. ars. usda. gov/office − of − international − research − programs/israel/.

U. S. Department of Energy, "The Water −Energy Nexus: Challenges and Opportunity", https://energy. gov/sites/prod/files/2014/07/f17/Water % 20Energy% 20Nexus% 20Executive% 20Summary% 20July% 202014. pdf.

U. S. Department of State, "A Free and Open Indo − Pacific Advancing a Shared Vision", https://www. state. gov/wp − content/uploads/2019/11/Free −and − Open − Indo − Pacific −4Nov2019. pdf.

U. S. Department of State, "Japan − U. S. Joint Ministerial Statement on Japan − U. S. − Mekong Power Partnership (JUMPP)", https://preview. state. gov/mekong − u − s − partnership − joint − ministerial − statement/.

U. S. Department of State, "Mekong −U. S. Partnership Joint Ministerial Statement", https://preview. state. gov/mekong − u − s − partnership − joint −ministerial −statement/.

U. S. Department of State, "Opening Remarks at the Lower Mekong Initiative Ministerial", https: // asean. usmission. gov/ opening − remarks − at − the − lower − mekong − initiative − ministerial/.

U. S. Department of State, "The Mekong − U. S. Partnership: The Mekong Region Deserves Good Partners", https: // www. state. gov/ the − mekong − u − s − partnership − the − mekong − region − deserves − good − partners/.

"U. S. Department of the Treasury International Programs Congressional Justification for Appropriations FY 2017", https: // www. treasury. gov/ about/ budget − performance/ CJ17/ FY% 202017% 20 Congressional% 20 Justification% 20 FINAL% 20 VERSION% 20 PRINT% 202. 4. 16% 2012. 15 pm. pdf.

"U. S. Government Global Water Strategy", https: // www. usaid. gov/ sites/ default/ files/ documents/ 1865/ Global_ Water_ Strategy_ 2017_ final_ 508 v2. pdf.

USGS, "Activities of the USGS International Water Resource Branch", https: // water. usgs. gov/ international/.

USGS, "International Hydrologic Program (IHP) 1980s to Present", https: // water. usgs. gov/ international/.

USGS, "Surface Elevation Table", https: // www. usgs. gov/ states/ maryland/ science/ surface − elevation − table.

U. S. International Development Finance Corporation, "The Launch of Multi − stakeholder Blue Dot Network", https: // www. dfc. gov/ media/ opic − press − releases/ launch − multi − stakeholder − blue − dot − network.

US State of Department, USAID, "Addressing Water Challenges in the Developing World: A Framework for Action", http: // pdf. usaid. gov/ pdf_ docs/ Pdacm643. pdf.

Vietnam Ministry of Natural Resources and Environment, "Draft Study on the Impacts of Mainstream Hydropower on the Mekong River: Draft

Impact Assessment Report", https://www. scientists4mekong. com/wp - content/uploads/2016/04/mekong - delta - study - iar_ draft - final_ 02 - 12 - 2015_ summary - ver5_ update8 - 00. pdf.

Vivien A. Schmidt, "Discursive Institutionalism: The Explanatory Power of Ideas and Discourse", *Annual Review of Political Science*, Vol. 11, No. 1, 2008.

"Water Infrastructure Business Development Mission to Singapore, Vietnam & Philippines", http://2016. export. gov/trademissions/asiawater/.

Weifeng Zhou& Mario Esteban, "Beyond Balancing: China's Approach Towards the Belt and Road Initiative", *Journal of Contemporary China*, Vol. 27, No. 112, 2018.

World Bank, "The World Bank Supports Thailand's Post - Floods Recovery Efforts", http://www. worldbank. org/en/news/feature/2011/12/13/world - bank - supports - thailands - postfloods - recovery - effort.

World Economic Forum, "The Global Risks Report 2020", http://www3. weforum. org/docs/WEF_ Global_ Risk_ Report_2020. pdf.

WWF, "Mekong River in the Economy", http://d2ouvy59p0dg6k. cloudfront. net/downloads/mekong_ river_ in_ the_ economy_ final. pdf.

Xiuli Han, "Approaches to Investment in Chinese Trans - boundary Waters", *Water International*, Vol. 40, No. 1, 2015.

Xue Gong, "Lancang - Mekong Cooperation: Minilateralism in Institutional Building and Its Implications", edited by Bhubhindar Singh and Sarah Teo, Minilateralism in the Indo - Oacific, Routledge, 2020.

Yoon Ah Oh, "Power Asymmetry and Threat Points: Negotiating China's Infrastructure Development in Southeast Asia", *Review of International Political Economy*, Vol. 25, No. 4, 2018.

图书在版编目（CIP）数据

　　亚太水资源安全治理与合作：基于影响性因素的分
析 / 李志斐著 . -- 北京：社会科学文献出版社，
2022.8
　　ISBN 978 - 7 - 5228 - 0293 - 0

　　Ⅰ.①亚… 　Ⅱ.①李… 　Ⅲ.①水资源管理 - 安全管理
- 研究 - 亚太地区 　Ⅳ.①TV213.4

　　中国版本图书馆 CIP 数据核字（2022）第 106926 号

亚太水资源安全治理与合作
——基于影响性因素的分析

著　　者 / 李志斐

出 版 人 / 王利民
责任编辑 / 王小艳
文稿编辑 / 陈　冲
责任印制 / 王京美

出　　版 / 社会科学文献出版社·当代世界出版分社（010）59367004
　　　　　　地址：北京市北三环中路甲 29 号院华龙大厦　邮编：100029
　　　　　　网址：www. ssap. com. cn
发　　行 / 社会科学文献出版社（010）59367028
印　　装 / 三河市东方印刷有限公司

规　　格 / 开　本：787mm × 1092mm　1/16
　　　　　　印　张：16.75　字　数：232 千字
版　　次 / 2022 年 8 月第 1 版　2022 年 8 月第 1 次印刷
书　　号 / ISBN 978 - 7 - 5228 - 0293 - 0
定　　价 / 98.00 元

读者服务电话：4008918866